TABLEAUX SYSTÉMATIQUES

DES

ANIMAUX MOLLUSQUES

CLASSÉS EN FAMILLES NATURELLES,

DANS LESQUELS ON A ÉTABLI LA CONCORDANCE DE TOUS LES SYSTÈMES;

SUIVIS

D'UN PRODROME GÉNÉRAL

POUR TOUS LES MOLLUSQUES TERRESTRES OU FLUVIATILES, VIVANTS OU FOSSILES;

Par LE B^{on} DE FÉRUSSAC.

A PARIS,

CHEZ ARTHUS BERTRAND, LIBRAIRE, RUE HAUTEFEUILLE, N° 23;

A LONDRES,

CHEZ J. B. SOWERBY, N° 8, LEICESTER-SQUARE.

DE L'IMPRIMERIE DE P. DIDOT, L'AINÉ,
CHEVALIER DE L'ORDRE ROYAL DE SAINT-MICHEL, IMPRIMEUR DU ROI.

SOMMAIRE DES MATIÈRES.

PREMIÈRE PARTIE.

TABLEAUX SYSTÉMATIQUES GÉNÉRAUX DE L'EMBRANCHEMENT DES MOLLUSQUES, DIVISÉS EN FAMILLES NATURELLES.

Table alphabétique générale et synonymique de toutes les dénominations génériques connues.

DEUXIÈME PARTIE.

(PREMIÈRE SECTION.)

TABLEAUX PARTICULIERS DES MOLLUSQUES TERRESTRES ET FLUVIATILES, PRÉSENTANT POUR CHAQUE FAMILLE LES GENRES ET ESPÈCES QUI LA COMPOSENT.

CLASSE DES GASTÉROPODES. ORDRE DES PULMONÉS SANS OPERCULES.

PREMIÈRE PARTIE.

TABLEAUX SYTSÉMATIQUES GÉNÉRAUX

DE

L'EMBRANCHEMENT DES MOLLUSQUES,

DIVISÉS EN FAMILLES NATURELLES,

SUIVIS D'UNE TABLE ALPHABÉTIQUE GÉNÉRALE ET SYNONYMIQUE DE TOUTES LES DÉNOMINATIONS GÉNÉRIQUES CONNUES.

AVERTISSEMENT.

Nous nous acquittons aujourd'hui d'un des engagements que nous avons contractés envers nos souscripteurs, en leur présentant le Tableau systématique de la classification des animaux mollusques. Ce Tableau est destiné à montrer les rapports de ceux de ces animaux qui vivent sur la terre et dans l'eau douce avec ceux qui habitent les mers. On ne peut, en effet, considérer à part les uns ou les autres ; ils doivent être étudiés dans leur dépendance mutuelle, et tout système établi sur des considérations exclusives seroit nécessairement fautif et sans base assurée. Ce travail sera d'ailleurs utile pour l'arrangement des collections, en indiquant l'ordre et la place respective des différents genres de mollusques terrestres et fluviatiles. Leurs espéces, au moyen du Prodrome général, dont la seconde partie paroîtra d'ici à quelque temps, pourront aussi se ranger selon la méthode suivie dans notre ouvrage, dont la marche est nécessairement lente, et qui ne pourra offrir ces avantages qu'autant qu'il sera terminé.

Nous avons fait nos efforts pour que le Tableau dont il est question remplisse un but plus étendu, celui d'offrir l'ensemble des divisions générales et particulières des animaux mollusques disposés en *familles naturelles*, d'après l'étude et la comparaison de tous les travaux des auteurs nationaux ou étrangers connus jusqu'à ce jour. On sait que la plupart des ouvrages anglois et beaucoup d'ouvrages allemands ont été ignorés en France jusque dans ces derniers temps; tels sont ceux de Montagu, Donovan, Wood, Perry, Flemming, Bellermann Megerle de Mulhfeld, Ocken, etc. etc.; et que ceux de Dillwyn, Say, Rafinesque, Leach,

Sowerby, Schweigger, Goldfuss, Pfeiffer, ont paru depuis la publication des ouvrages généraux de Mrs Cuvier et de Lamarck. Beaucoup de découvertes et d'observations particulières ont été faites dans ces dernières années, soit par les voyageurs ou par les naturalistes des diverses contrées de l'Europe et de l'Amérique. Il étoit nécessaire de réunir toutes les lumières qui résultent de cet état de choses, et de rapprocher des travaux de Mrs Cuvier et de Lamarck, qui ont posé les bases de la science, les travaux des savants étrangers qui leur ont préparé les voies, ou ceux des naturalistes qui, en s'écartant plus ou moins de la méthode naturelle, ont une autorité locale plus ou moins étendue; en un mot, il falloit montrer l'état actuel de la science, et établir une concordance systématique générale, afin de favoriser les progrès qui naissent toujours de l'intelligence des divers systèmes.

Il suffit d'examiner les progrès que l'on a faits, depuis quelques années, dans la connoissance des mollusques, et le goût assez généralement répandu aujourd'hui de leur observation, facilitée par la liberté des relations coloniales, pour être convaincu que nous aurons, dans peu de temps, des notions plus précises sur une quantité de ces animaux, et que par là le travail que nous offrons aujourd'hui recevra d'importantes améliorations. Ces améliorations, les découvertes futures, feront sans doute changer notablement l'ordonnance respective et le nombre des genres actuels; mais on est heureusement arrivé au point où les changements qui pourront avoir lieu se borneront à des rectifications de détails, et qu'on ne verra plus s'élever, du moins avec succès, de nouveaux systèmes, arbitraires ou fantastiques, fondés exclusivement sur les caractères incertains des coquilles. Les principes de la méthode sont aujourd'hui hors d'atteinte, étant basés sur les considérations organiques qui dirigent toutes les méthodes naturelles.

Les travaux de Muller, Poli, Montagu, Leach, Ocken, Cuvier, Lamarck, Savigny, de Blainville, Duméril, Desmarest, Lesueur, ont élevé le système à l'état où nous le présentons. Les naturalistes doivent aujourd'hui s'attacher, de préférence, à étudier les animaux encore inconnus, à fixer les caractères génériques, rapprocher les mollusques analogues, éloigner ceux qui présentent des différences génériques d'organisation; ils doivent sur-tout éviter cette manie, née d'une vanité puérile, de faire des genres sans motifs légitimes, et qui tend à substituer des distinctions spécifiques aux caractères génériques.

On trouvera, à la fin des Tableaux systématiques, une liste alphabétique et synonymique de toutes les dénominations génériques qui ont été proposées jusqu'à présent, avec renvoi à nos Tableaux, de manière à faciliter l'intelligence de ces dénominations.

Nous suivons, pour la division générale des animaux mollusques, en les considérant avec Mr Cuvier comme un grand embranchement du règne animal, les classes établies par cet illustre savant. Nous avons seulement suivi l'exemple de Mrs de Lamarck et Savigny, en séparant en classe distincte, sous le nom de TUNICIERS, que lui a donné le premier de ces savants, les acéphalés nus de Mr Cuvier, qui lui-même indique cette séparation.

Partageant le grand embranchement des mollusques en deux sections ou coupes générales, les CÉPHALÉS et les ACÉPHALÉS, nous donnons aux mollusques désignés plus particulièrement sous le nom d'ACÉPHALÉS TESTACÉS par Mr Cuvier la dénomination de *lamellibranches*, empruntée de Mr de Blainville.

L'embranchement étant une division d'un ordre supérieur aux classes, on peut, à ce qu'il nous semble, sans déroger aux règles consacrées, le diviser en plusieurs coupes classiques, dont les différences doivent être, autant que possible, de même valeur, afin qu'on puisse apprécier la marche progressive ou rétrograde de la nature.

Comme les naturalistes qui se sont le plus occupés de la philosophie de la science, particulièrement Mr de Lamarck, ont reconnu que la nature, qui ne se plie pas à la simplicité de combinaisons convenable à la foiblesse de notre esprit, loin de présenter chez les animaux cette série unique de modifications graduées que recherchent nos méthodes, montre au contraire des combinaisons très diversifiées, et plutôt des coupes équivalentes que des coupes égales, il s'ensuit qu'on trouve plutôt, dans les animaux, une suite d'échelons distincts, composés chacun de termes progressifs, qu'une ligne continue de rapports arithmétiques. Ainsi les deux sections de l'embranchement des mollusques paroissent devoir se considérer comme étant placées latéralement l'une par rapport à l'autre, et non pas comme se succédant dans un ordre continu. Malgré qu'on puisse concevoir entre elles une certaine liaison au moyen des brachiopodes, les orbicules et quelques genres voisins offrant certaines analogies avec les hipponices de M' Defrance, il est positif qu'on ne peut trouver entre ces deux sections une suite continue de rapports analogues.

Les cirrhopodes et les brachiopodes sont évidemment liés par des analogies remarquables, et doivent précéder les acéphalés, quoiqu'ils forment indubitablement le point de liaison le plus rapproché avec les annélides, dans l'ordonnance des genres en une série unique.

Quant aux tuniciers, les moins parfaits des mollusques, placés près des polypiers par M' de Lamarck, et divisés, dans la dernière édition des *Animaux sans vertébres*, en deux groupes, ceux qui vivent en société et ceux qui vivent isolés les uns des autres, nous croyons devoir adopter entièrement le beau travail de M' Savigny, qui a basé ses divisions sur des observations anatomiques faites avec un soin extrême. Nous ne pensons pas qu'on puisse les séparer, ainsi que le fait M' Lamouroux, qui place le premier de ces groupes parmi les polypiers; car, malgré l'analogie de leur manière de vivre, ils ne sont, en réalité, que des tuniciers ordinaires, réunis en groupe comme beaucoup de jeunes mollusques, dans une enveloppe gélatineuse ou cartilagineuse commune à tout ce groupe. Ce sont, en un mot, des mollusques qui naissent, se développent et continuent d'exister dans l'espéce de *fraie* qui enveloppe les œufs de tant d'autres animaux du même embranchement, ainsi que plusieurs naturalistes l'ont montré. Nous croyons donc devoir laisser tous les tuniciers parmi les animaux mollusques, et nous ne pensons pas qu'ils puissent être rapprochés des polypiers.

Nous allons présenter ici quelques observations sommaires sur les diverses classes des mollusques, afin de justifier les changements que nous croyons devoir proposer, ou afin d'appeler l'attention des naturalistes sur les parties les plus négligées.

Dans l'état de nos connoissances sur les CÉPHALOPODES, on ne peut les diviser en ordres et sous-ordres; on ne peut établir, parmi eux, que des familles fondées sur l'analogie des coquilles connues. Tout est vague et incertain dans nos divisions méthodiques à l'égard de ces mollusques, et la plupart d'entre eux ne sont connus que par leurs dépouilles fossiles. La diversité et la disparité de ces dépouilles peuvent même faire soupçonner qu'elles ont appartenu à des animaux d'ordres très différents. Tout fait présumer que beaucoup d'entre eux, anéantis pour jamais, ne vivent plus dans nos mers; et qu'ainsi on ne pourra se former, sur leur organisation, que des idées d'analogie plus ou moins incertaines. La généralité des nautiles de Linné, qui ont échappé aux vicissitudes du globe, sont des espéces microscopiques dont on n'a pu encore observer les animaux. Il résulte de cet état de choses qu'on est obligé d'employer, pour les classer, des caractères dont on ne connoît pas la valeur, et que, pour les petites espéces, on peut commettre beaucoup d'erreurs par suite des illusions d'optique.

Si l'on avoit seulement quelques jalons pour se diriger dans leur classification; si l'on pouvoit présumer que les animaux des nautiles, des orthocères, des camérines et des milioles, dont les tests offrent des différences si marquées, eussent tous une organisation analogue à celle de l'animal de la spirule, seul observé jusqu'ici, on pourroit, sans doute, ranger tous ces nautiles de Linné, sous le nom de *Décapodes,* avec les calmars et les seiches; mais il est difficile de penser que tous ces animaux soient assujéttis à un plan unique d'organisation. Il se pourroit même que, réunis par la considération du nombre des bras ou tentacules, ils fussent séparés par des considérations d'un rang supérieur. Nous avons cependant adopté la division des céphalopodes en deux ordres, les décapodes et les octopodes, telle que l'a présentée Mr Leach; mais uniquement pour la commodité, et pour fixer quelques idées, sans prétendre nullement y attacher plus d'importance.

On peut cependant apercevoir, entre tous les décapodes, à l'exception des camérines et des milioles, un rapport important, un caractère commun qui acquiert, par cela même, un très haut degré d'intérêt; c'est la présence de ce qu'on appelle le *siphon*. Ce siphon est un tube continu qui traverse toutes les cloisons, et qui est destiné à loger un organe certainement très important, puisqu'on trouve le tube qui le contenoit dans toutes les nombreuses modifications que prend le test de ces mollusques. La position de ce test, en grande partie interne, sa forme, sa direction par rapport à la longueur du corps du mollusque, les articulations dont il est pourvu quelquefois, tout fait présumer qu'il est particulièrement destiné à soutenir le siphon et à protéger l'organe que contient celui-ci, d'autant plus que les loges n'ont entre elles aucune communication, et que la dernière de ces loges, souvent fermée, ne peut jamais contenir l'animal, et doit être, le plus souvent, ou tout-à-fait intérieure, comme dans les bélemnites et les orthocères, ou presque entièrement cachée, comme dans les lituites, les discorbes et les nautiles.

Ces considérations nous ont portés à commencer d'abord par toutes les coquilles pourvues d'un siphon. Nous terminerons celles-ci par les nautiles dont la dernière cloison, contenant davantage l'animal, se rapproche plus de ce qu'on observe communément parmi les mollusques.

Les camérines paroissent évidemment être des coquilles intérieures qui lient les familles précédentes aux seiches, les milioles pouvant fort bien appartenir à des animaux très différents des céphalopodes.

Nous avons placé, avec doute, les hippurites dans cette classe; elles ont beaucoup de rapports avec les sphérulies de Lamarck. Ce sont des corps encore peu étudiés.

Nous n'avons pas cru devoir adopter tous les nouveaux genres proposés dans les familles des seiches et des poulpes, ces genres portant sur des différences peu importantes. On commence à peine à connoître quelques unes des espéces de ces deux familles, qui paroissent très nombreuses dans les mers. Rien ne presse donc d'établir, à leur égard, des coupes génériques si légères, lorsque, sans doute, elles seront entièrement modifiées par les nouvelles découvertes.

Les lituites, les discorbes et les nautiles abondent dans les terrains secondaires; leur multiplicité étonne l'imagination: ils ne sont pas moins nombreux dans nos eaux marines; le sable de la mer en paroît entièrement composé dans certains parages. Malheureusement l'ouvrage de Soldani, chef-d'œuvre de patience et d'observation, n'offre pas, pour reconnoître les espéces, toute la rigueur nécessaire dans l'expression des caractères. Les siphons ne sont pas toujours indiqués et beaucoup de figures représentent des exemplaires mutilés. M^rs d'Orbigny, père et fils, qui déja ont annoncé la découverte des animaux des espéces vivantes de nos côtes, semblent avoir entrepris de nous donner un nouveau Soldani, mais bien plus parfait et bien plus complet. On doit vivement desirer qu'en prenant l'ouvrage de Fichtel et Moll pour exemple, ils persévèrent dans cette prodigieuse entreprise, et qu'ils nous fassent enfin connoître ces myriades d'êtres si curieux et si peu connus. D'après leurs observations, quelques uns paroissent fixés sur divers corps. Nous avons consulté toutes les figures connues, étudié toutes les coupes proposées et toutes les espéces de notre collection. Ce travail n'a pu produire qu'un ensemble imparfait sans doute; mais enfin qui ne sera point sans utilité, nous ayant procuré des groupes qui paroissent comprendre des espéces réunies par les analogies les plus marquantes. A cet égard, nous avons suivi les errements de Mr Cuvier, qui présente, dans son *Régne animal,* le premier travail général sur ces animaux, et qui s'est attaché à réduire les genres trop multipliés de Montfort, dont l'ouvrage n'est point, du reste, sans mérite, quant à ce qui regarde les céphalopodes.

Dans les PTÉROPODES, nous avons ajouté les genres Gastéroptère de Meckel et Atlante de Lesueur, et nous formons, pour le genre Phyllirhoë de Péron, une famille encore incertaine, que nous rapportons à cet ordre, d'après l'autorité de Mr de Blainville (*Bull. des sc.*, 1816, p. 30).

Nous avons proposé, depuis long-temps, un nouvel ordre dans les GASTÉROPODES, celui des pulmonés operculés; et nous en indiquons un autre pour le genre Atlas de Lesueur, qui s'écarte singulièrement de l'organisation connue chez ces mollusques. Ce sont les seuls changements que nous ayons adoptés, pour les ordres, dans cette classe. Il n'en est pas de même de l'ordonannce et du nombre des genres dans chaque ordre.

Dans les nudibranches, nous proposons un genre nouveau, le genre Nodocère, qui paroît assez bien caractérisé par les différences qu'offrent les tentacules. Nous y plaçons aussi les deux nouveaux genres décrits par Mr de Blainville, sous le nom d'Onchidiore et de Laniogère, ainsi que le genre *Doto* d'Ocken, que nous avions d'abord établi sous le nom de Calicère.

Les inférobranches nous ont paru devoir réunir, comme sous-ordre, les semi-phyllidiens de Mr de Lamarck. L'un des genres de ce sous-ordre, le Pleurobranche, décrit par Mr Cuvier, comme ayant les plus grands rapports avec les phyllidies, est cependant placé, dans le *Règne animal*, parmi les tectibranches; mais nous pensons que la connoissance du genre Pleurobranchée de Meckel, qui en est très voisin, et celle de l'animal de l'ombrelle, en montrant une réunion de genres qui tous ont les branchies inférieures sur un seul côté du corps, peut autoriser cette innovation. Par-là les tectibranches sont bien plus analogues entre eux, et les rapports des semi-phyllidiens nous semblent beaucoup plus rapprochés avec les véritables inférobranches qu'avec les tectibranches ainsi limités.

Dans les TECTIBRANCHES, nous adoptons le genre Actæon d'Ocken, que nous avions distingué depuis long-temps, ainsi que le genre *Doridium* de Meckel, et nous proposons un nouveau genre pour le sormet d'Adanson.

Les divisions de l'ordre des PULMONÉS SANS OPERCULES nous appartiennent presque exclusivement. On y trouvera les nouveaux genres que nous avons cru devoir établir, ainsi que ceux de Mrs de Blainville et Rafinesque, non connus lors de la publication du *Règne animal*.

Il en est de même de l'ordre des Pectinibranches, les plus nombreux parmi les mollusques céphalés. Notre ordonnance générale est presque entièrement nouvelle, et nous avons été obligés de faire une refonte complète pour cet ordre, dans lequel on avoit trop multiplié les genres. Malgré nos efforts, nous ne considérons ce travail que comme une ébauche des bases méthodiques que les observations de détails rendront plus parfaites.

L'examen scrupuleux que nous avons fait des grands genres *Turbo* et *Trochus* de Linné, ainsi que la connoissance d'un assez grand nombre d'animaux de ces deux genres, nous ont convaincus que le premier ne pouvoit plus exister; un grand nombre des espèces qu'il comprend devant entrer dans le second, et toutes les autres appartenant aux genres Paludine, Hélix, Scalaire, Cyclostome, Turritelle, Mélanie, Planorbe, etc., ainsi qu'on va le voir par le tableau suivant, dressé d'après l'édition de Gmelin :

obtusatus, *Paludina*. Marine.	personatus, *Trochus*.
neritoides, *id.*	petholatus, *id.*
littoreus, *id.*	Cochlus, *id.*
muricatus, *id.*	Chrysostomus, *id.*
Lituus, *Cyclostoma*.	echinatus, *id.*
punctulatus, *Trochus*.	Tectum persicum, *id.?*
Cimex, *Rissoa?*	Pagodus, *id.*
Pullus, *Phasianella*.	sulcatus, *id.*

Calcar, *Trochus.*
rugosus, *id.*
marmoratus, *id.*
sarmaticus, *id.*
Olearius, *id.*
cornutus, *id.*
radiatus, *id.*
imperialis, *id.*
coronatus, *id.*
canaliculatus, *id.*
setosus, *id.*
spinosus, *id.*
sparverius, *id.*
Moltkianus, *id.*
Spenglerianus, *id.*
Castanea, *id.*
crenulatus, *id.*
Smaragdus, *id.*
papyraceus, *id.*
Æthiops, *Paludina.*
nicobaricus, *id.*
Cidaris, *Trochus.*
nigerrimus, *Paludina?*
helicinus, *Trochus.*
punctatus, *Paludina.*
Hæmastomus, *Helix.*
torquatus, *Trochus.*
undulatus, *id.*
niveus?
helicoides, *Cyclostoma.*
Pica, *Trochus.*
sanguineus, *id.*
argyrostomus, *id.*
margaritaceus, *id.*
versicolor, *id.*
Delphinus, *id.*
nodulosus, *id.*
distorsus, *id.*
stellaris, *id.*
aculeatus, *id.*
stellatus, *id.*
Mespilus, *id.*
granulatus, *id.*
Ludus, *id.*
atratus, *Trochus.*
dentatus, *id.*
Diadema, *id.*
cinereus, *id.*
carinatus, *Cyclostoma.*

afer, *Paludina.* Marine.
Planorbis ?
marginellus, *Cyclostoma.*
foliaceus, *id.*
Anguis, *Trochus.*
Porphyrites, *id.* (doub. emploi du *Versicolor*).
crenellus?
thermalis, *Paludina.*
scalaris, *Scalaria.*
Clathrus, *id.*
ambiguus, *id.*
crenatus, *id.?*
lacteus, *id.?*
striatulus?
Uva, *Helix.*
corneus ?
reflexus, *Cyclostoma.*
Lincina, *id.*
lunulatus, *id.*
Labeo, *id.*
elegans, *id.*
dubius, *id.* (double emploi du *Labeo*).
limbatus, *Cyclostoma.*
imbricatus, *Turritella.*
replicatus, *id.*
acutangulus, *id.*
duplicatus, *id.*
exoletus, *id.*
Terebra, *id.*
variegatus, *id.*
ungulinus, *id. ?*
crystallinus ?
Albulus, *Paludina ?*
annulatus, *id.*
bidens, *Helix.*
perversus, *id.*
Fusulus, *id.*
Fusus, *id.*
sulcatus, *id.*
quadridens, *id.*
tridens, *id.*
muscorum, *id.*
obtusus ?
Auriscalpium ?
politus, *Melania ?*
Nautileus, *Planorbis.*
obsoletus, *Turritella.*
quinquedentatus, *Helix.*
pyramidalis, *id.*

Nous observerons, au sujet du grand nombre de *turbo* de Linné, que nous qualifions *trochus*, (pour répondre d'avance à l'objection qu'on pourroit nous faire que nous n'avons pas vu les animaux de tous ces prétendus *trochus*) qu'il nous a suffi de la connoissance d'un certain nombre d'entre eux pour assigner la place des autres avec toute la certitude desirable. Nous ferons remarquer, en outre, que la différence entre les opercules pierreux et cornés de certaines espéces ne paroît pas pouvoir servir à appuyer des distinctions génériques ; car plusieurs mollusques, dans l'un et l'autre cas, ne nous ont offert que des distinctions fort légères. Nous citerons même des observations déja connues, qui ne peuvent laisser aucun doute à cet égard ; c'est la description des animaux des *turbo pica, mauritianus, chrysostomus*, etc., publiée par Mr Cuvier : les premiers sont munis d'un opercule corné, le dernier d'un opercule calcaire ; les animaux des uns et des autres ne diffèrent, cependant, que par les ornements ou appendices de la membrane latérale ou du voile de la tête, et le plus ou moins d'extension de celui-ci. Il suffit d'observer les animaux des *trochus cinerarius, ziziphinus, tumidus, magus, umbilicatus*, etc., pour s'assurer que ces appendices ou ornements n'offrent, de même, aucune base générique. Ce sont des accessoires qui varient avec les espéces : il n'est cependant pas impossible que la considération des opercules et celle des ornements ne puissent, jusqu'à un certain point, donner quelques caractères pour les sous-genres.

Les trochus, comme tous les autres genres de la même famille, ont les yeux supportés par deux péduncules connés de la base des tentacules, plus courts qu'eux, et qui peuvent être considérés comme d'autres tentacules latéraux. Cette organisation distingue suffisamment les *turbo* que nous laissons dans la famille des turbinés, dont les genres ont des tentacules simples, de tous ceux que nous reportons au genre Trochus, où ils formeront, en partie, un sous-genre. Nous sommes forcés de réunir aux paludines les mélanies de Mr de Lamarck, leurs animaux étant parfaitement semblables, et leurs coquilles souvent si analogues, qu'on est quelquefois embarrassé pour les rapporter à l'un ou à l'autre de ces deux genres. Nous y reportons aussi le genre Rissoa de Mr de Freminville, qui est operculé, mais dont nous ne connoissons point l'animal. Si l'analogie des coquilles nous trompoit, l'observation de celui-ci confirmeroit une distinction générique, jusqu'à présent douteuse. Il en est de même du genre Omphemis de Rafinesque.

Quant aux paludines marines qui constituent le genre Trochus d'Adanson, comme nous n'avons pu adopter cette dénomination à cause des *trochus* de Linné (en général formés d'espéces réellement congénères, ce qui nous a empêché de les appeler *turbo* avec Adanson, en y rapportant tous les *turbo* de Linné qui doivent s'en rapprocher), nous en formons un sous-genre sous le nom de *littorine*.

Le genre Natice nous laisse quelque incertitude ; il faut observer qu'Adanson, en décrivant le fossar, montre que ce mollusque ne diffère presque pas de son genre *trochus* ; aussi nous présumons qu'on devra, peut-être, le réunir à notre sous-genre littorine, d'autant qu'il se rapproche assez, par la forme de sa coquille, du *turbo neritoides* de Linné, qui en fait partie. Quant à la *natice*, au *fanel* et au *gochet*, qu'Adanson rapporte aussi à son genre *natica*, il faut remarquer qu'il n'en décrit point les animaux, et qu'il laisse du doute sur leur analogie avec celui du fossar. Nous avons observé l'animal d'une natice très rapprochée de la *nerita canrena*, la *nerita glaucina* de Donovan, confondue à tort avec l'espéce de ce nom dans Linné. Nous lui avons trouvé un pied semblable à ce que Mr Cuvier a observé dans la *natica canrena*, et il nous a semblé que les yeux étoient supportés par des péduncules latéraux, ce qui devra peut-être faire reporter le genre Natice dans la famille des *trochoïdes*, près des nérites, dont il sera cependant distingué par la forme du pied et par celle de la tête dépourvue de mufle proboscidiforme. Cependant, n'ayant observé ces circonstances que sur une seule espéce conservée dans la liqueur, nous croyons que cette observation a besoin d'être confirmée avant d'adopter une opinion fixe.

L'analogie de la *nerita glaucina* de Donovan, ainsi que les rapports d'autres espéces, comme elle, privées de cette colonne ombilicale qui distingue la plupart des natices des ampullaires fossiles, nous ont portés à réunir celles-ci au genre Natice, ne croyant pas d'ailleurs que ces coquilles puissent convenablement rester avec les ampullaires. Il est digne de remarque qu'aucune coquille vivante connue, si l'on en excepte le *bulimus avellana* de Bruguière, ne ressemble complètement aux coquilles considérées, jusqu'ici, comme des ampullaires fossiles. Cependant l'analogie est très marquée entre celles-ci et les espèces de natices privées de colonne ombilicale, et c'est ce qui a déterminé le rapprochement que nous proposons.

L'observation des animaux des ampullaires, que nous avons étudiés les premiers, nous a fait voir qu'ils se rapportent à la famille des trochoïdes; ils ont quatre tentacules, les deux intérieurs longs et subulés, les deux latéraux courts, gros, cylindriques, connés à leur base avec les premiers, mais bien détachés dans leur longueur.

La tête est pourvue latéralement de chaque côté d'un prolongement en forme de filet sétacé, moins long chez les individus mâles. Un appendice triangulaire, linguiforme, situé latéralement au-dessus de la tête du côté gauche, sert de canal pour faire entrer le fluide dans la cavité branchiale.

Au côté droit, la réunion du manteau au corps forme une sorte d'appendice destiné au même usage.

La verge, assez longue, est attachée à la partie supérieure du manteau vers le bord et un peu latéralement. Cette verge est en partie enveloppée par une sorte de gaîne ou appendice membraneux; elle se replie sur elle-même et a une forme sétacée, mais elle est grosse à sa base. L'anus forme un petit tube sous les branchies, qui présentent un beau peigne bien développé; un sillon profond règne tout autour du bord du pied.

Le genre Trochus est un de ceux qui nous ont offert le plus de difficultés, à cause du grand nombre de ces espèces. Nous indiquons, comme sous-genres, les principaux genres établis, par plusieurs naturalistes, sur les seules différences que présentent certaines coquilles. Si quelques uns de ces sous-genres se trouvoient offrir des caractères vraiment génériques, il suffiroit de les placer comme genres dans la famille à laquelle ils se trouveroient appartenir; mais jusqu'ici rien n'autorise à le présumer. Nous disons la même chose pour les genres *Purpura*, *Murex* et *Fusus*; les observations positives d'Adanson prouvent qu'un grand nombre d'animaux, dont les coquilles ont servi à établir des genres divers, sont réellement congénères.

Cependant, comme plusieurs de nos sous-genres sont placés sur la seule analogie des coquilles, leurs animaux étant inconnus, il y a lieu de croire que l'examen de ceux-ci pourra faire reconnoître des genres réellement distincts; alors seulement nous pourrons les séparer d'une manière rationnelle; mais dans le doute, nous ne considérons, comme genres, que les coupes appuyées sur des caractères pris sur les animaux. Cette marche a l'avantage de procurer des termes de comparaison entre les genres ainsi basés, et de faire apprécier les modifications que reçoit l'organisation animale chez les mollusques, sans faire perdre à la méthode les facilités des coupes artificielles que reproduisent nos sous-genres.

Il est possible aussi qu'un petit nombre de genres, parmi ceux que nous avons conservés, pourront être supprimés par suite de l'examen de leurs animaux; des caractères tranchés et remarquables nous ayant engagés à conserver quelques genres malgré que leurs animaux nous fussent inconnus.

Nous plaçons dans la famille des sigarets le genre si curieux décrit par Montagu sous le nom de *lamellaria*.

Pour les scutibranches et les cyclobranches, nous avons suivi, en général, la méthode de Mr Cuvier.

Dans les ACÉPHALÉS, nous avons fait nos efforts pour mettre en harmonie les importants travaux de Mrs Adanson, Poli, Cuvier et de Lamarck, en profitant de leurs excellentes observations pour limiter les familles naturelles que nous proposons dans cette classe. Ces familles ont dû nécessairement différer des coupes établies par Mr de Lamarck, par suite du report que nous avons fait avec Mr Cuvier, parmi les acéphalés dymiaires, de beaucoup de genres placés, par Mr de Lamarck, dans les monomyaires. Enfin, les familles établies par Mr Cuvier sont devenues des ordres pour nous.

Nous avons rapporté aux genres établis par Mr de Lamarck les genres équivalents établis de son côté par Mr Megerle de Mulhfeld, dont le travail spécial sur les bivalves a été jusqu'à présent peu connu dans notre patrie.

De long-temps encore nous ne serons assez complétement instruits sur les animaux des mollusques de cette classe pour pouvoir apprécier à leur juste valeur les traces souvent équivoques des organes que reproduisent les valves. Aussi beaucoup d'erreurs de détails pourront se trouver dans cette partie de notre travail : il est à desirer qu'elles soient promptement signalées, et, sur-tout, qu'en indiquant les genres qui ne doivent point être rapprochés, confondus ou éloignés, on s'attache à montrer leurs rapports et leur véritable place, par des observations positives.

C'est sur-tout dans cette classe que l'on doit s'attendre aux plus grands changements; puisqu'à l'exception des travaux d'Adanson et de Poli, nous n'avons presqu'aucune description des animaux qui la composent, et que les caractères tirés de la coquille, quoique certainement plus propres à indiquer les différences organiques que celle des univalves, peuvent encore induire à des erreurs graves. Il suffit, pour s'en convaincre, de l'exemple des genres Anodonte et Mulette, dont les animaux sont semblables, quoique les uns aient un têt dépourvu de charnière, tandis que celui des autres en est muni. Les genres *Donax* et *Tellina*, dont la charnière est différente, ont aussi des animaux semblables, d'après l'anatomie de Poli. Il en est de même de plusieurs autres genres connus.

Nous ferons remarquer que l'on trouvera constamment, dans nos Tableaux, les caractères essentiels des classes, des ordres, des sous-ordres et des familles, et souvent ceux des genres et même des sous-genres et des groupes, lorsqu'il étoit nécessaire de fixer les idées. Nous n'aurions pu nous astreindre à donner les caractères de tous les genres, sans sortir évidemment de la forme des Tableaux, ou sans dépasser les bornes que nous devons nous imposer.

Nous n'étendrons point davantage ces observations; c'est en étudiant et rectifiant nos Tableaux qu'on pourra se faire une juste idée des changements que nous proposons dans le système, et des améliorations que nous avons pu y apporter, ainsi que des difficultés que nous avons éprouvées pour coordonner les travaux des divers naturalistes, et asseoir, d'après l'examen critique de tout ce qui a été fait, cette ébauche imparfaite que nous travaillerons à perfectionner nous-mêmes par tous les moyens qui seront à notre disposition.

TABLEAUX SYSTÉMATIQUES

DES

ANIMAUX MOLLUSQUES

CLASSÉS EN FAMILLES NATURELLES.

DEUXIÈME GRANDE DIVISION DU RÈGNE ANIMAL.

ANIMAUX MOLLUSQUES. Cuvier.

Cl. X, Cirrhipodes ; Cl. XI, Conchifères ; Cl. XII, Mollusques, LAMARKC. Mollusques et
Molluscarticulés, BLAINVILLE.

PREMIÈRE SECTION. CÉPHALÉS, LAM.

Céphalophores, BLAINV. ; Mollusques, LAM. Testacea univalvia, des ancieus Conch. et de MEGERLE
DE MULHFELD, sauf les Oscabrions qu'il met aux multivalves.

Corps en forme de sac, ouvert par devant, d'où
sort une tête bien développée, couronnée par des
appendices alongés en forme de bras, qui servent
à saisir les objets, et à la locomotion.

Deux yeux sessiles, deux mandibules cornées à
la bouche.

Branchies symétriques, paires, cachées dans
une poche dorsale.

Sexes séparés.

Coquille ou rudiment testacé, presque toujours
intérieurs et généralement cloisonnés.

Nageant vaguement dans les eaux. MARINS.

CLASSE I.
CÉPHALOPODES. Cuv.
Mollusq. céphalopodes. LAM.
Cryptobranches. BLAINV.

1er Ordre. LES DÉCAPODES. LEACH.
2e LES OCTOPODES. LEACH.

Corps fermé ; point de pied pour ramper ; appendices de la tête nuls ou très petits ; deux nageoires membraneuses aux côtés du cou pour la locomotion, portant les branchies, qui, par conséquent, sont extérieures et symétriques.

Tête peu distincte, la plupart sans yeux.

Sexes séparés.

Avec ou sans coquille.

Nageant vaguement dans les eaux. MARINS.

CLASSE II.
PTÉRORODES. Cuvier.
Mollusq. ptéropodes. LAM.
Ptérodibranches. BLAINV.

Corps plus ou moins distinct du pied, le plus
souvent renfermé dans une coquille.

Tête antérieure et distincte, pourvue de tentacules et d'yeux.

Pied, disque charnu, situé sous le ventre, servant à ramper, ou à nager ; quelquefois, mais rarement, comprimé en nageoire.

Sexes séparés ou réunis, reproduction avec ou sans accouplement réciproque.

Branchies extérieures ou cachées, symétriques ou non symétriques ; quelquefois un réseau vasculaire tapissant une sorte de cavité pulmonaire.

Coquille nulle ou univalve, avec ou sans opercule.

TERRESTRÉS OU AQUATIQUES.

CLASSE III.
GASTÉROPODES. Cuv.
Mollusques gastéropodes, trachélipodes et hétéropodes.
LAM.
Mollusca repentia. POLI.
Polybranches.
Cyclobranches.
Inférobranches.
Nucléobranches.
Cervicobranches.
Chismobranches.
Adélobranches.
Siphonobranches.
Monopleurobranches.
BLAINVILLE.

1er Ordre. NUDIBRANCHES.
2e INFÉROBRANCHES.
3e TECTIBRANCHES.
4e PULMONÉS s. operc.
5e PULMONÉS operc.
6e PECTINIBRANCHES.
7e SCUTIBRANCHES.
8e CYCLOBRANCHES.

DEUXIÈME SECTION. ACÉPHALÉS, Lamarck.

Acéphalophores et Cirrhopodes (Cl. II des Molluscarticulés), Blainville; Tuniciers, Cirrhipodes, Conchifères, Lamarck.

Manteau comme dans les Lamellibranches.
Bouche cachée dans le fond, armée de deux paires de mâchoires cornées, qui se meuvent transversalement; des membres nombreux et articulés.
Coquille composée de plusieurs pièces, non réunies en charnière.
Ovipares. Toujours fixés. Marins.

CLASSE I.
CIRRHOPODES. Cuvier.
Cirrhipédes. Lam.
Cirrhipodes. Blainville.
Multivalves. Megerle.

1er Ordre. Cirrhopodes sessiles. Lam.
2e . Cirrhopodes pédunculés. Lam.

Organes enveloppés par un manteau à deux lobes, comme dans les Lamellibranches.
Bouche située en avant, entourée de deux longs bras charnus, ciliés, que l'animal peut faire sortir du test, pour saisir les objets, et qui se roulent en spirale pour y rentrer.
Coquille bivalve, valves réunies en charnière.
Fixés, dépourvus de locomotion. Marins.

CLASSE II.
BRACHIOPODES. Cuvier.
Palliobranches. Blainv.
Conchif. brachiopodes. Lam.
Multivalves. Megerle.

Organes enveloppés par un manteau à deux lobes, qui s'ouvre sur toute sa longueur, à ses deux bouts, ou à une seule extrémité.
Bouche cachée dans le fond du manteau.
Coquille bivalve s'articulant par une charnière et renfermant tout l'animal.
Reproduction sans accouplement.
Tous aquatiques.

CLASSE III.
LAMELLIBRANCHES.
Blainville.
Conchifères. Lam.
Acéphalés testacés. Cuvier.
Mollusca subsilientia. Poli.
Bivalves. Megerle.

1er Ordre. Ostracés.
2e Mytillacés.
3e Tridacnés.
4e Cardiacés.
5e Enfermés.

Organes enveloppés par le manteau, qui forme une tunique intérieure pourvue seulement de deux ouvertures, l'une brachiale, l'autre anale, et qui correspondent à celles du test.
Test, consistant en une enveloppe extérieure cartilagineuse.
Hermaphrodites. Presque tous fixés et vivant en société, formant le plus souvent une aggrégation organique, composée d'une foule d'individus, liés par un principe commun.
Tous marins.

CLASSE IV.
LES TUNICIERS. Lam.
ou LES ASCIDIES, Sav.
Acéphalés nus. Cuvier.
Salpyngobranches. Blainv.

1er Ordre. Thétydes, Savigny.
2e Thalides, Savigny.

TABLEAUX SYSTÉMATIQUES

PREMIÈRE SECTION. CÉPHALÉS.

CLASSE Iere. CÉPHALOPODES, Cuvier, Duméril.

Mollusques Céphalopodes, Lamarck ; Cryptodibranches, Blainville.

Ier ORDRE. LES DÉCAPODES. Présumés avoir tous dix pieds, bras ou tentacules. *Decapoda,* Leach. Genre Nautile, Linné. G. Argonaute, Schew. (Exclus. fam. *Sepior.*) Céphal. testacés polythalames et Céphal. non testacés, Lam. Obs. G. *Trigonima,* Rafin. *Ignot. non memor.*	**Test divisé en cloisons transversales, traversées par un tube ou siphon servant de gaîne à un organe particulier.**	
	A. Test avec ou sans spire, articulé par des cloisons lobées et feuilletées sur leurs bords. — Ire FAMILLE. **LES AMMONÉES.**	Genre I. Turrilite, II. Orbulite, III. Ammonite, IV. Scaphite, V. Hamite, VI. Baculite.
	B. Test droit ou presque droit, non spiral et non articulé. a) Deux arêtes latérales formant gouttière pour deux siphons ? — 2e FAMILLE. **LES HIPPURITES.**	Genre I. Batolite, II. Hippurite.
	b) Un seul siphon. 1) Test fusiforme (siphon central). — 3e FAMILLE. **LES BÉLEMNITES.**	Genre Bélemnite.
	2) Test cylindrico-conique (siphon central ou latéral). — 4e FAMILLE. **LES ORTHOCÈRES.**	Genre I. Ichthiosarcolite, II. Raphanistre, III. Orthocératite, IV. Nodosaire.
	C. Test spiral et non articulé. a) Sommet de la spire seul en spirale, le dernier tour détaché et droit. — 5e FAMILLE. **LES LITUITES.**	Genre I. Canope, II. Lituole, III. Spiroline, IV. Spirule.
	b) Spire généralement visible, non enveloppante ; le dernier tour quelquefois très alongé. — 6e FAMILLE. **LES DISCORBES.**	Genre I. Cristellaire, II. Discorbe, III. Rotalie.
	c) Spire enveloppante, généralement non visible et sans ombilic. — 7e FAMILLE. **LES NAUTILES.**	Genre I. Lenticuline, II. Nautile.
	Rudiment testacé spiral, sans siphon, communément sans ouverture, et cellulé. — 8e FAMILLE. **LES CAMÉRINES.**	Genre I. Sidérolite, II. Nummule, III. Orbiculine, IV. Mélonie.
	Des loges en tubes ou en sachets diversement réunies ; une ouverture. — 9e FAMILLE. **LES MILIOLES.**	Genre I. Rénuline, II. Miliole, III. Globulite, IV. Aréthuse.
	Rudt test. intér. non spiral : une plaque calcaire et cellulée ou une lame cornée. Céph. non testacés. Lam. — 10e FAMILLE. **LES SEICHES.**	Genre I. Seiche, II. Calmar.
2e ORDRE. LES OCTOPODES. Huit pieds, bras ou tentacules. *Octopoda,* Leach.	Céphal. non testacés et Céph. testacés monothalames, Lam. — FAMILLE. **LES POULPES.**	Genre I. Poulpe, II. Argonaute.

α) Test spiral.
  1) Spire turriculée (siphon central).
Genre I. TURRILITE, *Turrilites*, MONTF.

Turrilites *costata* ou *costatus*, MONTF., etc.
obliqua, tuberculata, undulata, SOWERBY.

Iere FAMILLE.
LES AMMONÉES, LAM.

Ammonites, OCKEN.
Vulg. Cornes d'Ammon.

II) Spire sur le même plan.
  1) Enveloppante.
Genre II. ORBULITE, *Orbulites*, LAMARCK, SCHWEIG.
  G. *Planorbites*, LAM., *Act. soc. nat. Par.*
  Ammonites, BRUG.

† Siphon dorsal.
1er Groupe. LES PÉLAGUSES, MONTF.
  Amm. *discus, constrictus, Brongnarti*, SOWERBY, etc.
†† Siphon central.
2e Groupe. LES AGANIDES, MONTF.

  2) Tours visibles (siphon dorsal).
Genre III. AMMONITE, *Ammonites*, BRUG., LAM.
  G. Simplégade, MONTF.

Voyez Bruguière, Schlotheim, Reineck, Sowerby, Knorr, Bourguet, Scheuchzer, Langius, Bajerus, etc.

β) Test sans spire.
  1) Les deux extrémités ayant l'empreinte volu-tatoire.
Genre IV. SCAPHITE, *Scaphites*, SOWERBY.

Sc. *equalis, obliquus.* SOWERBY.

II) Test arqué.
Genre V. HAMITE, *Hamites*, SOWERBY.

Voyez les nombreuses espéces de Sowerby, et ajoutez Bacul. *gigantea*, DESM., ou Bacul. *cylindracea* de Mr Defrance, qui a reconnu l'erreur.

III) Droit (siphon marginal).
Genre VI. BACULITE, *Baculites*, LAM.
  Homalocératite, HUBSCH; Cératoïde, SCHEUCHZER; Spondylolites ou vertèbres fossiles, *Autor.*

† 1er Groupe. LES BACULITES, MONTF.
  Bacul. *vertebralis*, LAM.; an *dissimilis*, DESMAREST?
†† 2e Groupe. LES TIRANITES, MONTF.
  Bacul. *knorriana*, DESM. (*Tir. gigas*, MONTF.)

2e FAMILLE.
LES HIPPURITES.
Orthocérées, LAM.
F_{AM.} *incerta?*

  1) Test droit, presque cylindrique, très alongé.
Genre I. BATOLITE, *Batolites*, MONTFORT.
  Orthocératites, LA PEYROUSE; Hippurites, LAM.

Batolites *organisans*, MONTF.

  2) Test conique, épais, court.
Genre II. HIPPURITE, *Hippurites*, LAM., MONTF.
  Orthocératites, LA PEYROUSE.
  G. *Cornu copiæ*, THOMPSON, *Journ. de phys. an* 10.

Hipp. *bioculata*, LAM., MONTF.

3e FAMILLE.
LES BÉLEMNITES.
Orthocérées, LAM.
Obs. G. *Platinites*, RAFIN., *Journ. phys.* 1819.
Ignot. non memor.

Genre BÉLEMNITE, *Belemnites*, LAM. SCHLOTHEIM.
  (Siphon central; une gouttière latérale.)

†) En cylindre aiguisé aux deux bouts.
1er Groupe. BÉLEMNITES propres.
  G^s Bélemnite, Cétocine, Acame, Achéloïte, Pirgopole, MONTF.
††) Test arqué vers le sommet.
2e Groupe. G^s Paclite, Thalamule, MONTF.
†††) Test en forme de fer de lance.
3e Groupe. G^s Hibolite, Porodrague, MONTF.
††††) Base plissée et déprimée. 4e Groupe.
PILES D'ALVÉOLES.
  G^s Amimone, Callirhoé, Chrysaore, MONTF.

4ᵉ FAMILLE.
LES ORTHOCÈRES,
nobis.
Orthocérées. LAM.
Orthoceratia, SOLDAN.
Obs. Gen. *Endotoma,*
RAFIN., *Journ. phys.*
1819.
Ignot. non memor.

1) Cloisons obliques, en demi-cône : une gouttière latérale formant siphon.
Genre I. ICHTHYOSARCOLITE, *Ichthyosarcolites,* DESMARETS, *Journ. de ph.* 1817.

Ichth. *triangularis,* DESM.

2) Cloisons campanulées (siphon central).
Genre II. RAPHANISTRE, *Raphanister,* MONTFORT.

Raph. *campanulatum,* MONTF.

3) Cloisons plus ou moins horizontales et concaves : siphon central ou latéral.
Genre III. ORTHOCÉRATITE, *Orthoceratites,* BREYN; LAM., *Act. soc. nat. Par.*

1ᵉʳ Groupe. G. *Toxerites,* RAFIN., *Journal de phys.,* 1819.
2ᵉ Groupe. G. TÉLÉBOÏTE, *Telebois,* MONTF.
3ᵉ Groupe. G. CONULAIRE, *Conularia,* Sow.
4ᵉ Groupe. G. AMPLEXE, *Amplexus,* Sow.
5ᵉ Groupe. G. ORTHOCÉRATITE, BREYNE. G. *Orthocera,* Sow., et G. *Echidne,* MONTF.
6ᵉ Groupe. G. MISILE, *Misilus,* MONTF.
7ᵉ Groupe. G. CANTHARE, *Cantharus,* MONTF.

4) Cloisons séparées par des étranglements très prononcés : siphon central.
Genre IV. NODOSAIRE, *Nodosaria,* LAM. Et G. *Orthocera,* LAM. et PERRY.

*) Test déprimé.
1ᵉʳ Groupe. LES ORTHOCÈRES (*Orthocera*), LAM. Orth. *legumen,* LAM., *Encyclop.*; Naut. *linearis, rectus,* MONTAGU; *Raphanistrum,* LINNÉ, etc.
** Test cylindrique.
2ᵉ Groupe. LES NODOSAIRES (*Nodosaria*), LAM. Naut. *raphanus,* LINNÉ (Orth. *raphanoïdes,* LAM. *an. s. vert.*; Orth. *raphanus, Encycl.*) Naut. *radicula, fascia, granum? inæqualis? costatus, spinulosus, obliquus,* DILLW., etc.
***) Loges annulaires distantes, comme enfilées après le siphon (sans doute le test enveloppant est détruit?)
3ᵉ Groupe. LES MOLOSSES, MONTF. *Orthoceratites,* BLUM. G. Réophage et G. Molosse, MONTF.

5ᵉ FAMILLE.
LES LITUITES,
ou LITUOLÉES,
LAM.

1) Test pyriforme, sommet recourbé, siphon central.
Genre I. CANOPE, *Canopus,* MONTF.

Canopus *fabeolatus,* MONTF.

2) Plusieurs trous à la cloison qui ferme l'ouverture; sommet spiral.
Genre II. LITUOLE, *Lituola,* LAM. Foss. Lituolite, *Lituolites.*

Lituola *nautiloides,* LAM., *Encycl.* (*Lituolites nautiloidea,* LAM. Foss. 1).
Lituola *deformis,* LAM., id. (*Lituolites difformis,* LAM. Foss. 2), etc.

3) Siphon central, sommet seul spiral, bouche ouverte.
Genre III. SPIROLINE, *Spirolina,* LAM. Foss. Spirolinite, *Spirolinites.*

†) Sommet contourné.
1ᵉʳ Groupe. G. NOGROBE, *Nogrobs,* MONTF.
††) Tours détachés.
2ᵉ Groupe. LES HORTOLES, MONTF.
†††) Tours contigus.
3ᵉ Groupe. LES SPIROLINES, LAM. G. Lituite, MONTF. (Nautilus *lituus, semilituus,* GMELIN. Spirolina *cylindracea,* LAM. (Spirolinites *cylindracea,* id. Foss.) Spirolinites *depressa,* LAM. Foss., etc.

4) Siphon près du côté interne de la spire; tours détachés, non contigus, bouche ouverte.
Genre IV. SPIRULE, *Spirula,* LAM., DUMER. Foss. Spirulite, *Spirulites.* G. *Spirulea,* PÉRON.

Spirula *fragilis,* LAM., *an. s. vert.* (*Australis,* LAM., *Encycl.*; Spirula *prototypos,* PÉRON Nautilus *spirula,* LIN.)
Nautilus *unguiculatus,* GMELIN?

1) Bouche sur le plan de la spire, spire excentrique ; dernier tour alongé, aigu ou cristé.

Genre I. CRISTELLAIRE, *Cristellaria*, LAM.
Gs Astacole, Cancride? Périple, Scortime, Linthurie, Oréade, Pénérople, MONTF.

a) Cloison perceé par un sphincter ou coupée par une fente longitudinale.

1er Groupe. G. CANCRIDE, *Cancris?* MONTF. (Naut. *auriculatus*, FICHTEL.)

2e Groupe. G. ASTACOLE, *Astacolus*, MONTF. (N. *crepidulus*, FICHTEL.)

3e Groupe. G. PÉRIPLE, *Periples*, MONTFORT. (Per. *elongatus*, MONTF.)

4e Groupe. G. SCORTIME, *Scortimus*, MONTF. (Sc. *navicularis*, id.)

5e Groupe. G. LINTHURIE, *Linthuris*, MONTF. Cristellaria *producta*, LAM.

6e Groupe. G. ORÉADE, *Oreas*, MONTF. Cristellaria *acutauricularis*, LAM.

Ajoutez à cette section : Cristell. *cassis, serrata, papilionacea, undata*, LAM.

b) Cloison percée d'une série d'orifices très petits ?

8e Groupe. G. PÉNÉROPLE, *Peneroplis*, MONTF. Cristell. *planata, dilatata*. LAM.

6e FAMILLE.

LES DISCORBES.

Cristacées, Radiolées, Nautilacées, LAM. *Nautili* et *Hammoniæ*, SOLDANI.

2) Bouche sur le plan de la spire ; tours visibles généralement discoïdes, réguliers et égalisés.

Genre II. DISCORBE, *Discorbis*, LAM.
Id. *Discorbula*, LAM.
Foss. Discorbite, *Discorbites*.
G. Planulite, LAM., MONT.; G. Ellipsolite, MONTF., SOWERBY; Gs Amalthée, Cortale, Cidarolle, Charibde? Jésite? MONTF.

a) Côtés symétriques. G. Planulite, LAM.

1er Groupe. G. PLANULITE, MONTF. (Siphon dorsal.)

2e Groupe. G. ELLIPSOLITE, id. SOWERBY. (Siphon dorsal.)

3e Groupe. G. AMALTHÉE, *Amaltheus*, MONTF. (Siphon central.)

b) Côtés inégaux.

4e Groupe. LES DISCORBES ou DISCORBULES, LAM.
Discorb. *ariminensis, vesicularis*, LAM.
Naut. *Beccarii*, GMEL.; N. *perversus*, MONTAG.

5e Groupe. G. JÉSITE, *Jesites*, (MONT. Fixé ; *an serpula?*)

6e Groupe. G. CHARIBDE, *Charybs*. MONT. (Fixé ; *an hujus gen. ?*)

7e Groupe. G. CIDAROLLE, *Cidarollus*, MONTF

8e Groupe. G. CORTALE, *Cortalus*, MONTF.

---

3) Côtés de la spire inégaux ; bouche marginale, ouverte d'un seul côté.

Genre III. ROTALIE, *Rotalia*, LAM.
Foss. Rotalite, *Rotalites*.
G. Pulvinule, LAM. (Eponide, MONTF.)
Gs Polixène, Cibicide, MONTF.

1er Groupe. LES ROTALIES, LAM.
Rot. *Trochidiformis lenticulina, depressa, discorbula*, LAM.

2e Groupe. G. POLIXÈNE, *Polixenes*, MONTF.
Naut. *farctus*, FICHTEL ; N. *lobatulus*, DILLW.

3e Groupe. G. CIBICIDE, *Cibicides*, MONTFORT.

4e Groupe. G. ÉPONIDE, *Eponides*, MONTF.
Pulvin. *repandus*, LAM. (N. *repandus*, FICHT.)

5e Groupe? G. EOLIDE, *Æolides*, MONTF. (Fixé ; *an hujus gen.?*)

7ᵉ FAMILLE.
LES NAUTILES.
Radiolées, Nautila-
cées, LAM.
Nautili et *Hammoniæ*,
SOLDANI.

α) Bouche fermée en tout ou en partie ; un ou
plusieurs siphons ou orifices aux cloisons.
Genre I. LENTICULINE, *Lenticulina*, LAM.
Gˢ. Vorticiale et Pulvinule, LAM.
Foss. Lenticulite, *Lenticulites*.

†) Une fente transversale contre la spire.
1ᵉʳ Groupe. LES VORTICIALES, LAM.
Gˢ Storille, Florilie (Pulvinula *asterisans*,
LAM.), Cellulie (vortic. *strigilata, margi-
nata*, LAM.), Andromède (vort. *depressa*,
LAM.), Nonione (N. *incrassatus*, FICHT.),
Mélonie, MONTF.

††) Plusieurs orifices à la dernière cloison.
2ᵉ Groupe. LES POLYSIPHITES.
Gˢ Théméone (N. *crispus*, LINNÉ), Chrysole
(N. *faba*, FICHTEL), Pélore (N. *ambiguus*,
FICHTEL), Géopone? (N. *macellus*, FICH.),
Spinctérule (N. *costatus*, FICHT.), MONTF.

†††) Un seul orifice ou siphon.
1) Spire cristée.
3ᵉ Groupe. LES CRISTELLÉES.
Gˢ Hérione (N. *calcar*, FICHTEL), Patrocle
(N. *calcar*, FICHTEL), Robule (N. *calcar*,
FICHTEL), Rhinocure, Lampadie (N. *calcar*, FICHTEL), MONTF.

2) Spire arrondie.
4ᵉ Groupe. LES RONDELLES.
Gˢ Phonème (N. *vortex*, FICHTEL), Elphide
(N. *Macellus*, FICHTEL), MONTF.

††††) Siphon inconnu ?
G. Macrodite, MONTF.

Ajoutez à ce genre les Lent. *rotulata*,
variolaria et *planulata*, LAM.

β) Bouche ouverte ; un ou deux siphons.
Genre II. NAUTILE, *Nautilus*.
Foss. Nautilite, *Nautilites*.

†) Deux siphons ; spire ronde.
1ᵉʳ Groupe. LES BISIPHITES, MONTF.

††) Un seul siphon.
1) Contre la spire, spire ronde.
2ᵉ Groupe. LES CANTROPES, MONTF.

2) Siphon presque dorsal, spire cristée.
3ᵉ Groupe. LES PHARAMES, MONTF.
(N. *calcar*, FICH., et G. Clisiphonte, MONTF.)

3) Siphon au milieu des cloisons.
*) Spire carénée ou cristée.
4ᵉ Groupe. LES ANGULITHES, MONTF.
Et Gˢ Anténore, Sporulie (N. *strigillatus*,
FICHTEL), MONTORT.

**) Spire arrondie, quelquefois ombiliquée.
5ᵉ Groupe. LES NAUTILES VRAIS.
Gˢ Bellérophe, Nautile, Océanie, Ammo-
nie, MONTFORT.

α) Un seul rang de cellule dans chaque tour de spire.
   1) Bouche le plus souvent apparente; contour du test armé de pointes.
Genre I. Sidérolite, *Siderolites*, Lam. *An. s. vert.*

   †) Bouche visible.
Genre Tinopore, Mont., Ocken.
   Nautilus Spengleri, Fichtel, Gmelin.
   Sider. calcytrapoides, Lam., *Enc. méthod.*
   ††) Bouche inconnue?
Genre Sidérolite, Mont., Lam., Ocken.
   Sider. calcytrapoides, Lam., Knorr, Fauj.

8ᵉ FAMILLE.
LES CAMÉRINES.
Cuvier.
Cristacées,
Sphaerulées,
Nautilacées,
Lam.

2) Sans bouche apparente; coquille lenticulaire.
Genre II. Nummule, *Nummula*, Lam.
   Foss. Nummulite, *Nummulites*, Lam.
   Camérines, Brug.; Lam., *Act. soc. nat. Par.*

   †) Surface sans côtes.
1ᵉʳ Groupe. Les Nummulites, Lam.
   Num. *mammilla*, Lam. (N. *mammilla*, Ficht.
   Num. *lenticularis*, id. (Naut. *lenticularis*, id.)
   G. Nummulie, Montf. (Num. *lœvigata*, Lam.)
   G. Licophre, Montf. (N. *lenticularis*, Fich.)
   ††) Surface rayonnée.
2ᵉ Groupe. Les Égéones, Montf.
   Naut. *radiatus, venosus*, Fichtel.
   G. Égéone et Rotalite, Montf.

β) Plusieurs rangs de cellules dans chaque spire.
   1) Coquille discoïde; spire excentrique.
Genre III. Orbiculine, *Orbiculina*, Lam.
   Et G. Placentule? Lam.

   G. Hélénide, Montf. (Orb. *adunca*, Lam.)
   G. Ilote, Montf. (Orb. *nummata*, Lam.)
   G. Archidie (Orb. *angulata*, Lam.)

2) Coquille globuleuse.
Genre IV. Mélonie, *Melonia*, Lam.
   Foss. Mélonite, *Melonites*.

   †) Coquille globuleuse.
1ᵉʳ Groupe. Les Mélonies, Lam.
   G. Clausulie, Montf. (Mel. *sphærica*, Lam.)
   G. Borélie, Montf. (Mel. *sphæroidea*, Lam.)
   ††) Coquille ellipsoïde.
2ᵉ Groupe. Les Miliolites, Montf.

9ᵉ FAMILLE.
LES MILIOLES,
ou
POLYMORPHITES.
Cristacées, Sphéru-
lées, Lam.
*Orthoceratia, Poly-
morphæ, Frumenta-
ria*, Soldani.

Genre I. Rénuline, *Renulina*, Lam.
   Foss. Rénulite, *Renulites*. (Bouche?)

Renulinites *opercularia*, Lam.

Genre II. Miliole, *Miliola*, Lam.
   Foss. Miliolite, *Miliolites*.
   G. Pollonte, Montf. (Bouche visible.)

Miliolites *ringens, cor onguinum, trigonula, planulata, opposita, birostris, saxorum* (Poll. *vesicularis*, Montf.), Lam.

Genre III. Globulite, *Globulites*, Defrance.

Genre IV. Aréthuse, *Arethusa*, Lamarck,
   Schweig. (Bouche visible.)

Areth. *corymbosa*, Montf.

Genres incertains. Célire, Lagénule et Glandiole, Montf.

Nota. Les deux derniers pourroient bien être des graines analogues à la girogonite? Il en est de même, peut-être, de quelques polymorphites de Soldani.

Chelibs *gradatus*, Montf.
Lagenula *flosculosa*, id.
Glandiolus *gradatus*, id.

10ᵉ FAMILLE.
LES SEICHES.
G. Sepia, LINNÉ.
Céphal. non testacés
LAM.

α) Membranes en forme de nageoires longitudinales tout le long des côtés du sac.

Genre I. SEICHE, *Sepia*, LAM., DUMÉRIL, LEACH.
Fam. *Sepiidea*, LEACH.

Sepia *officinalis, tuberculata*, etc.

β) Nageoires postérieures.

Genre II. CALMAR, *Loligo*, LAM., CUVIER, DUMÉRIL.
Fam. *Sepiolidea* et *Sepiidea*, LEACH.

†) Nageoires latérales et opposées.
  *) Petites circulaires.
1ᵉʳ Groupe. LES SÉPIOLES OU CALMARETS, LAM.
G. *Sepiola*, LEACH (*Sepiola Rondeleti*).
  **) Rhomboïdales ou triangulaires.
    1) Tentacules alongées, ventouses munies d'onglets.
2ᵉ Groupe. G. ONYCHOTEUTE, *Onychotheutis*, LICHTENST., *Isis*, 1818.
G. *Loligo*, LEACH (Loligo, *Smithii, Banksii, leptura*, LEACH). On. *Bergii*, LICHTENST.)
    2) Ventouses sans onglets.
3ᵉ Groupe. G. LOLIGO, LICHTENST., *Isis*, 1818.
Loligo *vulgaris*, LAM. (*Sepia loligo*, LIN.);
Lol. *parva*, LEACH (*Sepia media*, LIN.);
Lol. *sagittata*, LAM.
Gˢ *Leachia* et *Loligo*, LESUEUR, 1821.
††) Nageoires terminales réunies en forme de queue.
4ᵉ Groupe. LES CRANCHIES. G. *Cranchia*, LEACH.
Cranch. scabra, maculata, LEACH; *Loligo cardioptera*, PÉRON.

FAMILLE,
LES POULPES,
ou OCTOPODES,
LAM., LEACH
Gˢ *Sepia* et *Argonauta*, LIN.

α) Sans test extérieur.

Genre I. POULPE, *Octopus*, LAM., CUVIER, DUMÉRIL. G. *Sepia*, LINNÉ.
Céphal. non testacés, LAM.

†) Une seule rangée de ventouses le long de chaque bras.
1ᵉʳ Groupe. LES ÉLÉDONS D'ARISTOTE, CUVIER.
G. *Eledone*, LEACH. Eled. *moschata*, LEACH; (le poulpe cirrheux, LAM.), etc.
††) Ventouses alternant sur deux rangées le long de chaque bras.
2ᵉ Groupe. LES POLYPES D'ARISTOTE, CUVIER.
G. *Polypus*, LEACH.
(Sepia *rugosa*, BOSC; Sepia *octopodia*, LIN.
Polyp. *longipes*, LEACH.

β) Un test extérieur.

Genre II. ARGONAUTE, *Argonauta*, LINNÉ. Id. CUVIER, DUMÉRIL.
G. *Ocythoë*, RAFIN., LEACH.
Céph. testacés monothalames, LAM.

†) Tentacules presque égaux, munis de ventouses pédiculées.
1ᵉʳ Groupe. LES OCYTHOÉES, RAFIN., LEACH.
(Oc. *Cranchii*, LEACH.)
††) Tentacules inégaux; deux alongés en forme d'ailes ou de voiles.
2ᵉ Groupe. LES ARGONAUTES, LINNÉ.
G. Argonauta, LINNÉ, CUVIER, LAM.
Arg. *Argo* (Occit. *antiquorum*, LEACH), *tuberculata, hians, gondola, haustrum, cymbium*, DILLWYN, etc.

CLASSE II. PTÉROPODES, Cuvier, Duméril.

Mollusques Ptéropodes, Lamarck; Ptérodibranches, Blainville.

A. Organes locomoteurs en forme d'ailes natatoires.

a) Un test en forme de gaîne ou de sabot.

1re FAMILLE.

LES HYALES.

Genre I. HYALE, *Hyalea*, Lam., Cuvier, Lesueur, Blainv. (1821); *Anomia*, Linné; *Fissurella*, Brug. G. *Cavolina*, Abild.; G. *Tricla*, Ocken; Archonte, Montf.?

Hyalea *Forskaohlii* (*tridentata*, Lam.); *papillionacea*, Borie? *Peronii* (*australis*, Péron), *Plancii? Chemnitziana, inflexa*, Lesueur; *cuspidata?* Bosc; *Teniobranchea*, Péron.

Genre II. CLÉODORE, *Cleodora*, Péron, Cuv., Lam., Ocken (*Clerodora*). *Cliodora*, Schweig.; *Fissurella*, Brug.; *Clio*, Brown, Linné; *Hyalea*, Lesueur; Vaginelle, Daudin, Bosc.

Cleodora *pyramidata, caudata*, Lam.; *lanceolata* (Hyalea?) Lesueur.
Hyalea *retusa*, Bosc. (Clio, Linné.)
Vaginella *depressa*, Daudin, Bosc.

Genre III. CYMBULIE, *Cymbulia*, Péron, Lam., Ocken.

Cymbulia *Peronii*, Lam., *Encycl.* (Cymb. *proboscidea*, Péron).

b) Un test spiral.

2e FAMILLE.

LES LIMACINES.

Genre I. LIMACINE, *Limacina*, Cuvier, Lam., Schweig. *Clio, Argonauta*, Gmelin; G. *Kronjackt*, Ocken.

Limacina *Helicina*, Cuv.; *helicialis*, Lam. (Clio *Helicina*, Gmelin; Argonauta *arctica*, Fabr.)

Genre II. ATLANTE, *Atlanta*, Lesueur, *Journ. de phys., nov.* 1817.

Atlanta *Peronii*, *Keraudrenii*, Lesueur.

c) Sans test.

†) Branchies sur les ailes.

3e FAMILLE.

LES CLIOS.

Genre I. CLIO, *Clio*, Linné, Brug., Cuv., Lam., Ocken. *Clione*, Pallas.

Clio *borealis*, Lam.
Clio *australis*, id.

††) Branchies postérieures sur le corps.

4e FAMILLE.

LES PNEUMODERMES.

Genre I. PNEUMODERME, *Pneumodermon*, Cuv., Duméril, Lam. *Pneumodermis* et *ægle*, Ocken.

Pn. *Peronii*, Lam. (*atlantica*, Ocken.)

Genre II. GASTÉROPTÈRE, *Gasteropteron*, Meckel, Kosse, Schweigger. G. *Parthenopia*, Ocken.

Gast. *coccineum*, Kosse, *Dissert.* 1813.

B. Organes locomoteurs en forme de tentacules.

5e FAMILLE.

LES PHYLLIRHOÉES.

Genre I. PHYLLIRHOÉ, *Phyllirhoë*, Péron, Goldfuss, Ocken.

Phyll. *bucephala*, Péron.

4

CLASSE III. GASTÉROPODES, Cuvier.

Caractères	Ordre	Sous-ordre	Famille
Des branchies symétriques de diverses formes à nu sur quelques parties du dos. Avec ou sans cuirasse distincte; sans test. Hermaphrodites avec accouplement réciproque. MARINS.	1er ORDRE. NUDIBRANCHES, Cuv. Polybranches et G. Doris, BLAINV. Gast. dermobranches, DUMÉRIL. Gast. tritoniens, LAM.	1er Sous-ordre. Anthobranches, GOLDFUSS. Cyclobranches, BLAINV. 2e Sous-ordre. Polybranches, BLAINV.	1re Famille. Les Doris. 2e Famille. Les Tritonies. 3e Famille. Les Glauques.
Branchies sous les rebords inférieurs de la cuirasse, de chaque côté ou d'un seul; quelquefois une lame testacée dans la cuirasse. Hermaphrodites comme les précédents. MARINS.	2e ORDRE. INFÉROBRANCHES, Cuv., BLAINV. Gast. dermobranches, DUMÉRIL. Gast. phyllidiens, LAM.	1er Sous-ordre. Les Phyllidiens, Cuv. 2e Sous-ordre. Les Semi-Phyllidiens, LAM.	1re Famille. Les Phyllidies. 2e Famille. Les Ombrelles. 3e Famille. Les Pleurobranches.
Des branchies sur le dos, couvertes par le manteau qui contient presque toujours une coquille plus ou moins spirale. Hermaphrodites comme les précédents. MARINS.	3e ORDRE. TECTIBRANCHES, Cuv. Chismobranches, BLAIN. Gast. adélobranches, DUMÉRIL. Gast. phyllidiens et laplysiens, LAM.		1re Famille. Les Dicères. 2e Famille. Les Acères.
Point de branchies : respirant l'air en nature par une cavité tapissée de vaisseaux pulmonaires, dont ils ouvrent et ferment à volonté l'ouverture. Presque tous pourvus d'une coquille spirale ou recouvrante; jamais d'opercule. Hermaphrodites avec accouplement réciproque. TERRESTRES, FLUVIATILES ou MARINS.	4e ORDRE. PULMONÉS sans operc., FÉRUSSAC. Pulmonés, Cuv. Pulmobranches, BLAINV. G. trachélipodes, LAM.	1er Sous-ordre. Géophiles, FÉRUSSAC. 2e Sous-ordre. Les Géhydrophiles, F. 3e Sous-ordre. Les Hygrophyles, F.	1re Famille. Les Limaces. 2e Famille. Les Limaçons. 3e Famille. Les Auricules. 4e Famille. Les Limnéens.
Point de branchies, respirant comme les précédents : sexes séparés; toujours contenus dans une coquille spirale et operculée. TERRESTRES.	5e ORDRE. PULMONÉS operc., FÉRUSSAC. Pectinibranches, Cuv. Siphonobranches, BLAIN.		1re Famille. Les Hélicines. 2e Famille. Les Turbicines.

Branchies en forme de peigne, cachées le plus souvent dans une cavité dorsale, ouverte sur le côté du corps ou au-dessus de la tête. Toujours une coquille spirale avec ou sans opercule: sexes séparés. FLUVIATILES OU MARINS.

6ᵉ ORDRE. PECTINIBRANCHES, CUV., BLAINV. Trachélipodes, LAM. Monopleurobranches, BLAINV. Gast. adélobranches et siphonobranches, BLAINV.

1ᵉʳ Sous-ordre. Les Pomastomes, F. Chismobranches, BL.
- 1ʳᵉ Famille. Les Sabots.
- 2ᵉ Famille. Les Toupies.

2ᵉ Sous-ordre. Les Hémipomastomes, FÉRUSSAC.
- 3ᵉ Famille. Les Cérites.
- 4ᵉ Famille. Les Buccins.
- 5ᵉ Famille. Les Pourpres.
- 6ᵉ Famille. Les Strombes.
- 7ᵉ Famille. Les Cônes.

3ᵉ Sous-ordre. Les Apomastomes, F.
- 8ᵉ Famille. Les Enroulés, LAM.
- 9ᵉ Famille. Les Volutes.
- 10ᵉ Famille. Les Couronnes.

4ᵉ Sous-ordre. Les Adélodermes, F.
- 11ᵉ Famille. Les Sigarets.

Branchies analogues à celles des Pectinibranches. Une coquille presque toujours recouvrante ou ayant seulement l'empreinte volutatoire; sans opercule. Sexes réunis; se fécondant sans accouplement. MARINS ou FLUVIATILES.

7ᵉ ORDRE. SCUTIBRANCHES, CUV. Cervicobranches, BLAINV. Chismobranches, id. G. dermobranches, DUM. G. trachélipodes, LAM.

1ᵉʳ Sous-ordre. Les Anthophores.
- 1ʳᵉ Famille. Les Haliotides.

2ᵉ Sous-ordre. Les Calyptraciens, LAM.
- 2ᵉ Famille. Les Cabochons.
- 3ᵉ Famille. Les Patelloïdes.

3ᵉ Sous-ordre. Les Hétéropodes, LAM. Nucléobranches, BL.
- 4ᵉ Famille. Les Ptérotrachées.

Branchies sous les bords du manteau comme dans les Inférobranches; coquille simplement recouvrante, univalve ou composée de plusieurs lames testacées. Hermaphrodites comme les précédents. MARINS.

8ᵉ ORDRE. CYCLOBRANCHES, CUV. G. dermobranches, DUM. G. phyllidiens, LAM. Chismobranches, BLAINV.

1ᵉʳ Sous-ordre. Les Chismobranches, BLAINV. Cyclobranches, GOLD.
- 1ʳᵉ Famille. Les Patelles.

2ᵉ Sous-ordre. Les Polyplaxyphores, BLAINV.
- 2ᵉ Famille. Les Oscabrions.

Corps globuleux formé de deux parties séparées par un étranglement; l'antérieure déprimée circulaire, pourvue antérieurement d'un pied ou disque pour ramper, et bordée par des *cils branchifères*; l'autre ovalaire, sacciforme, postérieure, contenant les viscères. (*Caract. génér. du G. Atlas,* LESUEUR.)

ORDRE INCERTAIN. CILIOBRANCHES, BLAINV.

Observ. Le G. Atlas décrit par Lesueur, *Journ. de physiq.*, nov. 1817, paroît devoir constituer parmi les gastéropodes un nouvel ordre, qui vraisemblablement devra se placer entre les *inférobranches* et les *tectibranches*.

CLASSE III. GASTÉROPODES, Cuvier, Duméril.

Mollusques Gastéropodes et Trachélipodes, Lamarck.

1er ORDRE. **LES NUDIBRANCHES,** Cuvier. Gast. dermobranches, Duméril. Polybranches, Cyclobranches, Blainv. Gast. (hydrobranches) tritoniens, Lam. Gymnobranchiata, Schweigger. Anthobranchia, Polybranchia, Goldfuss. *Obs.* Un nouvel examen nous a fait supprimer le genre Nodocère que nous avions annoncé.	**A.** Branchies postérieures disposées en cercle sur le dos. **1er SOUS-ORDRE.** **ANTHOBRANCHES,** *Anthobranchia,* Goldfuss. Cyclobranches, Blainv.	**1re FAMILLE.** **LES DORIS.** G. *Doris,* Lin., Mull.	**Genre I. Doris,** *Doris,* Cuvier, Ocken. { 1er Sous-genre. Point de tentacules buccaux. 2e Sous-genre. Deux tentacules buccaux.
			Genre II. Onchidiore, *Onchidiorus,* Bl., Goldfuss. { O. *Leachii,* Blainv., *Bull. des Sc.,* 1816.
			Genre III. Polycère, *Polycera,* Cuv.; *Doris,* Lam. G. Themisto, Ocken. { Doris *cornuta,* Mull. *quadrilineata,* id. *flava,* Montagu. *quadricornis,* id. *pennigera?* id.
	B. Branchies sur deux rangs, de chaque côté du dos. **2e SOUS-ORDRE.** **LES POLYBRANCHES,** Blainv., Goldf.	a) Dicères. Blainv. **2e FAMILLE.** **LES TRITONIES.**	**Genre I. Tritonie,** *Tritonia,* Cuv. Id. et Themisto, Ock. *Doris,* Linné. { T. *arborescens,* etc. D. *clavigera?* *auriculata?* *bifida,* Mont.?
			Genre II. Doto, *Doto,* Ocken. *Doris,* Mont.; *Tritonia, Tergipes,* Cuv. { Doris *coronata,* Gm.? *pinnatifida,* Mont. *Orbignii,* nobis. *affinis,* id. *maculata,* Mont.; (*Tergipes,* Cuv.?)
			Genre III. Thétys, *Thetys,* Linné, Cuv., Ocken. { T. *Leporina, Fimbria.*
			Genre IV. Scyllée, *Scyllæa,* Lin., Cuv., Ocken. { Sc. *Pelagica.*
		b) Tétracères. Blainv. **3e FAMILLE.** **LES GLAUQUES.**	**Genre I. Laniogère,** *Laniogerus,* Blainv., Godlfuss. { Lan. *Blainvillii,* Goldfuss.
			Genre II. Glauque, *Glaucus,* Forster, Cuv., Ocken; Scyllée, Bosc. { G. *octopterygius,* Cuv. (*Atlanticus,* Blum.) *Hexapterygius,* Cuv., Ocken.
			Genre III. Éolide, *Eolidia,* Cuv.; *Eolis,* Lam., Ock.; *Eolida,* Godlf., et G. Cavolina, Brug., Ocken. { 1er Groupe. Les Cavolines, Brug. Ocken. 2e Groupe. Les Éolides, Cuv.
			Genre IV. Tergipe, *Tergipes,* Cuvier. G. Aeolis, Ock., Lam. { Doris *pennata,* Gm. *lacinulata,* id.

2ᵉ ORDRE. INFÉROBRANCHES, Cuv., Blainv. Gast. phyllidiens et semi-phyllidiens, Lam. *Hypobranchiata* et *Pomatobranchiata,* Schweigger. *Cyclobranchia, Tectibranchia,* Goldfuss. Monopleurobranches, Blainv. Gast. Dermobranches, Duméril.	**1ᵉʳ SOUS-ORDRE.** LES PHYLLIDIENS, Cuv., Lam. (Dicères.)	**1ʳᵉ FAMILLE.** LES PHYLLIDIES.	Genre I. Phyllidie, *Phyllidia,* Cuv., Lam. — Ph. *trilineata, ocellata, pustulosa,* Cuvier.
			Genre II. Diphyllidie, *Diphyllidia,* Cuv., Schweigg.
	2ᵉ SOUS-ORDRE. LES SEMI-PHYLLIDIENS, Lam. (Dicères.)	**2ᵉ FAMILLE.** LES OMBRELLES. (Tectibranches, Cuv.)	Genre Ombrelle, *Ombrella,* Lam., Schweigger. *Acardo,* Lam., Még., Ocken. *Gastroplax,* Blainv. — O. *indica,* Lam. *mediterranea,* id.
		3ᵉ FAMILLE. LES PLEUROBRANCHES	Genre I. Pleurobranchée, *Pleurobranchœa,* Meckel, Schweigger. *Pleurobranchus,* Ocken. — Pl. *Meckelii,* Schw.
			Genre II. Pleurobranche, *Pleurobranchus,* Cuv., Ocken. G. *Discoides,* Renieri? — Pl. *Peronii,* Cuv. *tuberculatus,* Meck. *balearicus,* Cuv. *aurantiacus,* id. *luniceps,* id.
			Genre III. Linguelle, *Linguella,* Blainv., *Dict. des Sc. natur.*
ORDRE INCERTAIN. CILIOBRANCHES, Blainv.			Genre Atlas, *Atlas,* Lesueur, *Journ. de phys.,* 1817.

A. Deux tentacules.
1re FAMILLE.
LES DICÈRES.
Les Laplysiens, LAM.

Genre I. APLYSIE, *Aplysia*, GMEL., CUVIER, OCKEN; *Lernœa, Thetys, Laplysia*, LINNÉ; *Laplysia*, LAM., BOSC. — Apl. *depilans, alba, Camelus, punctata*, CUVIER; *fasciata*, POIRET.

Genre II. ACTÆON, *Actæon*, OCKEN. — 1. Act. *Aplisiformis*, FÉRUSS. (Laplysia *viridis*, BOSC.) 2. Act. *Viridis*. (Laplysia *viridis*, MONTAGU.)

Genre III. DOLABELLE, *Dolabella*, LAMARCK, CUVIER. — D. *Rumphii*, CUVIER. *Rondeletii*, id. *dolabrifera*, id.

Genre IV. NOTARCHE, *Notarchus*, CUVIER, SCHWEIG. — Not. *Indicus*, SCHWEIG.

3e ORDRE.
TECTIBRANCHES,
CUVIER, GOLDFUSS.
Monopleurobranches, BLAINV.
Gast. adélobranches, DUMÉRIL.
Gast. bulléens et laplysiens, LAM.
Pomatobranchia, SCHWEIGGER.

B. Communément point de tentacules distincts.
2e FAMILLE.
LES ACÈRES, CUV.
Akera, MULLER.

a) Sans test.
Genre I. DORIDE, *Doridium*, MECKEL. Acères proprement dites, CUVIER. — Dor. *Coriaceum*, MECKEL. (*Acera carnosa*, CUVIER.) Dor. *membranaceum*, MECK.

b) Un test calcaire dans l'épaisseur du manteau.
Genre II. BULLÉE, *Bullœa*, LAM. *Bulla*, LINNÉ; *Lobaria*, GMELIN, OCKEN; *Phyline*, ASCANIUS; *Atys*, MONTF. — Bullæa *aperta*, LAM. (Lob. *quadriloba*, GMEL.; Phyl. *quadripartita*, ASCAN.)

c) Test externe, en partie visible.
α) Coquille spirale engaînante.
†) Sans tentacules distincts.
Genre III. BULLE, *Bulla*, LAM., OCK. Gondole, ADANSON; *Bulla*, LIN.; Bulle, Scaphandre, Rhizore, MONTFORT; *Gioënia*, GIOËNI; *Tricla*, RETZIUS; Char, BRUGUIÈRE. — Bulla *lignaria, ampulla, hydatis, naucum, amygdalus, pectinata ? soluta, akera*, etc.

††) Deux tentacules distincts.
Genre IV. BULLINE, *Bullina*, FÉRUSS. *Bulla*, LINNÉ. — Bulla *undulata*, BRUG.; *Physis, amplustre, scabra, Velum*, DILLWYN.

β) Coquille non spirale postérieure et recouvrante.
Genre IV. SORMET, *Somertus*, FÉR. G. *Gondola*, ADANSON. — Sormet. *Adansonii*, FÉRUSS.

4ᵉ ORDRE.
PULMONÉS
SANS OPERCULE, Fér.
Gast. adélobranches,
DUMÉRIL.
Pulmobranches
ou Adélobranches,
BLAINV.
Gast. *cœlopnoa seu cilopnoa*, Schw.
Pulmobranchia,
GOLDFUSS.

A. Une cuirasse ou un collier. Tentacules supérieurs oculifères.

1ᵉʳ SOUS-ORDRE.

GÉOPHILES.
Cilopnoa terrestria, SCHWEIGGER.

a) Corps conjoint avec le pied et nu, ou presque nu.

1ʳᵉ FAMILLE.
LES LIMACES,
Limaces, FÉRUSSAC.
Gast. limaciens, LAM.
Genre *Limax,* SCHW. et GOLDFUSS.
Voyez notre Histoire naturelle de ces animaux et le supplément provisoire.

α) Entièrement cuirassées. Tentacules contractiles.

1) Dicères.

Genre I. ONCHIDE, *Onchis;* Onchidium, CUVIER, OCKEN. (Marin.)

Genre II. ONCHIDIE, *Onchidium,* BUCHANNAN, OCKEN.

2) Tétracères.

Genre III. VAGINULE, *Vaginulus,* FÉRUSS.

Genre IV. PHILOMIQUE, *Philomicus,* RAF.?

Genre V. EUMÈLE, *Eumelus,* RAFIN.?

Genre VI. VÉRONICELLE, *Veronicellus,* BL.

β) Cuirassées antérieurement. Quatre tentacules rétractiles.

(Tétracères.)

Genre VII. LIMACELLE, *Limacellus,* BLAIN.

Genre VIII. ARION, *Arion,* FÉRUSSAC; *Limax,* LINNÉ, OCKEN.

Genre IX. LIMACE, *Limax,* FÉRUSS., LIN.

Genre X. PARMACELLE, *Parmacellus,* CUV., OCKEN.

γ) Unitestacées avec cuirasse, sans collier.

(Tétracères.)

Genre XI. PLECTROPHORE, *Plectrophorus,* FÉRUSSAC.

δ) Unitestacées, sans cuirasse, avec collier.

(Tétracères.)

Genre XII. TESTACELLE, *Testacellus,* CUV., OCKEN.

b) Corps distinct du pied roulé en spirale, et renfermé dans une coquille.

2ᵉ FAMILLE.
LES LIMAÇONS,
Cochleœ, FÉRUSSAC.
Genre *Helix, Achatina* et *Clausilia,* SCHWEIGGER.
Trachélipodes *colimacés,* LAM.
Voyez notre Tableau général de cette famille.

α) Une cuirasse et un collier.

(Tétracères.)

Genre I. HÉLICARION, *Helicarion,* FÉRUSS.

Genre II. HÉLICOLIMACE, *Helicolimax,* id. *Helix,* SCHWEIGGER.
Vitrina, DRAPARN.; *Cobresia,* HÜBNER.
Testacella, OCKEN; *Hyalina,* STUDER.

β) Un collier, sans cuirasse.

1) Tétracères.

Genre III. HÉLICE, *Helix,* FÉRUSSAC.
(Voyez le Tableau suivant pour ce genre.)

2) Dicères.

Genre IV. VERTIGO, *Vertigo,* MULLER, OCKEN; *Bulimus,* BRUG., OLIVIER.

Genre V. PARTULE, *Partula,* FÉRUSS.; *Bulimus,* BRUG.

HÉLICE, *Helix.*

(†) REDUNDANTES.

† *Volutatæ*, HÉLICOÏDES.

1ᵉʳ Sous-genre. HÉLICOPHANTE, *Helicophanta*, Fér. *Helix*, Draparnaud et Chemnitz.

†† *Evolutatæ*, COCHLOÏDES.

2ᵉ Sous-genre. COCHLOHYDRE, *Cochlohydra*, Féruss. *Helix*, Linné, Schweigger; *Succinea*, Drap.; *Amphibulima*, Lamarck; *Lucena*, Ocken; *Tapada*, Studer; *Lymnæa*, Flemming.

(††) INCLUSÆ.

† *Volutatæ*, HÉLICOÏDES.

3ᵉ Sous-genre. HÉLICOGÈNE, *Helicogena*, Féruss. *Helix*, Linné, Muller, Lamarck, Montfort; *Cochlea*, *Lucerna*, Humphr.; *Acavus*, Montf.

4ᵉ Sous-genre. HÉLICODONTE, *Helicodonta*, Féruss. *Lucerna*, Humphrey; *Caprinus*, *Cepolum*, *Polydontes*, *Tomogeres*, Montf.; *Anostoma*, Lam.; *Polygyra*, Say; *Odotropis*, *Triodopsis*, *Xolotrema*, *Aplodon*, *Mesodon*, *Stenotrema*, Rafin.; *Helix*, *Vortex*, Ocken.

5ᵉ Sous-genre. HÉLICIGONE, *Helicigona*, Féruss. *Cochlea*, Humphr.; *Caracolus*, *Iberus*, Montf.; *Caracolus*, Lam.; *Vortex*, Ocken.

6ᵉ Sous-genre. HÉLICELLE, *Helicella*, Féruss. *Sylvicola*, Humphrey; *Zonites*, Montf.; *Helicella*, Lam.; *Volvulus*, *Vortex*, *Helix*, Ocken.

7ᵉ Sous-genre. HÉLICOSTYLE, *Helicostyla*, Féruss.

†† *Evolutatæ*, COCHLOÏDES.

8ᵉ Sous-genre. COCHLOSTYLE, *Cochlostyla*, Féruss. *Bulla*, Chemnitz, Gmelin; *Bulimus*, Brug.

9ᵉ Sous-genre. COCHLITOME, *Cochlitoma*, Féruss. *Bulla*, Linné, Gmelin; *Buccinum*, Muller; *Achatina*, Lam., Schweig.; *Bulimus*, Brug. et Perry; *Achatina*, *Liguus*, Montfort; *Pythia*, Ocken.

10ᵉ Sous-genre. COCHLICOPE, *Cochlicopa*, Féruss. *Bulla*, *Voluta*, Gmelin, Dillwyn; *Bulimus*, Brug.; *Polyphemus*, Montf.; *Achatina*, *Lymnæus*, Lam.; *Columna*, Perry; *Pythia*, Ocken.

11ᵉ Sous-genre. COCHLICELLE, *Cochlicella*, Féruss. *Bulimus*, Bruguière et Draparnaud.

12ᵉ Sous-genre. COCHLOGÈNE, *Cochlogena*, Féruss. *Bulimus*, Scopoli, Brug., Lam., Montf.; *Chersina*, *Otis*, Humphrey; *Bulimulus*, Leach; *Pythia*, *Volvulus*, Ocken; *Melania*, Perry; *Bulimus*, *Pupa*, Studer; *Odostomia*, Flemm.; *Bulla*, *Voluta*, *Buccinum*, Gmelin, Chemn., Dillwyn; *Helix*, *Buccinum*, Muller; *Auricula*, Lam.; *Helix*, Schweig.

13ᵉ Sous-genre. COCHLODONTE, *Cochlodonta*, Féruss. *Turbo*, Linné, Gmelin, Dillw.; *Bulimus*, Brug.; *Pupa*, Lam., Draparn., Ocken; *Odostomia*, Flemm.; *Chondrus*, Cuv.; *Helix*, Schweig.; *Volvulus*, Ocken.

14ᵉ Sous-genre. COCHLODINE, *Cochlodina*, Féruss. *Turbo*, Linné, Gmelin, Dillwyn; *Clausilia*, Drap., Schweig.; *Volvulus*, Ocken; *Odostomia*, Flemming.

4e ORDRE.

Observ. Le G. Tornatelle ne doit point, selon toutes les apparences, rester dans cet ordre. *Il paroît muni d'un opercule corné et ressembler aux acères,* de l'ordre des Tectibranches, par la conformation de sa partie antérieure; mais il ne paroît point hermaphrodite.

B. Un collier; dicères, yeux sessiles.

2e SOUS-ORDRE. **GÉHYDROPHYLES,** Férussac. Moll. trachélipodes (Colimacés, lymnéens et plicacés), Lam. Pulmonés terrestres et aquatiques, Cuv. Cœlopnoa aquatilia, Schweig.

3e FAMILLE. **LES AURICULES,** *Auriculæ,* Féruss. Les Auriculées, Blainv. Terrestres, fluviatiles et marins.

Genre I. CARYCHIE, *Carychium,* Muller; *Auricula,* Drap., Ocken. (Terrestre.)

Genre II. SCARABE, *Scarabus,* Montfort; *Helix,* Linné, Schweig.; *Strigula,* Perry.; *Auricula,* Lam. (Terrestre.)

Genre III. AURICULE, *Auricula,* Lam., Draparn.; *Voluta,* Linné; *Aures Midæ,* Klein, Martini; *Bulimus,* Brug.; *Marsyas,* Ocken. (Aquatique.)
  - 1er Groupe. Les Auricules, Lam.
  - 2e Groupe. Les Conovules, Lam. G. Mélampe, Montf.
  - 3e Groupe. Les Cassidules, Fér. (Bulim. *Auris Felis,* Brug., etc.)

Genre IV. PYRAMIDELLE, *Pyramidella?* Lam.; *Trochus,* Linné; *Bulimus,* Bruguière.

Genre V. TORNATELLE, *Tornatella?* Lam., Schw.; *Voluta,* Lin.; *Bulimus,* Brug.; *Acteon,* Montf. (Marin.)

Genre VI. PIÉTIN, *Pedipes,* Adanson; *Bulimus,* Brug. (Marin.)

C. Sans cuirasse et sans collier.

3e SOUS-ORDRE. **HYGROPHILES.** Cœlopnoa aquatilia, Schweig.

4e FAMILLE. **LES LIMNÉENS,** *Limnostreæ,* Férussac. Fluviatiles et lacustres.

α) Dicères.

1) Tentacules oculifères?

Genre I. ESPIPHYLLE, *Espiphylla,* Rafin. Id. G. *Cyclemis,* Rafin.

2) Yeux sessiles.

*) Coquille engaînante.

Genre II. PLANORBE, *Planorbis,* Muller, Brug., Lam., Ock.; *Helix,* Lin.

Genre III. PHYSE, *Physa,* Drap.; *Bulinus,* Adans., Ock.; *Bulimus,* Brug.

Genre IV. LIMNÉE, *Limneus,* Lam., Ocken; *Helix,* Lin.; Limnée et Radix, Montf.; *Limneus et Omphiscola,* Rafin.

Genre V. LEPTOXE, *Leptoxis,* Rafin.?

Genre VI. LOMASTOME, *Lomastoma,* Raf. (G. incert.?)

**) Coquille recouvrante.

Genre VII. ANCYLE, *Ancylus,* Géof., Mul., Fér.; *Patella,* Lin., Brug.; *Helcion,* Mont.; *Bullinus,* Ocken.

β Acères?

Genre VIII. EUTRÈME, *Eutrema,* Rafin.

5e ORDRE. PULMONÉS OPERCULÉS, Férussac. Trachélipodes colimacées, Lam. Chismobranches cricostomes, Blainv. Pectinibranches, Cuv., Goldfuss. Cilopnoa, Schweig.

a. Un collier. 1ere FAMILLE. **LES HÉLICINES.**

Genre HÉLICINE, *Helicina,* Lam., Féruss.

b. Sans collier. 2e FAMILLE. **LES TURBICINES.**

Genre CYCLOSTOME, *Cyclostoma,* Lam., Draparn., Férussac; *Turbo, Helix,* Linné; Ciclophore et Ciclostome, Montf.

G. *Licina,* Brown, it. *Jamaica.*

6ᵉ ORDRE. PECTINIBRANCHES, CUVIER.

Gastér. Adélobranches et Siphonobranches, DUMÉRIL.; Trachélipodes et Hétéropodes, LAM.; Chismobranches, BLAINV.; *Gast. Pectinibranchia, Siphonobranchia*, GOLDF.; *Gast. Ctenobranchia*, SCHWEIG.

A. Opercule proportionné à l'ouverture de la coquille.

Iᵉʳ SOUS-ORDRE.

LES POMASTOMES,
FÉRUSSAC.

Chismobranches, BLAINV.

Gast. adélobranches,
DUMÉRIL.

Les Trochoïdes, CUV.

Pectinibranchia, GOLDF.

Un appendice membraneux linguiforme, au côté gauche, et à la réunion de la tunique au corps, au côté droit, pour faciliter l'entrée du liquide dans la cavité brachiale; généralement sans trompe et munis de mâchoires.

FLUVIATILES OU MARINS.

Genres incertains.
Bitome, Hercole, Camille, MONTF.

Iʳᵉ FAMILLE.

LES SABOTS,
OU LES TURBINÉS.

AN. Deux tentacules subulés contractiles; yeux à leur base.

COQ. Ouverture arrondie ou ovale, à bords non désunis, sans canal ni échancrure.

Mélaniens, Péristomiens, Néritacés, Scalariens, Turbinacés, LAM.

Genre I. PALUDINE, *Paludina*, FÉRUSS. (Fluv. et marin.)
   Iᵉʳ S. G. PALUDINE, *Paludina*, LAM.; *Helix*, LINNÉ; *Turbo*, GOLDF.; *Vivipara*, MONTF., SOW., LEACH; *Cyclostoma*, DRAP., FÉRUSS., OCK.
   2ᵉ S. G. MÉLANIE, *Melania*, LAM., SCHW.; *Helix*, LIN.; *Vibex, Melania*, OCKEN; *Melas*, MONTF.; *Pleurops, Pleurocera, Oxitrema, Campelona, Ellipstoma*, RAF. Mélanoïde, OLIVIER.
   3ᵉ S. G. OMPHEMIS, RAFIN.?
   4ᵉ S. G. RISSO, *Rissoa*, FRÉMINVILLE; *Turbo*, LINNÉ.
   5ᵉ S. G. LITTORINE, *Littorina*, FÉRUSS.; *Turbo*, LIN.; *Trochus*, ADANSON; Kruck, OCKEN.
Genre II. TURRITELLE, *Turritella*, LAM., SCHW.; *Turbo*, LIN., GOLDF. *Haustator*, MONTF.; *Aculea*, PERRY.
Genre III. VERMET, *Vermetus*, ADANSON? *Turbo*, GOLDF.; *Vermicularia*, LAM., SCHWEIG.
Genre IV. VALVÉE, *Valvata*, MULLER, OCK., SCHWEIG.; *Turbo*, GOLDFUSS. (Fluviatile.)
Genre V. NATICE, *Natica*, ADANSON; *Nerita*, LINNÉ, GOLDFUSS, SCHWEIG.
   Iᵉʳ S. G. NATICE, *Natica*, LAM., OCKEN; Natice et Polinice, MONTF.; *Ampullina*, LAM. (Fossilis.)
   2ᵉ S. G. PITONILLE, *Pitonillus*, MONTF.
   G. Rotelle? LAM.; *Helicina*, SOWERBY.

α) Ouverture de la coquille sans échancrure.

Genre I. NÉRITE, *Nerita*, LINNÉ, SCHW., OCK.; *Peloronta*, OCK.; Nérite et Néritine, LAM.; Vélate, Clithon, Théodoxe, MONTF. (Fluv. et marin.)
Genre II. AMPULLAIRE, *Ampullaria*, LAM., MONTF., SCHW., OCKEN; *Helix*, LINNÉ; Laniste, MONTFORT; *Nerita*, MULLER; *Bulimus*, BRUG.; *Pomacea*, PERRY; *Galea*, KLEIN. (Fluviatile.)
Genre III. JANTHINE, *Janthina*, LAM. (*Helix*, LINNÉ), SCHWEIG., OCKEN.
Genre IV. PHASIANELLE, *Phasianella*, LAM. (*Turbo*, LIN.), SCHW., OCK.; *Phasianus* et *Cantharis*, MONTF.
Genre V. TOUPIE, *Trochus*, LINNÉ; *Turbo*, ADANSON; *Turbo*, LINNÉ; *Turbo* et *Trochus*, SCHWEIG.; *Turbo, Labio, Trochus*, OCKEN.
   Iᵉʳ S. G. SABOT, *Turbo*, MONTF.
   2ᵉ S. G. MÉLÉAGRE et STRAPAROLE, MONTF. (*Turbo*, LIN.)
   3ᵉ S. G. MONODONTE, *Monodonta*, LAM.; *Monodon* et *Clanculus*, MONTF.; *Labio*, OCKEN.
   4ᵉ S. G. DELPHINULE, *Delphinula*, LAM., SCHW.; Delphinule et Lippiste, MONTF.; *Cyclostrema*, MARRYAT.
   5ᵉ S. G. CALCAR et IMPERATOR, MONTF.
   6ᵉ S. G. PHORUS, MONTF.
   7ᵉ S. G. CIRRHUS, SOWERBY.
   8ᵉ S. G. SOLARIUM, LAM.; *Trochus*, SCHWEIG.
   9ᵉ S. G. EUMPHALUS, SOWERBY.
   10ᵉ S. G. INFUNDIBULUM, MONTF., SOWERBY.
   11ᵉ S. G. TROCHUS, LINNÉ, MONTF.; *Tectus*, MONTF.
   12ᵉ S. G. TÉLESCOPIUM, MONTF.
Genre VI. PLEUROTOMAIRE, *Pleurotomaria*? DEFRANCE.
Genre VII. SCALAIRE, *Scalaria*, LAM.; *Turbo*, LIN., GOLDF.; *Aciona*, LEACH; *Clattrus*, OCK.; *Trigona*, PERRY.

β) Ouverture un peu échancrée à la réunion du bord extérieur à la columelle.

Genre VIII. MÉLANOPSIDE, *Melanopsis*, FÉRUSSAC, LAM. Pyrène, LAM.; *Faunus*, MONTF.; *Melania*, OLIV.

2ᵉ FAMILLE.

LES TOUPIES,
OU TROCHOÏDES.

AN. Quatre tentacules contractiles, les deux latéraux connés et oculés à leur sommet.

COQ. Ouverture quelquefois à bords désunis, mais sans former de canal.

Mélaniens, Péristomiens, Néritacés, Scalariens, Turbinacés, LAM.

Ire SECTION. Pas de trompe, mufle proboscidiforme : un voile sur la tête.

3e FAMILLE.
LES CÉRITES.
Tentacules oculés à la partie moyenne, au-dehors.
(Canalifères, Lam.)

Genre I. Cérite, *Cerithium*, Adanson, Brug., Ocken; *Murex*, Linné; Potamides, Brong.; Piraze et Cérite, Montf.

IIe SECTION. Une trompe, pas de voile sur la tête.

4e FAMILLE.
LES BUCCINS.
Tentacules conico-cylindriques oculés à leur base externe.
(Purpurifères, Lam.)

Genre I. Buccin, *Buccinum*, Adanson, Lam., Schweig., Ock.; *Buccinum, Phos* et *Alectrion*, Montf.
S. G. Éburne, *Eburna*, Lam.; *Eburnus*, Montf.; *Ancilla*, Perry; *Buccinum*, Ocken.

a) Canal nul ou très court.

Genre I. Pourpre, *Purpura*, Adans.; *Buccinum*, Schw.

1er S. G. Pourpre, *Purpura*, Brug., Lam.; *Haustrum*, Perry; *Monoceros, Concholepas, Cancellaria*, Lam.; *Unicornus*, Montf.; *Emarginula, Voluta?* Schw.; *Buccinum, Nassa, Purpura, Sistrium*, Ocken.
2e S. G. Nasse, *Nassa*, Lam., Ocken; Nasse, Cyclope, Montf.
3^e S. G. Tonne, *Dolium*, Lam.; *Dolium, Perdix*, Montf. *Nassa*, Ocken.
4^e S. G. Harpe, *Harpa*, Lam., Montf.; *Sistrium*, Ock.
5^e S. G. Casque, *Cassis*, Brug., Lam., Montf.; *Cassis*, Ocken.
6^e S. G. Cassidaire, *Cassidaria*, Lam.; *Morio*, Montf.; *Cassidea*, Perry; *Cassis*, Ocken.
7e S. G. Struthiolaire, *Struthiolaria*, Lam. ?
8e S. G. Ricinelle, *Ricinella*, Lam., Montf.

Genre II. Colombelle, *Columbella*, Lam., Montfort; *Voluta*, Schweig.

β) Canal droit, saillant; des varices transverses.

Genre III. Rocher, *Murex*, Linné; *Purpura*, Adans.; *Monoplex, Biplex, Triplex, Hexaplex, Polyplex*, Perry; G. *Murex*, Ocken.

1er S. G. Rocher, *Murex*. Lam.; *Trophon*, Montf.
2e S. G. Bronte, *Brontes*, Montf.; id. *Murex, Typhis*, Montf.; *Aranea*, Perry.
3e S. G. Chicoracé, *Chicoreus*, Montf.
4e S. G. Ranelle, *Ranella*, Lam.; *Apollon, Bufo*, Montf.; *Murex*, Ocken.
5e S. G. Triton, *Tritonium*, Lam.; *Triton, Lothorium, Aquilla, Persona*, Montf.; *Septa, Distorta*, Perry; *Pleurotoma*, Ocken?

γ) Canal saillant, droit; pas de varices.

Genre IV. Fuseau, *Fusus*, Féruss.; *Murex*, Lin., Schw.; *Purpura*, Adans.; *Pleurotoma, Turbinellus*, Ocken.

1er S. G. Turbinelle, *Turbinella*, Lam.; *Volutella, Buccinella*, Perry; *Turbinellus*, Ocken.
2e S. G. Fasciolaire, *Fasciolaria*, Lam., Montf., et *Fulgur*, Montf.
3e S. G. Pyrule, *Pyrula*, Lam., Montf.
4e S. G. Fuseau, *Fusus*, Lam.; Fuseau, Lathire, Montf.
5e S. G. Pleurotome, *Pleurotoma*, Lam.
6e S. G. Clavatule, *Clavatula*, Lam., Montf.

Genre V. Rostellaire, *Rostellaria*, Lam.; Rostellaire Hipocrène, Montf.; *Strombus*, Ock., Schw.

B. Opercule toujours disproportionné pour la grandeur et la forme de l'ouverture.

2e SOUS-ORDRE.
HEMI-POMASTOMES, Férussac.
Siphonobranches, Dum., Blainv. et Goldf.
Les Buccinoïdes, Cuv.

Siphon permanent, formé par un appendice saillant et distinct, plus ou moins prolongé, à la partie supérieure du manteau, au-dessus du dos de l'animal, portant le fluide dans la cavité branchiale et correspondant à l'échancrure ou au canal de l'ouverture de la coquille.

Ouverture irrégulière plus ou moins échancrée ou prolongée en canal à la réunion du bord extérieur avec le bord columellaire.

Marins.

5e FAMILLE.
LES POURPRES,
Adanson.
Tentacules oculés à leur partie moyenne, en dehors.
Canalifères, Ailées, Purpurifères, Columellaires, Lam.

2ᵉ SOUS-ORDRE.

6ᵉ FAMILLE.
LES STROMBES.
Yeux portés sur un pédicule latéral plus grand que le tentacule même, CUVIER.
Les Ailés, LAM.

Genre I. STROMBE, *Strombus*, LINNÉ, SCHWEIG., OCKEN. G. *Strombus* et *Pterocera*, LAM.

7ᵉ FAMILLE.
LES CONES.
Tentacules oculés vers le sommet.
Les Enroulées, LAM.

Genre I. CONE, *Conus*, LINNÉ, etc. OCKEN ; *Strombus*, ADANSON. Gˢ Cylindre, Rouleau, Hermès, Rhombe, Cône, MONTF.

C. Sans opercule.
3ᵉ SOUS-ORDRE.
APOMASTOMES,
FÉRUSSAC.
Siphon comme dans les précédents ; ouverture de la coquille droite, parallèle à l'axe, sans canal, mais plus ou moins échancrée ou tronquée à la réunion du bord extérieur au bord columellaire.
Tours de spire s'enroulant plus ou moins autour de l'axe et dans la même direction.

Les Columellaires,
Les Enroulées, LAM.
Buccinoïdes, CUVIER.
Siphonobranches, DUMÉR.,
GOLDFUSS.

8ᵉ FAMILLE.
LES ENROULÉS, LAM.
Tentacules conico-subulés ; yeux situés sur le côté extérieur, au-dessus de la base ou vers le milieu.

Genre I. OLIVE, *Oliva*, BRUG. ; *Voluta*, SCHWEIG., OCK.
Genre II. ANCILLAIRE, *Ancillaria*, LAM. ; *Ancillus*, MONTF. ; *Anaulax*, ROISSY ; *Voluta*, SCHWEIG.
Genre III. MARGINELLE, *Marginella*, LAM. ; *Porcellana*, ADANSON ; *Voluta*, SCHWEIG., OCKEN.
Genre IV. VOLVAIRE, *Volvaria*, LAM., MONTF. ; *Voluta*, SCHWEIG.
Genre V. OVULE, *Ovula*, LAM., BRUG., SCHWEIG. G. *Ovulus*, *Radius*, *Ultimus*, *Calpurnus*, MONTF.
Genre VI. PORCELAINE, *Cypræa*, LINNÉ, SCHW., OCKEN ; *Cypræa*, *Peribolus*, ADANSON.
Genre VII. TARIÈRE, *Terebellum*, LAM., SCHWEIG. Gˢ Térébelle et Séraphe, MONTF. ; *Seraps*, SOWERBY ; *Voluta*, OCKEN.

9ᵉ FAMILLE.
LES VOLUTES,
COLUMELLAIRES, LAM.
Tentacules conico-subulés écartés ; yeux à la base extérieure.

Genre I. VIS, *Terebra*, BRUG., MONTF., LAM., OCKEN ; *Buccinum*, SCHWEIG.
Genre II. MITRE, *Mitra?* LAM. ; *Mitra*, *Turris*, MONTF. ; *Voluta*, SCHWEIG, OCKEN.
Genre III. VOLUTE, *Voluta*, LINNÉ, SCHWEIG. ; *Turbinellus*, OCKEN.

10ᵉ FAMILLE.
LES COURONNES.
Tentacules triangulaires et aplatis ; yeux derrière les tentacules sur le côté externe. Un large voile sur la tête.

Genre YET, *Cymbium*, ADANS., MONTF., PERRY, OCKEN.

D. Test caché dans le manteau.
4ᵉ SOUS-ORDRE.
ADÉLODERMES,
FÉRUSSAC.
Adélobranches, DUMÉR.
Aplysia, OCKEN.

11ᵉ FAMILLE.
LES SIGARETS.
Tentacules coniques ; yeux à la base extérieure.

Genre I. SIGARET, *Sigaretus*, LAM., SCHWEIG. ; *Lamellaria*, MONTAGU.
Genre II. CRYPTOSTOME, *Cryptostomus*, BLAINV.
Genre III. LAMELLAIRE, *Lamellaria*, MONTAGU. *Linn. Transact.* XI.

7e ORDRE. SCUTIBRANCHES, CUVIER, GOLDFUSS. Cervicobranches, Chismobranches, Nucléobranches, BLAINVILLE. Gast. dermobranches, DUMÉRIL. Gast. calyptraciens, Trachélip. néritacées, LAM.	1er SOUS-ORDRE.	1re FAMILLE. LES ORMIERS, ou HALIOTIDES. Chismobranches Mégastomes, BLAINV. Macrostomes, LAM. G. Haliotis, SCHWEIG.	Genre I. HALIOTIDE, *Haliotis*, LIN., LAM. Genre II. PADOLLE, *Padollus*, MONTFORT; Stomatelle, LAM. Genre III. STOMATE, *Stomatia*, LAM.; *Haliotis*, LINNÉ, OCKEN.
	2e SOUS-ORDRE. CALYPTRACIENS, LAM.	a. Coquille et organes non symétriques. 2e FAMILLE. LES CABOCHONS, Chismobranches Mégastomes, BLAINV.	Genre I. CABOCHON, *Capulus*, MONTFORT, SCHW.; *Hipponix*, DEFRANCE; *Patella*, LINNÉ, OCKEN. Genre II. CRÉPIDULE, *Crepidula*, LAM.; *Proscenula*, PERRY; *Crepidula*, SCHW.; *Patella*, LIN., OCKEN.
		b. Coquille et organes symétriques. 3e FAMILLE. LES PATELLOÏDES. Cervicobranches, BLAINV.	Genre I. PAVOIS, *Scutus*, MONTF.; *Parmophorus*, BLAINV.; *Patella*, LIN. Genre II. FISSURELLE, *Fissurella*, LAM.; *Patella*, LINNÉ, OCKEN. Genre III. ÉMARGINULE, *Emarginula*, LAM., SCHW. (avec le *Concholepas*); *Patella*, LINNÉ, OCKEN. Genre IV. SEPTAIRE, *Septaria*, FÉR.; Navicelle, LAM.; *Cimber*, MONTF. Genre V. CALYPTRÉE, *Calyptrea*, LAM., SCHW.; *Patella*, LIN., OCKEN. Genre incertain. TRÉMÉSIE, *Tremesia* (ante G. *Notrema*, RAFIN.), *Ann. des Sc. nat.*, sept. 1820??
	3e SOUS-ORDRE. HÉTÉROPODES, LAM. Nucléobranches, BLAINV.	4e FAMILLE. LES PTÉROTRACHÉES, FORSKAL et GMELIN.	Genre I. CARINAIRE, *Carinaria*, LAMARCK, SCHW., OCKEN; *Patella*, LIN.; *Argonauta*, GMELIN. Genre II. FIROLE, *Firola*, PÉRON, LESUEUR, OCKEN, DUMÉRIL (*Ptéropodes*). Genre III. FIROLOÏDE, *Firoloïda?* LESUEUR, *Bull. des Sc.*, 1817.
8e ORDRE. LES CYCLOBRANCHES, CUVIER. Gast. dermobranches, DUMÉRIL. Gast. phyllidiens, LAM.	1er SOUS-ORDRE. CHISMOBRANCHES, BLAINV. Cyclobranchia, GOLDFUSS.	1re FAMILLE. LES PATELLES.	Genre I. PATELLE, *Patella*, LAM., CUVIER; *Patella*, LIN., OCK., et G. *Goniolis*, RAFIN.
	2e SOUS-ORDRE. LES POLYPLAXIPHORES, BLAINV. Crepidopoda, GOLDF.	2e FAMILLE. LES OSCABRIONS.	Genre I. OSCABRELLE, *Chitonnellus*, LAM. Genre II. OSCABRION, *Chiton*, LINNÉ.

DEUXIÈME SECTION. ACÉPHALÉS.

CLASSE Iere. CIRRHOPODES, Cuvier, Goldfuss; *Lepas et Triton*, Linné.

Cirrhipédes, Lamarck; Cirrhipodes, Blainville, Schweigger; (Multivalvia, Poli);
Moll. Brachiopodes, Duméril.

A. Corps enfermé dans une coquille, sans péduncule, fixée
sur les corps marins. Bouche
à la partie antérieure et supérieure du corps.

1er ORDRE.

CIRRHOPODES
SESSILES,
Lamarck.

Ire FAMILLE.
LES BALANES,
ou BALANITES.
G. *Lepas*, Linné.
G. *Balanus*, Schweigger.
Vulg. Glands de mer.

Genre I. Tubicinelle, *Tubicinella*, Lam., Ocken.
Genre II. Coronule, *Coronula*, Lam.; *Lepas*, Linné;
    Balanite, Brug., Ocken.
Genre III. Balane, *Balanus*, Brug., Lam.; *Lepas*, Lin.;
    Balanite, Brug., Ocken.
Genre IV. Acaste, *Acasta*, Leach, Lam.; *Lepas*, Poli.
Genre V. Creusée, *Creusia*, Leach, Lam.; *Balanus*,
    Brug.
Genre VI. Pyrgome, *Pyrgoma*, Savigny, Lam., Leach.

B. Corps soutenu par un péduncule tubuleux, mobile,
dont la base est fixée sur les
corps marins. Bouche presque inférieure.

2e ORDRE.

CIRRHOPODES
PÉDUNCULÉS,
Lam.

2e FAMILLE.
LES ANATIFES.
G^s *Lepas et Triton*, Lin.
G. *Anatifa*, Schweigger.
Vulg. Pouce-pieds.

Genre I. Anatife, *Anatifa*, Lam.; *Lepas*, Linné, Ocken.
    G^s *Anatifa* et *Pentalasmis*, Leach.
Genre II. Pouce-pied, *Pollicipes*, Lam.; *Lepas*, Linné.
    G^s *Pollicipes* et *Scapellum*, Leach; *Mitella*,
    Ocken, Goldfuss.
Genre III. Cinéras, *Cineras*, Leach, Lam.; *Lepas*, Poli.
Genre IV. Brante, *Branta*, Ocken, Goldfuss; *Otion*,
    Leach, Lam.; *Lepas*, Linné. G. *Aurifera*,
    Blainv., *Dict*,

CLASSE II. BRACHIOPODES, Cuvier, Goldfuss.

Moll. Brachiopodes, Duméril; Conchifères Brachiopodes, Lamarck; Palliobranches, Blainville;
(Multivalvia, Poli).

Ire FAMILLE.
LES LINGULES.

Genre Lingule, *Lingula*, Brug., Lam., Cuv., Megerle,
    Ock.; *Patella*, Linné; *Mytilus*, Solander;
    Pinna, Chemnitz.

2e FAMILLE.
LES TÉRÉBRATULES.

Genre I. Térébratule, *Terebratula*, Brug., Lam., Ock.;
    Anomia, Lin.; Criopoderma (*criopus*), Poli.
    G. *Gryphus*, Megerle; *Terebratula*, Mego-
    rima et *Apleurotis*, Rafin.
Genre II. Magas, *Magas*, Sowerby.

3e FAMILLE.
LES CRANIES.

Genre I. Orbicule, *Orbicula*, Cuv., Lam., Schw., Ock.;
    Criopoderma (*criopus*), Poli; et G. Discine,
    Discina, Lam.
Genre II. Cranie, *Crania*, Brug., Lam., Megerle, Ock.;
    Anomia, Linné; *Terebratula*, Schweig.
Genre III. Thécidée, *Thecidea*, Defrance.

CLASSE III. LAMELLIBRANCHES, Blainville.

Acéphales testacés, Cuvier, Duméril; Conchifères, Lamarck; *Polecypoda*, Goldfuss; Mollusca subsilientia, Poli.

Manteau ouvert, sans tubes ni ouvertures particulières. Pied nul ou très petit, la plupart fixés. 1er ORDRE. LES OSTRACÉS, Cuvier.	1re FAMILLE. 2e FAMILLE. 3e FAMILLE. 4e FAMILLE. 5e FAMILLE. 6e FAMILLE.	LES RUDISTES, Lamarck. LES HUITRES. LES PECTINIDES, Lamarck. LES MALLÉACÉS. LES AVICULÉS. LES ARCACÉS, Lamarck.
Manteau ouvert par devant, mais avec une ouverture séparée pour l'anus. Un pied, quelques uns fixés par un byssus. 2e ORDRE. LES MYTILACÉS, Cuvier.	1re FAMILLE. 2e FAMILLE. 3e FAMILLE. 4e FAMILLE.	LES MOULES. LES NAYADES, Lamarck. LES CARDITES. LES CRASSATELLES.
Manteau muni de trois ouvertures dirigées vers la partie antérieure ou moyenne de la coquille. 3e ORDRE. LES BÉNITIERS, Cuvier.	FAMILLE.	LES TRIDACNES, Lamarck.
Manteau ouvert par devant et avec deux ouvertures séparées pour les excréments et pour la respiration, lesquelles se prolongent souvent en tubes unis ou distincts. 4e ORDRE. LES CARDIACÉS, Cuvier.	1re FAMILLE. 2e FAMILLE. 3e FAMILLE. 4e FAMILLE. 5e FAMILLE. 6e FAMILLE. 7e FAMILLE.	LES CAMACÉS, Lamarck. LES BUCARDES. LES CYCLADES. LES NYMPHACÉS, Lamarck. LES VÉNUS. LES LITHOPAGES, Lamarck. LES MACTRACÉS, Lamarck.
Manteau ouvert par le bout antérieur ou vers son milieu pour le passage du pied, et prolongé de l'autre bout en un tube double sortant de la coquille. 5e ORDRE. LES ENFERMÉS, Cuvier.	1re FAMILLE. 2e FAMILLE. 3e FAMILLE. 4e FAMILLE.	LES MYAIRES. LES SOLENS. LES PHOLADES. LES TUBICOLÉS, Lamarck.

1ᵉʳ ORDRE. LES OSTRACÉS, Cuvier.

A. Un seul muscle d'attache.

1ᵉʳ SOUS-ORDRE. LES MONOMYAIRES.

Monomyaires Rudistes, Ostracés, Pectinides, Malléacés, Lam.

1ʳᵉ FAMILLE. LES RUDISTES, Lamarck. (Fixés ?)

Genre I. Birostrite, *Birostrites*, Lam.? (Cardiacés, G. Birostrite, Schw.)

Genre II. Calcéole, *Calceola*, Lam., Schw. (*Anomia*, Linné). G. *Sandalium*, Ocken, et G. *Spirifer*, Sowerby.

Genre III. Radiolite, *Radiolites*, Lam., Ocken; *Acardo*, Brug.; Ostracite, Picot de la Peyrouse; *Ostrea*, Schweig.

Genre IV. Sphérulite, *Sphœrulites*, Lamétherie, Lam.; Radiolite, Brug.; *Ostrea*, Schweig.

2ᵉ FAMILLE. LES HUITRES. Ostracés, Lam., Goldfuss. (Fixés ou libres.)

a. Ligament intérieur; coquille mince papyracée.

Genre I. Anomie, *Anomia*, Brug., Linné, Schw., Ocken; Echionoderma (*Echion*), Poli.

Genre II. Producte, *Productus*, Sowerby.

Genre III. Placune, *Placuna*, Brug., Schw., Ocken (*Anomia*, Lin.). G. *Placenta*, Megerle.

b. Ligament demi-intérieur; test feuilleté souvent très épais.

Genre IV. Huitre, *Ostrea*, Lam., Brug., Linné, Schweig., Ock.; Peloriderma (*Peloris*), Poli.

Genre V. Jodamie, *Jodamia*, Defrance.

Genre VI. Gryphée, *Gryphœa*, Lam.; *Ostrea*, Linné, Brug., Schweig.

3ᵉ FAMILLE. LES PECTINIDES, Lam. Ostracés, Goldfuss. (Fixés, quelques uns libres.)

Genre I. Podopside, *Podopsis*, Lam.; *Ostrea*, Schweig.

Genre II. Hinnite, *Hinnita*, Defrance.

Genre III. Spondyle, *Spondylus*, Linné, Lam., Cuv., Schweig., Ocken; Argoderma (*Argus*), Poli.

Genre IV. Plicatule, *Plicatula*, Lam.; *Spondylus*, Lin., Schw., Ocken; Placune, Brug.

Genre V. Peigne, *Pecten*, Brug., Lam., Megerle, Ocken; *Ostrea*, Linné, Schw.; Argoderma (*Argus*), Poli; *Pleuronectites*, Schlotheim; *Pandora* et *Amusium*, Megerle.

Genre VI. Plagiostome, *Plagiostoma*, Sow., Lam.; *Ostrea*, Schweig.

Genre VII. Dianchore, *Dianchora*, Sow.

Genre VIII. Lime, *Lima*, Brug., Lam., Megerle (*Ostrea*, Linné, Schw.); Glaucoderma (*Glaucus*), Poli. G. *Glaucion*, Ocken.

Genre IX. Houlette, *Pedum*, Brug. (*Ostrea*, Linné, Schw.) G. *Glaucion*, Ocken.

SUITE DU 1ᵉʳ ORDRE.	**SUITE DU 1ᵉʳ SOUS-ORDRE.**	**4ᵉ FAMILLE.** **LES MALLÉACÉS,** Malléacées et Ostracées, LAM. (Byssifères, GOLDFUSS.)

Genre I. MARTEAU, *Malleus*, LAM.; *Ostrea*, LINNÉ; *Avicula*, BRUG. G. *Tudes*, OCKEN.

Genre II. VULSELLE, *Vulsella*, LAM., OCK.; *Mya*, LINNÉ; *Ostrea*, BRUG.

Genre III. PERNE, *Perna*, BRUG., LAM. (*Ostrea*, LINNÉ). G. *Sutura*, MEGERLE; G. *Melina*, OCKEN.

Genre IV. INOCÉRAME, *Inoceramus*, SOW.

5ᵉ FAMILLE. **LES AVICULÉS.** Malléacées, Mytillacées, LAM.

Genre I. CRENATULE, *Crenatula*, LAM., SCHWEIG., OCKEN.

Genre II. AVICULE, *Avicula*, BRUG., LAM. (*Mytilus*, LINNÉ). G. *Anonica*, OCKEN; *Perna*, ADANS.; Aronde, CUV.; *Glaucoderma* (*Glaucus*), POLI.

Genre III. PINTADINE, *Meleagrina?* LAM. (*Mytilus*, LIN.); *Avicula*, BRUG., SCHW.; *Margaritifera*, MEGERLE; *Margarita*, LEACH, *Journal de phys.*, 1819.

Genre IV. PINNE, *Pinna*, LINNÉ, LAM., MEGERLE, SCHW., OCKEN; *Perna*, ADANSON; Chimæroderma (*Chimæra*), POLI; Oxisma, Curvula, RAFIN.

B. Deux muscles d'attache.
2ᵉ SOUS-ORDRE.
DIMYAIRES.
MONOMYAIRES Malléacées et Mytillacées, DIMYAIRES Arcacées, LAMARCK.

6ᵉ FAMILLE. **LES ARCACÉS,** LAM., GOLDF. G. Arca, SCHWEIG. *Exclus.* G. Trigonia.

Genre I. CUCULLÉE, *Cucullæa*, LAMARCK; *Arca*, LINNÉ, BRUG.

Genre II. ARCHE, *Arca*, LAM., BRUG., MEGERLE (*Arca*, LINNÉ); Daphnoderma (*Daphne*), POLI. G. *Ciphoxis*, RAFIN.; *Trisis* et *Arca*, OCKEN.

Genre III. PÉTONCLE, *Pectunculus*, LAM., MEGERLE (*Arca*, LINNÉ, BRUG.); Axinæodorma (*Axinea*), POLI; Axinea, OCKEN.

Genre IV. NUCULE, *Nucula*, LAM. (*Arca*, LINNÉ, BRUG.); *Polyodonta*, MEGERLE; *Axinea*, OCKEN.

Genre V. TRIGONIE, *Trigonia?* BRUGUIÈRE, LAM., SCHWEIG., OCKEN.

2ᵉ ORDRE.
LES MYTILLACÉS,
Cuvier.

1ʳᵉ FAMILLE.
LES MYTILLACÉS,
Lam., Goldf..
Chimæroderma, Poli.
Callitrichoderma, id.
(Byssifères.)

Genre I. MOULE, *Mytilus*, Linné, Brug., Lam., Megerle; Schw.; *Perna*, Adanson; Callitricoderma (*Callitriche*), Poli; *Mytilus*, Ocken. (Marins, quelques espéces fluviatiles.)

Genre II. MODIOLE, *Modiola*, Lam.; *Mytilus*, Linné, Brug., Schweig.; Callitricoderma (*Callitriche*), Poli; *Mytilus*, Ock. (Marins, une espéce fluv.?)

Genre III. LITHODOME, *Lithodomus*, Cuvier; *Modiola*, Lam.; *Mytilus*, Linné, Schw.; Callitricoderma (*Callitriche*), Poli; *Lithophagus* et *Amygdalum*, Megerle; *Perna*, Ocken.

2ᵉ FAMILLE.
LES NAYADES,
Lam.
Pediferia, Goldf.
Linmæoderma, Poli.
Fam. II, G. 9.
Mytillacés, Goldf.
(Fluv. ou lacustres.)

Genre I. ANODONTE, *Anodonta*, Brug. (*Anodontites*); *Mytilus*, Linné; Limnæoderma (*Limnœa*), Poli; *Anodontidia*, Rafin.; *Anodon*, Ocken.
  1ᵉʳ S. G. ANODONTE, *Anodonta*, Lam.
  2ᵉ S. G. IRIDINE, *Iridina*, Lam. (*Anodonta*, Brug..)
  3ᵉ S. G. STROPHITE, *Strophitus*, Rafin.
  4ᵉ S. G. LASTÈNE, *Lastena*, Rafin.
  5ᵉ S. G. DIPSAS, *Dipsas*, Leach.

Genre II. HYRIE, *Hyria*, Lam., Schw.; *Mya*, Linné.

Genre III. MULETTE, *Unio*, Retzius, Brug.; *Mya*, Lin.; Limnæoderma (*Limnœa*), Poli.
  1ᵉʳ S. G. ALASMODONTE, Say; *Alasmidonta*, Rafin.
  2ᵉ S. G. LES AMBLÉMIDES, *Amblemidia*, Rafin. (Sous-fam.) Gˢ *Obovaria, Pleurobema, Amblema*, Rafin.
  3ᵉ S. G. LES UNIODIÉS, *Uniodia*, Rafin. (Sous-fam.) Gˢ *Unio, Lampsilis, Metaptera, Troncilla, Obliquaria*, Rafin.; *Unio* et *Limnium*, Ocken.

Genre IV. CASTALIE, *Castalia*, Lam.; *Trigonia*, Schw.

3ᵉ FAMILLE.
LES CARDITES.
Mytillacés, Goldf.

Genre I. CARDITE, *Cardita*, Lamarck, Brug., Megerle (*Chama*, Lin.); *Perna*, Adans.; Limnæoderma (*Limnœa*), Poli; *Cardita* et *Glans*, Megerle. G. *Arcinella*, Ocken.

Genre II. CYPRICARDE, *Cypricardia*, Lamarck (*Cardita*, Brug., Schweig.) G. *Trapezium*, Megerle.

Genre III. VÉNÉRICARDE, *Venericardia*, Lam. (*Venus*, Linné). G. *Cardissa*, Ocken.

4ᵉ FAMILLE.
LES CRASSATELLES.
Mytillacés, Goldf.

Genre I. CRASSINE, *Crassina*, Lam., Schweig. (*Venus*, Montagu).

Genre II. CRASSATELLE, *Crassatella*, Lam., Schw., Ock. G. *Paphia*, Lam. (*An. s. vert.*, 1ʳᵉ édit.), Roissy.

3ᵉ ORDRE.
LES BÉNITIERS,
Cuvier.

1ʳᵉ FAMILLE.
LES TRIDACNÉS,
Lam., Goldf.

Genre I. TRIDACNE. *Tridacna*, Brug., Lam.; *Chama*, Linné, Ocken.

Genre II. HIPPOPE, *Hippopus*, Lam.; *Chama*, Linné, Ocken. G. Pelvis, Megerle; G. *Tridacna*, Schweig.

4ᵉ ORDRE.
LES CARDIACÉS,
Cuvier.

1ʳᵉ FAMILLE.
LES CAMACÉS,
Lam.

Genre I. ÉTHÉRIE, *Etheria*, Lam.; *Etherea*, Schw., Ock.
Genre II. CAME, *Chama*, Brug., Lam., Megerle (*Chama*, Linné); Jataronus, Adans.; Psilopoderma (*Psilopus*), Poli. G. *Psilopus*, Ocken.
Genre III. DICÉRATE, *Diceras*, Lam., Schw.; *Chama*, Brug.; G. *Psilopus*, Ocken.

2ᵉ FAMILLE.
LES BUCARDES,
ou CARDIACÉS,
Lam.

Genre I. ISOCARDE, *Isocardia*, Lam., Schw.; *Chama*, Lin.; *Cardita*, Brug.; Glossoderma (*Glossus*), Poli. G. *Glossus*, Ock.; G. *Bucardium*, Megerle.
Genle II. BUCARDE, *Cardium*, Linné, Lam., Megerle, Ocken; Cerastoderma (*Cerastes*), Poli; *Pectunculus*, Adanson.
Genre III. HÉMICARDE, *Hemicardium*, Cuvier; *Cardissa*, Megerle; *Cardium*, Schw.; *Isocardia*, Ock.

3ᵉ FAMILLE.
LES CYCLADES,
Férussac.
Cycladées, Rafin.
(Fluviatiles.)

Genre I. CYCLADE, *Cyclas*, Lam., Drap., Schw., Ocken (*Tellina*, Lin., Mull.); *Cyclas*, Brug., Rafin. G. Cornea, Megerle.
Genre II. CYRÈNE, *Cyrena*, Lam.; *Tellina*, Linné, Mull.; *Venus*, Linné; *Cyclas*, Brug., Schw. G. *Corbicula*, Megerle.
Genre III. GALATHÉE, *Galathea*, Brug., Lam. (*Venus*, Linné); *Cyclas*, Schweig.; *Venus*, Ocken.

4ᵉ FAMILLE.
LES NYMPHACÉES,
Lam.

a. Des dents latérales.

Genre I. DONACE, *Donax*, Lin., Lam., Megerle, Schw., Ocken; Peronæoderma (*Peronæa*), Poli; *Tellina*, Adanson.

S. G. *Cuneus*, Megerle.

Genre II. LUCINE, *Lucina*, Brug., Lam., Schw.; *Venus*, *Tellina*, Brug.; *Venus*, Ock.; *Mysia*, Leach.
Genre III. LORIPES, *Loripes*, Poli, Cuvier. G. *Tellina*, Linné, Megerle; *Lucina*, Lam.; Loripoderma (*Loripes*), Poli. G. *Loripes*, Ock.
Geere IV. CORBEILLE, *Corbis*, Cuv., Lam., Schw.; *Venus*, Linné; *Lucina*, Brug. G. Fimbria, Megerle.
Genre V. TELLINIDE, *Tellinides*, Lam.; *Tellina*, Schw.
Genre VI. TELLINE, *Tellina*, Lam., Brug., Megerle, Schw. (*Tellina*, Linné); Chama, Adanson; Peronæoderma (*Peronæa*), Poli.

1ᵉʳ S. G. *Angulus*, Megerle.

b. Pas de dents latérales.

Genre VII. PSAMMOBIE, *Psammobia*, Lam., Schweig. (*Tellina*, Linné); Solen, Megerle.
Genre VIII. PSAMMOTÉE, *Psammotea*, Lam.; *Tellina*, Linné; *Loripes*, Schweig.
Genre IX. DONACINE, *Donacina*; *Capsa*, Lam.; *Donax*, Linné, Brug.
Genre X. CAPSA, *Capsa*, Brug., Schw., Ocken; *Venus*, Linné; *Sanguinolaria*, Lam.; *Solen*, Megerle.

SUITE DU 4ᵉ ORDRE.

5ᵉ FAMILLE. LES VÉNUS.

Genre I. CYPRINE, *Cyprina*, LAM.; *Venus*, LINNÉ, SCHW.; G. Loripes, OCKEN.

Genre II. CYTHÉRÉE, *Cytherea*, LAM. (*ante* G. Meretrix*); *Meretrix*, OCKEN; *Venus*, LINNÉ; *Venus, Trigona, Orbiculus*, MEGERLE; *Chama*, ADANSON; *Venus*, SCHWEIGGER; Callistoderma (*Callista*) et Arthemiderma (*Arthemis*), POLI.

1ᵉʳ S. G. VENUS *pectinata*, LINNÉ. G. *Arthémis*, OCK.
2ᵉ S. G. V. *Scripta*, LINNÉ; id., OCKEN.
3ᵉ S. G. V. *Tigerrima*, LINNÉ. G. Loripes, OCKEN.
4ᵉ S. G. V. *Exoleta*, LIN. G. Arthemiderma (*Arthemis*, POLI; G. Orbiculus, MEG.; G. *Arthemis*, OCK.
5ᵉ S. G. CYTHÉRÉE, *Cytherea*, LAM.

Genre III. VÉNUS, *Venus*, LAM., SCHW., OCKEN. (*Venus*, LINNÉ). G. *Tapes, Chione*, MEGERLE; Callistoderma (*Callista*), POLI; *Chama*, ADANSON.

6ᵉ FAMILLE. LES LITHOPHAGES.

Genre I. VÉNÉRUPE, *Venerupis*, LAM.; *Petricola*, SCHW.

Genre II. PÉTRICOLE, *Petricola*, LAM., SCHW.; *Venus*, LIN.; *Rupellaria*, FLEURIAU, OCK. et G. *Irus*, OCK.

Genre III. CORBULE, *Corbula*, BRUG., LAM. (Marins, une espèce fluviat.?)
S. G. G. *Aloidis?* MEGERLE.

Genre IV. CLOTHO, *Clotho*, FAUJAS, SCHWEIG.

7ᵉ FAMILLE. MACTRACÉS, LAM.

(Deux ligaments distincts.)

Genre I. ÉRYCINE, *Erycina*, LAM., SCHW.; *Ungulina*, OCK.

Genre II. MACTRE, *Mactra*, LAM., MEGERLE, OCKEN; (*Mactra*, LINNÉ); *Trigona*, MEGERLE; Callistoderma (*Callisto*), POLI.

Genre III. LIGULE, *Ligula*, MONTAGU, FLEMM. (*Mactra*, LIN., SCHW.); *Amphidesma*, LAM. (*Donacilla*, Ext. du Cours). Gᵃ *Abra* et *Thyasira*, LEACH.

Genre IV. LAVIGNON, *Lavignonus*, CUVIER (*Mactra* et *Mya*, LINNÉ?) *Mactra*, SCHW.; *Lutraria*, LAM. G. *Arenaria*, MEGERLE.

Genre V. ? ONGULINE, *Ungulina*, DAUDIN, BOSC, LAM., SCHWEIG., OCKEN.

5ᵉ ORDRE. LES ENFERMÉS, CUVIER.

1ʳᵉ FAMILLE. LES MYAIRES.

Genre I. LUTRAIRE, *Lutraria*, LAM., MEGERLE, OCKEN (*Mya* et *Mactra*, LINNÉ), *Mya*, SCHWEIG.

Genre II. ANATINE, *Anatina*, LAM. (*Mya, Solen*, LIN.); *Auriscalpium*, MEGERLE, et G. Rupicole, FLEURIAU, LAMARCK, *Ext. du Cours*; *Ligula*, MONTAGU; *Mya*, SCHWEIG.

Genre III. MYE, *Mya*, LAM., MEGERLE, OCK.; *Erodona*, DAUDIN, BOSC; *Mya*, SCHWEIG.

Genre IV. SOLÉMYE, *Solemya*, LAM.; *Mya*, SCHWEIG.

SUITE
DU 5e ORDRE.

2e FAMILLE.
LES SOLENS.

Genre I. GLYCYMÈRE, *Glycymeris*, LAM., BOSC; Serto-daire, DAUDIN; *Cyrtodoria*, OCK.; *Mya*, SCHW.

Genre II. PANOPÉE, *Panopea*, MÉNARD DE LA GROIE, LAM., CUV., OCKEN; *Mya*, LINNÉ, SCHWEIG.

Genre III. PANDORE, *Pandora*, BRUG., LAM. (*Tellina*, LINNÉ); *Mya*, SCHW.; Hypogæoderma (*Hypo-gæa*, POLI. G. *Irus*, OCKEN.

Genre IV. SOLEN, *Solen*, LAM., MEGERLE, SCHW., OCK. (*Solen*, LINNÉ); Hypogæoderma (*Hypogæa*), POLI. G. *Aulus*, OCKEN.

1er S. G. G. *Vagina*, MEGERLE; *Solen*, SCHWEIG.
2e S. G. G. *Siliqua*.

Genre V. SANGUINOLAIRE, *Sanguinolaria*, LAM. (*Solen*, LINNÉ, BRUG.); *Solen*, MEGERLE, SCHWEIG., *Excl. sp. gen. Capsa; Tellina*, OCKEN.

3e FAMILLE.
LES PHOLADES.

Genre I. HYATELLE, *Hyatella*, DAUDIN, BOSC, LAM., CUV., SCHWEIG.

Genre II. SAXICAVE, *Saxicava*, FLEURIAU DE BELLEVUE, LAM., SCHWEIG., OCKEN, et G. *Irus*, OCKEN; G. Byssomie, CUV.; G. *Pholeobia*, LEACH, *Journ. de phys.*, 1819.

Genre III. GASTROCHÈNE, *Gastrochæna*, SPENGLER, LAM., CUV., SCHW. G. *Trapezium*, MEGERLE; *Chæna*, OCKEN.

Genre IV. PHOLADE, *Pholas*, LINNÉ, CUV., LAM., etc.; Hypogæoderma (*Hypogæa*), POLI, OCKEN.

4e FAMILLE.
LES TUBICOLÉS,
LAM.

Genre I. TARET, *Teredo*, LINNÉ, LAM., CUV., OCKEN.

Genre II. TÉRÉDINE, *Teredina*, LAM.; *Fistulana*, SCHW.

Genre III. CLOISONNAIRE, *Clossonnaria?* LAM. (*Septaria*). G. *Furcella*, OCKEN, et d'abord *Teredo*.

Genre IV. FISTULANE, *Fistulana*, BRUG., LAM., OCKEN.

Genre V. CLAVAGELLE, *Clavagella*, LAM. (*Fistulana*, LAM., *Ann. mus.*, vol. 7); *Fistulana*, SCHW.

Genre VI. ARROSOIR, *Aspergillum*, LAM. (*Serpulla*, LIN.; Annélide, CUV.) G. *Aquaria*, PERRY; G. *Ary-taene*, OCKEN.

CLASSE IV. LES TUNICIERS, *Tunicata*, LAMARCK;

Ou LES ASCIDIES, *Ascidiæ*, SAVIGNY; Acéphales sans coquilles, CUVIER, DUMÉRIL, SCHWEIGGER; Salpyngobranches, BLAINVILLE; *Apoda*, GOLDFUSS.

A. Tunique (*manteau*) n'adhérant à l'enveloppe (au *test*) que par les deux orifices.

1er ORDRE.

ASCIDIES TÉTHIDES, SAVIGNY.

Tuniciers libres ou Ascidiens; Tuniers réunis ou Botryllaires, LAMARCK.

a. Corps fixé, etc. V. SAVIGNY.

1re FAMILLE.

LES TÉTHYES, *Tethyæ*, SAVIGNY.

Genus incertum.

FODIE, *Fodia*, BOSC, OCKEN.

† TÉTHYES simples, SAVIGNY. Genre ASCIDIE, *Ascidia*, LINNÉ, CUVIER, LAM., GOLDF., OCKEN (*Thethyon* des anciens). *Tuniciers libres ou Ascidiens*, LAM.

α) Orifices à quatre rayons.

Genre I. BOLTÉNIE, *Boltenia*, SAVIGNY, GOLDFUSS.
Genre II. CINTHIE, *Cinthia*, SAVIGNY, GOLDFUSS.

β) Orifices à plus de quatre rayons, ou sans rayons distincts.

Genre PHALLUSIE, *Phallusia*, SAVIGNY (*Cinthia*, GOLDF.).
Genre IV. CLAVELINE, *Clavelina*, SAV. (*Boltenia*, GOLDF.).

γ) Orifices à trois rayons.

Genre V. BIPAPILLAIRE, *Bipapillaria*, PÉRON, LAM.

δ) Un seul oscule, sans rayons.

Genre VI. MAMMAIRE, *Mammaria*, MULLER, BRUG., BOSC, LAM.

†† TÉTHYES composées. Genre *Botryllus* et *Polyclinum*, CUVIER, GOLDF.; *Botryllus, Polyclinum, Polycyclus*, SCHWEIGGER. *Tuniciers réunis ou Botryllaires*, LAM.; Polypiers sarcoïdes Polyclinés, LAMOUROUX.

α) Orifices ayant tous deux six rayons réguliers.

Genre VII. DIAZONE, *Diazona*, SAVIGNY, LAM. (*Distoma*, GOLDFUSS).
Genre VIII. DISTOME, *Distoma*, GAERTNER, SAVIG., LAM., GOLDF. (*Alcyonium*, GOLDF.); *Botryllus*, OCK.
Genre IX. SIGILLINE, *Sigillina*, SAVIGNY, LAM. (*Distoma*, GOLDFUSS).

β) Orifice branchial ayant seul six rayons réguliers.

Genre X. SYNOÏQUE, *Synoicum*, PHYPPS., SAVIG., LESUEUR et DESMAREST, LAM., GOLDFUSS (*Alcyonium*, GMELIN, BOSC; *Telesto*, LAMOUROUX).
Genre XI. APLIDE, *Aplidium*, SAVIGNY, LAM., GOLDF. *Alcyonium*, OCKEN.
Genre XII. POLYCLYNE, *Polyclynum*, SAVIGNY, LAM.
Genre XIII. DIDEMNE, *Didemnum*, SAVIGNY (*Eucælium*, LAM.; *Aplidium*, GOLDFUSS.)

γ) Orifices dépourvus tous deux de rayons.

Genre XIV. EUCÉLIE, *Eucælium*, SAVIGNY, LAM. (*Aplidium*, GOLDFUSS).
Genre XV. BOTRYLLE, *Botryllus*, GAERTNER, PALLAS, LESUEUR et DESMAREST, SAVIG., OCK., GOLD., LAM., CUV.; *Alcyonium*, GMELIN; *Polycyclus*, LAM., SCHWEIG.; *Botryllus*, RENIER.

SUITE
DU 1ᵉʳ ORDRE.

β. Corps flottant, etc.
V. SAVIGNY.

2ᵉ FAMILLE.

LES LUCIES,
Luciæ,
SAVIGNY.

† Lucies simples, SAVIGNY.

. . . .

†† Lucies composées, SAVIGNY.
Genre PYROSOME, *Pyrosoma*, PÉRON, LESUEUR, SAVIG.,
CUVIER, LAM., OCKEN, GOLDF.; Monophore,
BORIE DE SAINT-VINCENT, *Voyage*, etc.

B. Tunique adhérant de
toutes parts à l'enve-
loppe.

2ᵉ ORDRE.

ASCIDIES THALIDES,
SAVIGNY.
Tuniciers libres
ou Ascidiens,
LAMARCK.

FAMILLE.

LES THALIDES,
Thalides,
SAVIGNY, SCHWEIGGER.

Genre I. BIPHORE, *Salpa*, CUV., LAM., OCKEN, SCHWEIG.;
Biphore, BRUGUIÈRE; *Thalia*, BROWN; *Salpa*,
GMELIN; *Dagysa*, HOME et GMELIN.

1ᵉʳ S. G. *Crista nulla. Salpa*, FORSKAL, LAM., *Anim.
sans vert.*, 1ʳᵉ édition. (*Holothuria, Salpa, Dagysa*,
GMELIN; *Thalia*, BLUMENBACH; *Tethys*, TILÉSIUS.

2ᶜ S. G. *Crista dorsali. Thalia*, BROWN; *Thalis*, LAM.,
Anim. sans vert., 1ʳᵉ édition. *Holothuria*, GMELIN;
Salpa, FORSKAL.

RÉCAPITULATION.

	CLASSES.	ORDRES.	FAMILLES.	GENRES.
CÉPHALÉS.	CÉPHALOPODES	Décapodes	10	32
		Octopodes	1	2
	PTÉROPODES		5	9
	GASTÉROPODES	Nudibranches	3	11
		Inférobranches	3	6
		Tectibranches	2	9
		Pulmonés sans opercules	4	31
		Pulmonés operculés	2	2
		Pectinibranches	11	36
		Scutibranches	4	14
		Cyclobranches	2	3
		Ciliobranches	1	1
ACÉPHALÉS.	CIRRHOPODES	Sessiles	1	6
		Pédunculés	1	4
	BRACHIOPODES		3	6
	LAMELLIBRANCHES	Ostracés	6	32
		Mytilacés	4	12
		Bénitiers	1	2
		Cardiacés	7	31
		Enfermés	4	19
	TUNICIERS OU ASCIDIES :	Téthydes	2	16
		Thalides	1	1
	7	**20**	**78**	**255**

AVERTISSEMENT.

DE nouvelles réflexions nous ont décidés à ne point donner ici la Table alphabétique des dénominations génériques proposées jusqu'à ce jour. Cette Table seroit trop considérable, occuperoit trop
de place dans un travail accessoire que nous ne pouvons étendre aux dépens du texte même de notre
Ouvrage ; elle sera d'ailleurs plus utile, lorsque les incertitudes qui régnent encore sur plusieurs
genres seront levées.

TABLEAU SYSTÉMATIQUE

DE LA FAMILLE

DES LIMACES, *LIMACES,*

SERVANT DE SUPPLÉMENT PROVISOIRE

A NOTRE HISTOIRE NATURELLE DE CES ANIMAUX.

(Voyez page 21 et suivantes de notre ouvrage.)

JUIN 1821.

A

TABLEAU SYSTÉMATIQUE

DE LA FAMILLE

DES LIMACES, *LIMACES.*

PULMONÉS SANS OPERCULE.

PREMIER SOUS-ORDRE.

GÉOPHILES.

PREMIÈRE FAMILLE.

Les Limaces, *Limaces.*

SYNONYMIE VULGAIRE. (Elle doit être rétablie dans notre ouvrage page 21 ainsi qu'il suit) *Lipsaces* ou *limaces, ariones* ou *ariontes* et *semelerides,* des anciens auteurs grecs; *limaçon nud,* Κοχαλιαν τὸν γυμνὸν, Ælien; Γυμνοσαλιγγα, des Grecs modernes. *Bezac* (qui signifie crachat), des Syriens. *Cochleæ nudæ, limax,* par les Latins.

Limas, limaces, loches, licoches, par les François.

Limaga, limagot, lumaca, lumacone, des Italiens.

Limaz, limaza, limazo, limaco; caracoles sin cascara; baboza, babaza, par les Espagnols.

Caracoles sem casca, des Portugais.

Schnecke; nackte schnecke, schnecke ohne haus, erd-schnecke, wegschnecke, des Allemands.

Slak, aardslak, des Hollandois.

Snegl, snegl uden huus, des Danois.

Snigill, des Islandois.

Snigel, des Suédois.

Slug-worm, snail, des Anglois.

Slimaki bez skornpy, smarze, des Polonois.

SYNONYMIE SCIENTIFIQUE, page 21, ajoutez : Cilopnoa *terrestria, corpus nudum;* SCHEWEIGGER, *handb. der naturges.*

CARACTÈRES. (Ils doivent être rétablis ainsi qu'il suit:)

Forme générale; corps allongé, cylindriforme ou ovale, convexe en dessus, plat en dessous, conjoint avec le plan locomoteur et faisant un tout avec lui, n'étant point renfermé dans une coquille et ne formant que très rarement un tortillon fort court. *Couverture:* variable; les principaux organes sont garantis par une cuirasse charnue, partielle ou générale, contenant quelquefois un rudiment testacé interne, ou une coquille aplatie fort mince et spirale; rarement un petit test extérieur. *Plan locomoteur* attaché en dessous tout le long du ventre, quelquefois débordé par la cuirasse. *Tentacules,* rarement deux, généralement quatre; contractiles ou rétractiles, conico-cylindriques, communément terminés en bouton, les deux grands oculifères et supérieurs; les deux petits inférieurs, sur le devant de la tête ou entre les grands, quelquefois comme digités à leur sommet.

Cavité pulmonaire et principaux organes situés à la partie antérieure, moyenne ou postérieure du corps, selon les genres, mais toujours placés sous le corps protecteur. *Orifice respiratoire* intermittent et variable dans sa position ainsi que celui du rectum.

Organes de la génération. Sexes réunis dans une même cavité ayant son ouverture derrière le tentacule droit ou sous l'orifice pulmonaire; quelquefois séparés et alors distants.

Herbivores, frugivores et carnassiers.

Presque tous terrestres, rarement marins.

HISTOIRE (nobis, page 22). Depuis la publication de notre histoire naturelle des limaces, M' Rafinesque, professeur à l'université de Lexington dans le Kentucky, Amérique septentrionale, a publié (1) une courte description de deux genres nouveaux qu'il nomme *Philomycus* et *Eumelus,* le premier contenant quatre espèces, le second deux seulement: il a fait connoître aussi une espèce nouvelle de limace, dont il propose de faire un sous-genre des vraies limaces, sous le nom de *Deroceras.*

Placé dans une position qui permet à M' Rafinesque de découvrir un si grand nombre d'objets nouveaux et curieux, on doit vivement desirer que cet infatigable et heureux observateur fasse connoître avec plus de détails ses intéressantes découvertes, dont il n'a donné, en général, que l'annonce. Nous attendons de son obligeance des renseignements ultérieurs sur les mollusques terrestres et fluviatiles, et particulièrement sur les limaces de la contrée qu'il habite. Les coquilles qu'il a bien voulu nous adresser et pour lesquelles il a prévenu nos desirs, de même que celles dont il a publié l'annonce et que nous ne connoissons pas, doivent exciter, à un haut degré, l'intérêt des amateurs, et nous saisissons cette occasion d'acquitter publiquement la dette de notre reconnoissance, pour ce que nous devons à l'obligeance de ce savant naturaliste.

M' J. C. Leuchs, de la société d'agriculture de Clagenfurt, en Carinthie, vient de faire paroître un Traité complet sur le *Limax agrestis,* dont la prodigieuse multiplication cause tant de dégâts à la culture. On sait que Schirach s'en étoit aussi occupé d'une manière spéciale; M' Leuchs reprend ce sujet, et son ouvrage, à quelques petites lacunes près, telles que la description anatomique et l'accouplement, où il donne peu de détails, et où les faits qu'il rapporte nous paroissent en partie inexacts, peut être considéré comme une histoire naturelle de cette limace. M' Leuchs donne des observations fort curieuses sur ses mœurs et ses habitudes,

---

(1) *Annals of Nature, or animal synopsis of new genera and species of Animal, Plants, etc., discovered in North America,* by C. S. Rafinesque. First Annual number, for 1820, pag. 10.

sur-tout sur sa ponte, l'état des œufs, etc. Deux individus de cette limace qu'il observa avec soin, pondirent à eux deux sept cent soixante et seize œufs. Mais un fait fort singulier que nous fait connoître Mr Leuchs, c'est qu'ayant fait dessécher sur un fourneau plusieurs de ces œufs, ils reprirent jusqu'à huit fois de suite, non seulement leur forme en les humectant, mais encore ils conservèrent la faculté d'éclore.

L'ouvrage de Mr Leuchs, couronné par l'académie de Gottingue, est spécialement destiné à faire connoître les moyens de prévenir les dégâts qu'occasione le *Limax agrestis;* sous ce point de vue il intéresse infiniment l'agriculture.

Nous avons également reçu depuis la même époque, plusieurs limaces nouvelles et des communications qui nous mettent à même de faire d'importantes améliorations à l'histoire de cette famille. Nous devons particulièrement à Mr Taunay fils la connoissance du genre *Vaginule* et une curieuse espèce de Parmacelle. Enfin notre travail a répandu le goût de l'observation de ces mollusques, et nous avons tout lieu de croire que d'ici à quelques années on sera étonné de l'augmentation des genres et des espèces connues. Plusieurs naturalistes, parmi lesquels nous citerons MM^{rs} Rafinesque et Taunay, dans les Amériques, et Mr Schlœpfer de Trogen, dans le canton d'Appenzel en Suisse, s'occupent d'une manière particulière de l'étude de ces animaux, si long-temps négligés.

Observations. Par suite des faits nouveaux que nous avons recueillis et des renseignemens qui nous ont été communiqués depuis la publication de notre histoire naturelle des limaces, nous avons cru devoir adopter quelques modifications dans l'ordonnance des genres qui composent leur famille. Cette famille doit évidemment commencer l'ordre des Pulmonés et suivre les gastéropodes qui, dans un classement basé sur les rapports d'organisation, doivent se placer avant elle. Les tectibranches occupent cette place dans la méthode de Mr Cuvier. Dans l'arrangement de Mr de Blainville, on arrive aux adélobranches (les pulmonés de Mr Cuvier), par les chismobranches et par toute la série des pectinibranches de ce dernier auteur. De cette manière les limaces se trouvent fort éloignées de tous les gastéropodes nus avec lesquels elles ont les plus grands rapports. Nous verrons tout-à-l'heure combien il est difficile, en admettant l'ordre des cyclobranches de Mr de Blainville, de l'éloigner des limaces. On ne peut, d'un autre côté, se refuser à les rapprocher des tectibranches, et c'est la marche que nous adoptons avec Mr Cuvier: la série des genres, dans cet ordre, est terminée par le groupe des acères, parmi lesquelles le Sormet d'Adanson doit, selon toutes les apparences, former un genre distinct. Ce genre auroit cependant besoin d'être mieux observé pour qu'on puisse assigner, avec certitude, sa place dans l'un ou l'autre des ordres qui nous occupent; car, si la description d'Adanson montre qu'il est pourvu d'une cavité respiratoire communiquant avec l'air extérieur par un orifice analogue à celui des limaces, la forme générale de ce mollusque et les circonstances de son habitation dans le sable sous les eaux marines, peuvent faire présumer que cette cavité est plutôt garnie de branchies propres à séparer l'air de l'eau, que d'un tissu vasculaire propre à respirer l'air en nature. Cependant l'exemple de l'*onchidium peronii* de Mr Cuvier, peut inviter au doute. Dans l'incertitude où nous sommes, nous n'introduisons point ce genre dans la famille des limaces où il formeroit une coupe d'*acères,* mais nous le considérerons, jusqu'à nouvel ordre, comme devant terminer la famille des acères dans les tectibranches.

Les limaces *entièrement cuirassées* nous ont paru devoir se placer avant celles dont la cuirasse partielle ne couvre que la partie antérieure de leur corps; celles-ci sont évidemment analogues aux limaçons, sous tous les rapports essentiels, à l'exception de la limacelle 'de Mr de Blainville, qui tient par la séparation des organes générateurs, aux limaces entièrement cuirassées. Ces dernières, à leur tour, sortent beaucoup de l'organisation commune à tous les pulmonés et se rapprochent évidemment de l'organisation qui distingue plusieurs genres marins de l'ordre des tectibranches, sans qu'il soit cependant possible de les séparer de la famille des limaces avec lesquelles la plupart sont liées par la conformité de forme générale, d'habitudes et de manière de vivre. Cependant, parmi les limaces dont il est question, les tétracères ne laissent aucune incertitude à ce sujet, car les genres *Vaginulus, Veronicellus, Philomycus* et *Eumelus,* sont évidemment de la même famille que nos limaces d'Europe, mais les dicères, qui ont aussi des rapports marqués et importants avec les tétracères, offrent des circonstances dans leur genre de vie, soit sur terre, dans l'eau douce ou salée, qui répugnent à des rapprochements commandés cependant par la nature semblable de leur organe respiratoire, et par la disposition analogue, à ce qu'il paroît, de plusieurs autres de leurs parties principales. A la vérité nous avons cru reconnoître que l'*onchidium peronii* de Mr Cuvier, espèce évidemment marine, quoique sa cavité pulmonaire puisse indiquer qu'elle vient respirer l'air libre à la surface des eaux, ne pouvoit être du même genre que la véritable onchidie de Buchannan, chez laquelle les sexes sont placés sur des individus différents, opinion fondée sur un fait qui, peut-être, est faux, mais qu'on ne peut, selon nous, rejeter sans preuves directes, et qui nous a porté à n'admettre, dans le *genre Onchidium,* que l'espèce du naturaliste anglois : nous croyons même que l'analogie de celle-ci avec l'*onchidium peronii* n'est pas aussi marquée qu'il le paroîtroit au premier abord, et il nous a semblé que ce qui avoit pu induire en erreur Mr Cuvier, étoit la plus grande ressemblance de la figure de Buchannan, avec son *onchidium lævigatum,* qui nous a paru se rapprocher beaucoup plus de notre genre Vaginule que de l'*onchidium peronii.* En effet, nous y avons reconnu quatre tentacules distincts. L'orifice de l'organe femelle situé comme dans les vaginules et une forme générale fort rapprochée de l'espèce de ce genre que nous décrivons sous le nom d'*alté,* laquelle offre elle-même les plus grands rapports extérieurs avec l'espèce de Buchannan. Celle-ci cependant en est toujours distinguée, selon le dessin et la description de cet auteur, parcequ'elle n'a que deux tentacules oculés à leur sommet, deux lèvres ou tentacules buccaux, triangulaires ou palmés et aplatis (dispositions semblables à ce qu'on observe dans l'*onchidium peronii*), et un large orifice à l'extrémité postérieure du pied, sous la cuirasse. Cet orifice se retrouve dans nos vaginules, sous la forme d'une poche, dans le fond de laquelle débouchent les canaux pour la respiration et les excréments : on le voit aussi dans l'*onchidium peronii* de Mr Cuvier, ou pour mieux dire dans celle-ci, les deux canaux dont il est question, sont plus courts que dans les vaginules, (du moins celui de la respiration, puisque dans l'*onchidium peronii,* la cavité pulmonaire est tout-à-fait postérieure au lieu d'être subantérieure et latérale comme dans les vaginules) et débouchent extérieurement et non point dans une poche; enfin l'onchidie de Buchannan réuniroit dans une poche commune, outre les orifices de l'anus et de la respiration, celui des organes de la génération, ce qui semble douteux.

Il résulte de toutes ces observations 1° que l'onchidie de Buchannan, terrestre ou fluviatile, se rapproche beaucoup, en effet, de l'*onchidium peronii,* par la forme générale de sa tête, mais qu'on n'a pas aperçu dans cette dernière, les yeux qu'on observe au sommet des tentacules chez la première de ces espèces. 2° Que l'*onchidium lævigatum* de Mr Cuvier, dont l'habitation est inconnue, paroît appartenir à notre genre vaginule, du moins par l'analogie des tentacules et de la position de l'organe femelle. 3° Que tous ces genres ont entre eux des rapports généraux et marqués qui ne permettent pas de les éloigner, et que cependant les uns paroissent terrestres, d'autres terrestres ou fluviatiles, et les derniers évidemment marins. 4° Enfin que tous ces dicères ont besoin d'être observés de nouveau et avec soin pour asseoir une opinion fixe à leur sujet.

Mr de Blainville place l'*onchidium peronii* dans son ordre des cyclobranches. Le genre onchidiore qu'il a établi lui paroît former la transition de cette espèce avec les doris ; cette opinion est appuyée sur des rapports qui ont, sans doute, quelque valeur, mais qui ne nous paroissent pas, dans l'état des choses, devoir décider en faveur de ce rapprochement, pour éloigner cette onchidie, de la famille des limaces, sur-tout si l'ordre des cyclobranches doit s'en écarter autant comme cela seroit nécessaire pour conserver les rapports naturels des doris avec les autres nudibranches.

Nous exposons toutes ces réflexions dans le but d'éveiller l'attention des naturalistes ; dans ce but aussi nous indiquerons les caractères des onchidies de Mr Cuvier, pour en faciliter la comparaison avec les genres voisins, quoique nous n'entendions point faire mention des gastéropodes marins qui peuvent faire partie de ce genre et dont quelques uns ont été réunis par Mr Cuvier à l'onchidie de Buchannan. Nous rapporterons cependant, quoiqu'avec doute, l'un d'entre eux, l'*onchidium lævigatum*, à notre genre vaginule, il en sera de même de l'espèce de Sloane.

Toutes les limaces protégées par une cuirasse générale semblent organisées pour résister aux climats chauds. Toutes paroissent exotiques à l'Europe, et habiter les deux Amériques ou l'Asie. Leur cuirasse générale les abrite de toutes parts : sous sa partie antérieure se contractent la tête et les tentacules. Cette partie antérieure de la cuirasse liée aux flancs et à la partie correspondante du pied, forme comme la gorge d'un étui, dans laquelle se loge la tête, dont les tentacules, par suite de cette organisation, n'avoient pas besoin d'être rétractiles. Les orifices de la cavité pulmonaire, de l'anus, de l'organe femelle, situés en dessous de la cuirasse, ou dans une poche à l'extrémité postérieure, sont aussi protégés contre le contact trop direct de l'air. Enfin le sillon qui borde le pied paroît destiné à la circulation du fluide protecteur.

Toutes les limaces de cette section nous ayant présenté des tentacules simplement contractiles, nous présumons que les *phylomicus* et les *eumelus* de Mr Rafinesque ont la même organisation. Peut-être même ne diffèrent-elles pas des vaginules ; mais dans le doute, nous laissons subsister ces deux genres sur lesquels nous devons espérer que Mr Rafinesque nous donnera des renseignements plus complets. Tout porte à croire que la limace de la Caroline de Mr Bosc fait partie de l'un de ces deux genres ; peut-être même est-elle une des espèces décrites par Mr Rafinesque ; c'est encore ce savant qui peut décider cette question. Déja nous avions préjugé qu'elle ne pouvoit appartenir aux genres connus.

Nous allons actuellement donner un nouvel aperçu des genres qui composent la famille des limaces.

TABLEAU SYNOPTIQUE

DES GENRES

DE LA FAMILLE DES LIMACES.

———

A. *Entièrement cuirassées; tentacules contractiles.*

† DICÈRES.

Tentacules oculifères.

<table>
<tr><td>

Cavité pulmonaire postérieure et terminale.
  Orifice sous le bord postérieur de la cuirasse, près celui de l'anus, dans la ligne médiane.
  Orifice de l'anus à la pointe postérieure du pied.
Pore muqueux terminal nul.
Organes de la génération séparés et distants.
  Orifice de l'organe mâle, près du tentacule droit; orifice de l'organe femelle à la partie postérieure du corps, latéralement et à droite sous le bord de la cuirasse, près de ceux de la respiration et de l'anus, communiquant par un sillon à l'organe femelle.
Lèvres ou tentacules buccaux très larges, triangulaires et aplatis, étendus latéralement de chaque côté de la bouche.
Point de mâchoires.
Rudiment interne nul.

</td><td>

GENRE
ONCHIDIE, *Onchidium;*
Cuvier.
(*Type Onchidium Peronii,*
Cuvier).

</td></tr>
<tr><td>

Cavité pulmonaire postérieure?
  Orifice au bord postérieur du corps, sous la cuirasse.
Pore muqueux terminal nul.
Organes de la génération séparés sur chaque individu?
  Orifice à la partie postérieure, dans un cloaque commun, avec celui de l'anus et celui de la respiration?
Deux lèvres ou tentacules buccaux triangulaires, contractiles, placés latéralement de chaque côté de la bouche.
Point de mâchoires?
Rudiment interne nul.

</td><td>

PREMIER GENRE.
ONCHIDIE, *Onchidium*
Buchannan.

</td></tr>
</table>

✝✝ TÉTRACÈRES.

Les deux grands tentacules oculés au sommet.

Cavité pulmonaire intermédiaire et latérale, communiquant avec l'air extérieur par un canal latéral du côté droit, qui débouche à la partie postérieure du corps, entre la cuirasse et la pointe du pied, dans une sorte de poche, où le canal de l'anus, contigu et inférieur à celui de la respiration, vient aussi se rendre.
Pore muqueux terminal nul.
Organes de la génération séparés et distants :
  Orifice de l'organe mâle près et en dessous du petit tentacule droit;
  Orifice de l'organe femelle, vers le milieu du corps, sur le flanc droit, à côté du pied.
Rudiment testacé interne nul.
Pas de lèvres ou tentacules buccaux:
Des papilles mamellonnées entourant la bouche.
Des mâchoires.

DEUXIÈME GENRE.
VAGINULE, *Vaginulus;*
nobis.

Cavité pulmonaire.....? Orifice.....?
Pore muqueux terminal?
Organes de la génération....? Orifice.....?
Orifice du rectum?
Point de lèvres ou tentacules buccaux.
Des papilles? des mâchoires?
Tentacules : les deux longs terminaux et en massue, les deux courts latéraux et oblongs.
Rudiment testacé?

TROISIÈME GENRE.
PHILOMYQUE, *Philomycus;*
RAFINESQUE.

Cavité pulmonaire......? Orifice.....?
Pore muqueux terminal?
Organes de la génération......? Orifice...:.?
Orifice du rectum?
Point de lèvres ou tentacules buccaux? des papilles? des mâchoires?
Tentacules sur un seul rang, sur le front et cylindriques, presque égaux; la plus petite paire entre la plus grande.
Rudiment testacé?

QUATRIÈME GENRE.
EUMÈLE, *Eumelus;*
RAFINESQUE.

Cavité pulmonaire au tiers postérieur du corps :
  Orifice à droite, à l'extrémité postérieur du flanc droit, sous la cuirasse.
Pore muqueux terminal nul.
Organes de la génération réunis?
  Orifice à la base et derrière le tentacule droit.
Orifice du rectum à droite et un peu avant celui de la respiration.
Point de lèvres ou tentacules buccaux.
Des papilles? des mâchoires?
Un rudiment testacé interne.

CINQUIÈME GENRE.
VÉRONICELLE, *Veronicellus,*
BLAINVILLE.

B

B. *Cuirasse partielle ou nulle; tentacules rétractiles.*

TÉTRACÈRES.

† *Cuirassées antérieurement*

Cavité pulmonaire fort antérieure:
   Orifice au bord droit de la cuirasse, très antérieurement.
Orifice du rectum, près celui de la respiration.
Pore muqueux terminal nul?
Organes de la génération séparés et distants:
   Orifice mâle à la racine du tentacule droit ;
Orifice femelle tout-à-fait à la partie postérieure, communiquant
      par un sillon à l'organe mâle.
Point de lèvres ou tentacules buccaux? des mâchoires?
Point de corps solides dans la cuirasse?

> SIXIÈME GENRE.
> LIMACELLE, *Limacellus;*
> BLAINVILLE.

Cavité pulmonaire antérieure:
   Orifice au bord droit de la cuisasse, antérieurement.
Orifice du rectum, près celui de la respiration.
Un pore muqueux terminal.
Organes de la génération réunis :
   Orifice sous celui de la respiration.
Point de lèvres ou tentacules buccaux: des papilles; des mâchoires.
Une couche de poussière calcaire et graveleuse, intérieurement
   dans la cuirasse.

> SEPTIÈME GENRE.
> ARION, *Arion;*
> nobis.

Cavité pulmonaire antérieure :
   Orifice au bord droit de la cuirasse, postérieurement.
Orifice du rectum, près celui de la respiration.
Pore muqueux terminal nul.
Organes de la génération réunis:
   Orifice derrière le tentacule droit.
Point de lèvres ou tentacules buccaux: des papilles; des mâchoires.
Un rudiment testacé interne dans la cuirasse.

> HUITIÈME GENRE.
> LIMAS, *Limax;*
> nobis.

Cavité pulmonaire intermédiaire:
   Orifice au bord droit de la cuirasse, postérieurement.
Orifice du rectum, près celui de la respiration.
Pore muqueux terminal nul.
Organes de la génération réunis :
   Orifice derrière le petit tentacule droit.
Point de lèvres ou tentacules buccaux? des mâchoires.
Un test spiral interne dans la cuirasse.

> NEUVIÈME GENRE.
> PARMACELLE, *Parmacellus;*
> CUVIER.

†† *Unitestacées, avec cuirasse, sans collier.*

Cavité pulmonaire antérieure :
   Orifice au bord droit sur la cuirasse.
Pore muqueux terminal?
Organes de la génération réunis?
   Orifice sous celui de la respiration?
Un rudiment testacé extérieur proéminent à l'extrémité posté-
   rieure du corps.

> DIXIÈME GENRE.
> PLECTROPHORE, *Plecto-*
> *phorus;* nobis.

††† *Unitestacées, sans cuirasse, avec collier.*

Cavité pulmonaire postérieure :
   Orifice à droite sur le collier et sous le test.
Orifice du rectum, près celui de la respiration.
Pore muqueux terminal nul.
Organes de la génération réunis :
   Orifice derrière le grand tentacule droit.
Deux petites lèvres ou tentacules buccaux, coniques et courts.
Test non saillant en cône spiral très aplati, à l'extrémité posté-
   rieure du corps.

> ONZIÈME GENRE.
> TESTACELLE, *Testacellus;*
> CUVIER.

Observation. Les espèces précédées d'une †, dans l'indication suivante des limaces de chaque genre, sont celles que nous n'avons point eu l'occasion d'observer nous-mêmes.

PREMIÈRE FAMILLE.

Les Limaces, *Limaces.*

A. *Entièrement cuirassées; tentacules contractiles.*

---

† DICÈRES. *Tentacules oculifères.*

PREMIER GENRE. ONCHIDIE, *ONCHIDIUM*, Buchannan; nobis, *Hist.*, p. 80

Caractères génériques. *Forme générale:* corps épais, oblong-alongé, convexe en dessus ou demi-cylindrique et obtus à ses deux extrémités.

Couverture: une cuirasse générale étendue sur tout le corps, et le débordant de toutes parts, couverte de tubercules glandiformes, arrondis, irrégulièrement disposés et de grosseur variable, sans test interne ni concrétion calcaire.

Pied: large, obtus à ses extrémités; plus court que le corps, organisé comme chez les limas et les arions, mais paroissant occuper toute la largeur et la longueur du plan locomoteur et saillir au-dessus des flancs.

Tête: petite, habituellement cachée sous le bord antérieur de la cuirasse; munie de deux lèvres ou appendices buccaux latéraux, contractiles dans tous les sens, de figure constamment variable, comprimés, triangulaires ou auriformes, plus épais et plus larges à leurs bases, lorsqu'ils sont étendus; visibles en dessus lorsque l'animal marche.

Tentacules: au nombre de deux seulement, contractiles, supérieurs aux appendices de la tête, assez longs, et dépassant, lorsqu'ils sont étendus, les bords antérieurs de la cuirasse, qui cachent et paroissent envelopper en partie leur base; linéaires et légèrement renflés vers leur sommet, où est placé l'œil.

Cavité pulmonaire: présumée à la partie postérieure du corps, et s'ouvrant par un orifice placé sous le bord de la cuirasse, près celui du rectum.

Organes de la génération: séparés sur des individus différents, l'un mâle, l'autre femelle, et situés dans un cloaque ou une cavité commune avec l'anus. Orifice commun de ces deux organes, placé derrière le pied, à l'extrémité du corps, sous le bord de la cuirasse.

Point de pore muqueux terminal?
Terrestre ou fluviatile?

ESPÈCE UNIQUE.

† ONCHIDIUM TYPHÆ, Buchannan; *Hist.*, nobis, pag. 81, pl. VIII, fig. 1, 2, 3.

Habit. Sur les feuilles du *Typha Elephantina* du docteur Roxburgh, dans le Bengale. On ne sauroit trop engager les naturalistes voyageurs dans l'Inde, à faire la recherche de cette curieuse limace. Mr Leschenault est plus que personne en état de nous procurer de bons renseignements à son sujet. Il faudroit un bon dessin vu sous plusieurs faces, une bonne description d'après le vivant, et quelques individus conservés dans la liqueur.

†† **TÉTRACÈRES.** *Tentacules supérieurs oculifères.*

DEUXIÈME GENRE. **VAGINULE,** *VAGINULUS*, nobis.

CARACTÈRES GÉNÉRIQUES. *Forme générale :* corps plus ou moins allongé ; oblong dans l'état de contraction, plus ou moins menu et linéaire dans l'état d'extension, acuminé postérieurement, quelquefois arrondi à cette partie.

Couverture : cuirasse générale couvrant toute la partie supérieure du corps, séparée des flancs par une arête latérale qui les déborde des deux côtés, à partir de la tête ; lisse et unie dans l'état d'extension ; sans test interne ni concrétion calcaire.

Pied : composé d'anneaux nombreux, pressés, bien marqués, quoique étroits ; distinct des flancs à partir de la tête ; séparé des premiers par un sillon profond et débordant sur eux de chaque côté en couvrant ce sillon d'un feuillet mince ; dépassant quelquefois la cuirasse postérieurement, où il est plat, acuminé ou arrondi, caudiforme, libre et distinct des flancs.

Tête : distincte, composée d'une masse buccale garnie d'une mâchoire intérieure et de papilles terminales, placées circulairement comme dans les limas ; dépourvue par conséquent de lèvres ou de tentacules buccaux : contractile sous la cuirasse qui forme avec les flancs et la partie antérieure du pied une sorte d'étui dans lequel la tête se retire

Tentacules : quatre inégaux, contractiles, couchés sur la tête dans l'état de contraction de celle-ci : les deux grands supérieurs, longs, cylindriques, obtus et oculés à leur sommet ; les deux courts un peu latéraux et comme palmés, ou digités à leur extrémité.

Cavité pulmonaire : située aux deux cinquièmes de la longueur totale antérieurement sur le côté droit, communiquant avec l'air extérieur par un canal latéral qui débouche à la partie postérieure du corps, entre la cuirasse et la pointe libre du pied, dans une sorte de poche où le canal de l'anus, placé sous celui de la respiration, dont il est séparé par une membrane, vient aussi se rendre.

Organes de la génération : séparés et distants :

Orifice de l'organe mâle près et en dessous du petit tentacule droit ;

Orifice de l'organe femelle sous la cuirasse, sur le flanc droit, près du pied, vers le milieu de la longueur du corps.

Point de pore muqueux terminal.

TERRESTRES SEULEMENT.

ESPÈCES.

1. VAGINULUS TAUNAISII, nobis, pl. VIII A, fig. 7, d'après des individus conservés dans la liqueur ; et pl. VIII B, fig. 1 et 2, d'après le vivant, par Mr TAUNAY.

Corpus elongatum, gracilis ; colore flavescente, tentaculis obscuris.

α) *Supra virescente nigro, tentaculis nigris ;* nobis, pl. VIII B, fig. 2.

Habit. Le Brésil, d'où cette espèce nous a été envoyée, par Mr Taunay fils. Selon ce naturaliste, cette limace est fort commune dans le mois de mai après les pluies ; elle est assez vagabonde pendant la nuit, et vient jusque dans les potagers ravager les choux, etc. On la trouve aussi le jour à l'entrée des bois, sur les plantes sauvages dont

elle se nourrit. Rapportée des environs de Rio-Janeïro par les naturalistes de l'expédition de M^r le capitaine Freycinet.

Nous réunissons en une seule espèce les deux figures qui nous ont été envoyées par Mr Taunay. Lui-même penche à croire que l'individu figuré n° 2 n'est qu'une simple variété du n° 1, quoiqu'il ait trouvé des individus, de tout âge, de même couleur que ce n° 2.

2. V. LANGSDORFI nobis, pl. VIII B, fig. 3, 4.

Habit. Le Brésil.

Nous signalons cette espèce à l'observation des naturalistes qui voyageront au Brésil. Nous ne connoissons que l'individu conservé dans la liqueur, que nous devons à l'amitié de Mʳ de Langsdorf, consul général et chargé d'affaires de S. M. l'empereur de Russie au Brésil. Il l'a trouvée à quelques lieues de Rio-Janeïro; elle paroît moins longue et plus large que la précédente; les flancs paroissent plus larges et le pied plus étroit; enfin les couleurs et la contexture de la cuirasse semblent différentes. Dans son ensemble elle paroît intermédiaire entre la précédente et la suivante.

3. V. ALTE, nobis, pl. VIIIA, fig. 8; et pl. VIII B, fig. 5.

Habit. Les environs de Pondichéry, d'où elle a été envoyée au Muséum par Mʳ Leschenault.

La forme générale de cette espèce se rapproche tellement de celle de l'onchidie du Typha de Buchannan, que nous crûmes au premier coup-d'œil que c'étoit elle; vivant dans les mêmes contrées, cette circonstance rendoit notre supposition assez probable, mais l'examen que nous en avons fait, en nous montrant quatre tentacules et une organisation extérieure semblable à celle des espèces précédentes, nous tira de notre erreur. Il faudroit supposer dans le docteur Buchannan une méprise singulière, qui ne peut se présumer, malgré toute l'analogie extérieure de ces deux limaces. Selon Mʳ Leschenault, la vaginule alté est ainsi nommée parcequ'elle ressemble à une sangsue dont le nom du pays est Alté. L'étiquette du Muséum l'indique comme étant des eaux douces, ce qui nous paroît mériter confirmation. C'est encore Mʳ Leschenault qui peut rendre à la science le service de nous fixer sur cette circonstance et de procurer de cette espèce, dont on lui doit la découverte, un dessin sur le vivant, ces limaces devenant méconnoissables dans la liqueur.

Il ne seroit pas impossible qu'étant du même

genre que la précédente, elle fût amphibie? A la partie postérieure, les flancs sont continus et arrondis ainsi que l'extrémité du pied qui paroît ne pas dépasser la cuirasse.

4. V. LÆVIGATUM, Cuvier; nobis, pl. VIII B, fig. 6, 7.

Onchidium lævigatum, Cuvier; *Regn. anim.*, t. II, p. 411, à la note.

Habit.? Muséum d'histoire naturelle.

Nous rapportons avec quelques doutes cette espèce au genre Vaginule, les tentacules inférieurs ne montrant pas tout-à-fait la même forme que dans les espèces précédentes. Il paroît du reste que ce ne peut être une onchidie, ni de Buchannan ni de Mʳ Cuvier. Notre annonce procurera peut-être quelques renseignemens utiles; c'est dans ce but que nous avons prié Mʳ Cuvier de nous permettre de la faire peindre.

† 5. V. SLOANII; *Hist.*, nobis, p. 82, pl. VII, fig. 8, 9.

Limax nudus, cinereus terrestris, Sloane *of Jamaïca*, t. II, p. 190; tab. 233, fig. 2, 3.

Scheuchzer, *Phys. sacra*, tab. 554, fig. D. Copie de Sloane.

Habit. La Jamaïque, Sloane.

Nous nous déterminons à placer dans ce genre l'espèce de Sloane que nous avons indiquée d'abord comme étant peut-être une onchidie ou une véronicelle. La connoissance de ce nouveau genre nous a portés à ce rapprochement, d'autant qu'il est difficile de s'arrêter à la considérer comme une onchidie et que décidément elle ne paroît point être une véronicelle. L'emplacement de l'orifice de la cavité pulmonaire et celui de l'orifice de l'anus paroissant distinguer ce dernier genre de tous les autres, ainsi que la présence d'un rudiment testacé dans la cuirasse.

TROISIÈME GENRE. # PHILOMYQUE, *PHILOMYCUS,* Rafinesque,
Annals of nat., etc., 1820, p. 10.

Selon Mʳ Rafinesque, ce genre diffère des limaces par les caractères suivants:

L'absence de manteau; la plus longue paire de tentacules terminale et en forme de massue; la plus courte latérale et oblongue.

Observations. Mʳ Rafinesque ne donne aucune autre indication sur ce nouveau genre, dont le

nom signifie *ami des champignons*, ces animaux s'en nourrissant de préférence.

Nous rapportons textuellement les caractères qu'il lui donne, afin d'éveiller l'attention des naturalistes sur leur insuffisance, et celle de Mʳ Rafinesque lui-même qui nous apprendra sans doute en quoi ce genre diffère du précédent avec lequel il a au moins les plus grands rapports, s'il en est distinct, ce que nous ne croyons pas. Voici les espèces que Mr Rafinesque y rapporte.

† 1. PHILOMYCUS QUADRILUS, Rafinesque; *loc. cit.*

Gris, dos lisse avec quatre rangées de taches noires irrégulières; tentacules longs, noirs et rapprochés; corps presque atténué en arrière, queue obtuse. *Long.* 6 lig. environ.

Habit. Sur les rives de l'Hudson.

† 2. P. OXYURUS, Rafinesque; *loc. cit.*

Gris fauve, grêle; dos ridé longitudinalement; tentacules bruns, les latéraux seuls très courts; queue aiguë, carénée en dessus. *Long.* 8 lig.

Habit. La province de Newyorck.

† 3. P. FUSCUS, Rafinesque, *loc. cit.*

Entièrement brun; tentacules épais, dos lisse ou uni; queue comprimée, aigue.

Long. 3 à 12 lignes.

Habit. La province d'Ohio, sur l'*Amanita Elliptica.*

† 4. P. FLEXUOLARIS, Rafinesque; *loc. cit.*

Fauve, dos bigarré de lignes brunes, flexueuses, légèrement ridé en travers; atténué en arrière; queue obtuse. *Long.* un à deux pouces. Il varie dans la forme.

Habit. Les montagnes de Catskill.

Observ. Mr Rafinesque ajoute qu'il existe d'autres espèces de ce genre aux États-Unis.

† 5. P. CAROLINIENSIS, Bosc; nobis, p. 77, pl. VI, fig. 3.

Limax cinereus, fusco irroratus; dorso vittis tribus obscurioribus et series duabus punctis nigris.

Bosc, *Buffon de Déterville,* vers, t. I, p. 80, pl. III, fig. 1.

De Roissy, *Buffon de Sonnini. Mollusques,* t. V, p. 183, n° 11. L. Carolinianus.

Habit. La Caroline, *Amér. sept.*; sous les écorces de bois pourri, dans les lieux humides.

Observ. Ces espèces ont besoin d'être examinées d'après nos principes, pour être assuré que quelques unes d'entre elles ne sont pas de simples variétés. Selon toutes les apparences, la dernière, dont le genre nous paroissoit douteux, doit être placée ici: peut-être est-elle une des espèces de Mr Rafinesque.

QUATRIÈME GENRE. **EUMÈLE**, *EUMELUS*, Rafinesque, *Annals of nature,* etc., 1820, p. 10.

Ce genre diffère des limaces selon Mr Rafinesque par les caractères suivants: absence de manteau; les quatre tentacules presque sur un seul rang, situés sur le front, cylindriques et presque égaux; la plus petite paire entre la plus grande.

† 1. EUMELUS NEBULOSUS, Rafinesque, *loc. cit.*

Corps presque cylindrique, arrondi aux deux bouts; dos uni croisé par des taches grises et fauves, nuancées entre elles des mêmes teintes; point de taches en dessous; tentacules bruns. *Long.* environ un pouce.

Habit. Dans la province d'Ohio et dans le Kentucky.

† 2. E. LIVIDUS, Rafinesque, *loc. cit.*

Dos unis et convexe; d'un brun livide en dessus, grisâtre en dessous; tentacules noirs; obtus postérieurement. *Long.* 1 pouce.

Habit. Dans les provinces d'Ohio, Indiana et Kentucky.

CINQUIÈME GENRE. **VÉRONICELLE**, *VERONICELLUS*, Blainville, *Journal de Physique,* décembre 1817, p. 440; nobis, *Hist.*, p. 83.

Forme générale: corps très allongé, étroit, plus aminci antérieurement.

Couverture: cuirasse étendue sur tout le corps, débordant le pied, contenant intérieurement, dans sa partie postérieure, un rudiment de coquille.

Pied : occupant toute la largeur du plan locomoteur, et débordé de toutes parts par la cuirasse.

Tentacules et yeux : comme dans les vaginules.

Cavité pulmonaire : située vers la partie postérieure ; orifice circulaire à droite et à l'extrémité du rebord inférieur de la cuirasse.

Orifice du rectum : à la partie moyenne du côté droit de ce rebord.

Organes de la génération : réunis ? orifice à la base du tentacule droit.

ESPÈCE UNIQUE.

† VERONICELLUS LÆVIS, Blainville, *loc. cit.* ; et pl. II, fig. VI, 1, 2 du cahier de novembre ; nobis, *Histor.*, p. 83, pl. VII, fig. 7.

Habit.?... Le Muséum Britannique.

Il se pourroit que les organes de la génération fussent séparés et que l'orifice de l'organe femelle n'ait pas été aperçu. Resteroit pour distinctions génériques avec les vaginules l'éloignement plus grand que dans ce genre des orifices de la respiration et du rectum, quelque différence dans la forme de la partie postérieure du corps, et enfin la présence d'un test spiral et protecteur dans la cuirasse.

B. *Cuirasse partielle ou nulle ; tentacules rétractiles.* TÉTRACÈRES.

† *Cuirassées antérieurement.*

SIXIÈME GENRE. **LIMACELLE,** *LIMACELLUS,* Blainville, *Journal de Phys.*, décembre 1817, p. 442, pl. II, fig. 5 du cahier de novembre ; nobis, *Hist.*, p. 52.

Forme générale : corps subcylindrique, plus gros sous la cuirasse, terminé postérieurement en pointe.

Couverture : une cuirasse à la partie antérieure, sans test interne ni concrétion calcaire.

Pied : étroit sans saillie, occupant le milieu du plan locomoteur ; celui-ci séparé du corps par un sillon.

Tentacules : quatre ; conico-cylindriques, terminés en bouton ; rétractiles, inégaux ; les deux supérieurs à l'occiput, long ; les deux inférieurs, sur le devant de la tête, courts.

Yeux : deux au sommet des grands.

Cavité pulmonaire : située tout-à-fait à la partie antérieure et supérieure du dos, ayant son orifice au bord droit de la cuirasse, près de la tête.

Organes de la génération : séparés et distants ; orifice de l'organe mâle à la racine du tentacule droit ; orifice de l'organe femelle, tout-à-fait à la partie postérieure du corps du même côté, communiquant par un sillon, caché entre les bords du plan locomoteur et du corps.

Terrestre.

† LIMACELLUS LACTESCENS, Blainville, *loc. cit.* ; nobis, p. 52, pl. VII, fig. 1.

Habit.? Muséum Britannique.

SEPTIÈME GENRE. **ARION,** *ARION,* nobis, *Hist.*, p. 53.

Caractères génériques. *Forme générale :* corps plus ou moins allongé et ovale, obtus aux deux extrémités, demi-cylindrique, c'est-à-dire concave en dessus et plat en dessous.

Couverture : une cuirasse à la partie antérieure finement chagrinée, contenant postérieurement une couche de particules calcaires, cristalliformes, blanches et pulvérulentes, parmi lesquelles on trouve souvent quelques graviers plus gros.

Peau du corps : couverte de rugosités ou tubercules oblongs et glandiformes plus ou moins marqués, séparés par des sillons qui s'anastomosent.

Pied : étroit sans saillie, occupant le milieu du

plan locomoteur, dont les bords sont larges, bien prononcés et séparés du corps par un sillon.

Tentacules : quatre ; conico-cylindriques terminés en bouton ; rétractiles, inégaux ; les deux supérieurs à l'occiput, longs ; les deux inférieurs, sur le devant de la tête, courts.

Yeux : deux aux sommets des grands.

Cavité pulmonaire : située sous la cuirasse. Orifice à son bord droit, antérieurement. Orifice du rectum immédiatement contigu.

Organes de la génération : réunis. Orifice sous celui de la respiration.

Un pore muqueux terminal, à l'extrémité postérieure du corps, entre les deux bords du plan locomoteur.

Terrestres.

1. ARION EMPIRICORUM, nobis, *Hist.*, p. 60, pl. I à III.

Tentaculis nigris, ora corporis lineolis nigris transversis adornata.

Limax ater, Muller, Gmelin, Draparnaud, Sturm, Ocken.

Limax rufus, Razoumowsky, Draparn., Sturm, Brard, Ocken.

Limax succineus, Muller, Gmelin, Ocken.

Limax luteus, Razoumowsky.

Limax marginellus, Schrank.

α) *aterrimus totus vel brunneus;* nobis, pl. II, fig. 1.

Limax ater, Lister.

Observ. La fig. 1, tab. 3, de Barbut, que nous citons pour cette variété, est une copie mise en couleur noire de la troisième figure de Jonston, et comme Shaw, cité aussi à notre variété α), a copié Barbut, et que Ress a copié Shaw, il s'ensuit que ces trois figures se rapportent, à la couleur près, à la figure originale de Jonston qu'a falsifiée Barbut.

β) *ater, carina dorsi pallide virente,* Muller; var. β).

γ) *niger, margine lutescente, aut coccineo.* Limax ater, Sturm.

δ) *nigricans, margine lutescente, aut coccineo.* Nobis, pl. II, fig. 2.

ε) *obscure rufus, margine lutescente, aut coccineo,* Draparnaud, var. δ).

ζ) *totus rufus,* nobis, pl. III, fig. 2.

Limax subrufus, Lister.

Barbut, *Gen. verm.*, tab. 3, fig. 2. (Ajoutez à cette citation de notre ouvrage) : copie dénaturée de la troisième figure d'Aldrovande que Barbut a coloriée en rouge, malgré qu'Aldrovande dise *tertia, tota nigra,* etc.

κ) *totus ruber,* nobis, pl. I, fig. 1, 2, 5.

ͻ) *flavescens,* nobis, pl. I, fig. 4 (par erreur δ) dans notre histoire).

L. Succineus, Muller, Gmelin.

ι) *obscure fuscus, utrinque lutescente, aut croceo,* nobis, pl. I, fig. 6, 7.

Muller, L. ater, var. ε).

κ) *virescens, ora strigaque utrinque flavescente,* nobis, pl. I, fig. 8.

Habit. Toute l'Europe depuis l'Islande et la Norwège jusqu'en Italie et en Espagne, dans les potagers, les prés humides, etc., à Ténériffe, selon Ledru.

2. A. ALBUS, Muller ; nobis, *Hist.*, p. 64, pl. II, fig. 3.

Albus, ora corporis absque lineolis nigris.

Limax albus, Muller, Linnæus, Gmelin, Walch.

α) *Albus totus.*

β) *Albus, margine flavo,* nobis, pl. II, fig. 3.

ν) *Albus, margine et sincipite aurantio.*

δ) *Albus, tentaculis nigris.*

Habit. Le Danemarck, la Norwège, la Zélande, la Lusace, la Silésie, les Alpes.

† 3. A. SUBFUSCUS, Draparn.; *Hist.*, etc., p. 125, n° 6, pl. IX, fig. 8.

Supra subfuscus; utrinque fascià nigrà; corpore rugoso; aperturà laterali medià.

α) *rufo-fuscus.*

β) *cinereo-fuscus.*

Animal : alongé et médiocrement épais. Manteau un peu bossu en avant ; cou assez court, ainsi que les tentacules inférieurs ; tentacules supérieurs, épais à leur base et amincis vers le sommet qui est globuleux ; ils sont noirâtres ainsi que la partie supérieure de la tête qui est traversée par quatre raies longitudinales. Le manteau est grenu et le dos parsemé de rides anastomosantes ; le dessous de l'animal est blanchâtre, et jaunâtre au milieu ; le bord du pied est gris et marqué de petites lignes noires transversales ; à la queue on voit des lames qui se recouvrent.

La couleur de cet animal varie ; le manteau et le dessus du corps sont toujours d'un brun assez foncé, et il y a sur l'un et sur l'autre une bande noire de chaque côté. La variété α) est coloriée d'une teinte roussâtre, qui est beaucoup plus sensible vers le milieu du manteau, et sur-tout à chaque côté du corps au-dessous des deux bandes noires, tandis que, dans la variété β), c'est une teinte cendrée ou grisâtre, sur laquelle se détache de chaque côté du corps le réseau noirâtre que forment les rides anastomosées. Dans cette même variété β) le dessous de l'animal est jaunâtre au milieu. DRAPARNAUD.

Habit. Les vallons, les lieux frais et un peu ombragés. Très commune dans le Sorézois et la montagne Noire. Draparnaud demande si le *L. fuscus* de Muller n'en seroit pas une variété jeune?

Nous invitons les naturalistes à rechercher cette espèce et à nous la communiquer, ou au moins à constater en quoi elle diffère de notre *Arion empiricorum,* à laquelle nous l'aurions rapportée si en effet l'orifice respiratoire ne paroissoit pas placé plus en arrière que dans celle-ci.

† 4. A. MELANOCEPHALUS, FAURE BIGUET.

La description suivante de cette espèce nous a été communiquée par Mr Faure Biguet dont la science vient de faire la perte récente; nous la rapportons dans l'espoir d'obtenir de quelques observateurs des renseignements plus détaillés et qui puissent nous fixer. Nous invitons ceux qui auront occasion de l'observer, à nous en communiquer quelques individus et de bonnes figures prises sur le vivant, dans des situations analogues à celles que représentent les figures que nous avons données des autres espèces d'arion.

Description de Mr Faure Biguet. — Le tentacule droit ne présente aucun tubercule; la cuirasse est irrégulièrement chagrinée; les sillons du corps sont peu profonds et s'anastomosent au loin; sa couleur est quelquefois d'un jaune citron assez vif, mais le plus souvent elle n'est que jaunâtre et même réticulée de gris; la tête et les tentacules sont si obscurs qu'on ne peut distinguer les yeux.

Long. 18 lin.; *larg.* 1 ½ lig.

Habit. Les montagnes sous-alpines du Dauphiné.

L'animal craint moins le froid que la plupart des autres espèces; car il sort et marche dans les beaux jours d'hiver, se trouvant alors sous les feuilles sèches, dans le bas des vallons resserrés des montagnes sous-alpines, et notamment à Pont-de-Royans (Isère).

5. A. FUSCATUS, nobis; *Hist.*, pag. 64, pl. II, fig. 7.

Supra fuscus; clypeo utrinque striga obscura, margine rufescente, corpore lateribus pallidis. Ora corporis lineolis nigris transversis adornata.

Habit. Les environs de Paris, dans le mois de mai.

6. A. HORTENSIS, nobis; *Hist.*, pag. 65, pl. II (par erreur pl. XII dans notre histoire), fig. 4 à 6.

Niger, fasciis longitudinalibus griseis; margine aurantio.

BRARD, *Hist.*, pag. 121, à l'article *Limacella concava.*

α) *griseus unicolor; fasciis nigris.* Nob., pl. II, fig. 6.

β) *griseo-rufus; fasciis nigris; margine rufescente. alpicola.* Nobis, pl. VIII A, fig. 2, 3, 4.

Habit. Les environs de Paris dans les jardins; β) les Alpes, *Comm.* CHARPENTIER.

Nous observions, page 66 de notre Histoire, qu'il pouvoit y avoir erreur de la part de Mr Brard, en donnant un rudiment testacé interne à l'espèce dont il parle en décrivant sa *Limacella concava.* Depuis nous avons eu l'occasion d'éclaircir ce fait avec Mr Brard lui-même, qui a reconnu dans notre *Arion hortensis* l'espèce dont il a voulu parler.

HUITIÈME GENRE. LIMAS, *LIMAX*, nobis, *Hist.*, p. 66.

CARACTÈRES GÉNÉRIQUES. *Forme générale:* corps plus ou moins alongé, cylindriforme, aminci vers sa partie postérieure, qui est terminée en pointe, et plus ou moins carénée supérieurement.

Couverture: une cuirasse à la partie antérieure, gravée de fines stries concentriques, et contenant vers sa partie postérieure un rudiment testacé.

Peau du corps: couverte de rugosités alongées, moins marquées que chez les arions, séparées par des sillons qui s'anastomosent.

Pied: étroit, sans saillie, occupant le milieu du *plan locomoteur,* dont les bords sont très étroits, et presque pas distincts du corps.

Tentacules et yeux: comme chez les arions.

Cavité pulmonaire: située sous la cuirasse; orifice à son bord droit postérieurement.

Orifice du rectum : immédiatement contigu.

Organes de la génération : réunis ; orifice derrière et près du grand tentacule du côté droit.

Pore muqueux terminal : nul.

Rudiment testacé : solide, plus ou moins mince ou épais et transparent, oval, non spiral, n'ayant pas même une empreinte volutatoire caractérisée, mais étant plus épais et muni d'apophyses à sa partie postérieure, celle qui répond au sommet des tests volutés ; aminci antérieurement, et sur le côté qui répond au bord extérieur.

Très visqueux : plus agiles, plus vifs que les arions.

Terrestres.

Addition à *l'article* Reproduction *de notre Histoire, pag.* 67, *art. VI.*

L'accouplement des limas ayant offert aux observateurs qui ont eu occasion de l'étudier des circonstances assez curieuses, et sur lesquelles on n'est point encore bien fixé, nous croyons devoir ajouter aux renseignements que nous avons donnés, la traduction de la note insérée dans le *Journal encyclopédique* allemand de Mr Ocken sur l'accouplement d'une espèce de limace noire qui nous paroît être une variété de notre *Limax antiquorum.* Cette note, qui se trouve dans le septième cahier pour 1819 du journal Isis, est de Mr Charles Werlich, conseiller de la chambre des comptes de Rudolstadt, qui raconte ainsi le fait qu'il a observé (1) :

« Dans le mois de juin 1808, par une soirée « fraîche et humide, vers les six heures du soir, « je remarquai au tronc d'un peuplier, environ à « deux pieds de terre, deux limaces noires, lon- « gues à-peu-près de trois pouces, qui s'appro- « choient l'une de l'autre de manière à vouloir for- « mer un cercle de leurs corps. Fig. 1.

« S'étant jointes de façon que l'une avoit la « tête à la queue de l'autre, elles commencèrent « au même instant à s'exciter, à se lécher ou cha- « touiller avec leurs bouches la partie droite du « corps, située près de l'ouverture qui se trouve « à la cuirasse, laquelle ouverture étoit dans un « mouvement continuel, et s'élargissoit de plus en « plus (les organes de la manducation éprou- « voient le même mouvement). Le cercle qu'elles

---

(1) Nous avons fait copier les figures qui accompagnent cette note, pl. IV A de notre Histoire générale, afin de faciliter l'intelligence du récit très intéressant de Mr Werlich.

« formoient se rétrécissoit de plus en plus ; et sur « le côté droit immédiatement, derrière la tête, il « parut à chaque limace une petite corne blanchâ- « tre, qui, au commencement, sortoit d'environ « un quart de pouce, et qui grandissoit à mesure « qu'elles approchoient réciproquement leurs têtes « des ouvertures. Leur position étoit à-peu-près « telle que la représente la figure 2.

« Enfin elles s'excitèrent avec une ardeur éton- « nante, à la partie qui est près de la cuirasse, où « se trouvent les orifices de la respiration, et se « resserrèrent toujours plus étroitement ; leurs « queues s'unirent, les corps s'entortillèrent par « en bas, et s'étendirent en forme de spirale, à- « peu-près comme la figure 3.

« Alors elles se chatouillèrent avec encore plus « d'ardeur, et les petites cornes blanchâtres s'alon- « gèrent d'un pouce. Tout-à-coup ces petites cor- « nes s'approchèrent l'une de l'autre, et en un « clin-d'œil se formèrent en spirale en s'alongeant « à l'instant d'environ trois pouces. Le mouve- « ment dans l'entortillement de ces cornes se fai- « soit avec tant d'action et d'intimité, et d'une « manière si manifeste, qu'il est presque impossi- « ble de le décrire. Au commencement ces cornes « étoient d'un blanc bleuâtre et presque transpa- « rentes, et peu-à-peu elles prirent une petite « teinte jaunâtre. La position des limaces étoit à- « peu-près alors comme on la voit figure 4. On ne « put distinguer que pendant quelques secondes « l'entortillement de chaque corne en particulier ; « car il devint si intime qu'elles parurent n'en plus « faire qu'une, et en se resserrant ainsi leur exten- « sion diminua un peu. A la partie inférieure de « celles-ci, on distinguoit un petit rebord frangé « qui suivoit le mouvement spiral. Pendant cet « acte qui dura bien une demi-heure, les chatouil- « lements réciproques parurent avoir été portés « au dernier degré.

« Enfin ces cornes s'étoient tellement réunies « et serrées qu'on ne distinguoit plus de spirale. « La jonction des deux limaces par le côté droit, « derrière la tête, consistoit alors en un cordon « blanchâtre et rond, de la grosseur d'un fort tuyau « de plume ; sa partie inférieure avoit part au mou- « vement des limaces (cela ressembloit à une pe- « tite limace blanche). L'agitation dans cette par- « tie duroit toujours ; néanmoins les deux petites « cornes n'étoient plus en spirale, mais l'une con- « tre l'autre, au moins cela me parut ainsi. Je pris « cela pour le commencement de la fécondation « réciproque, et je conjecturai que lorsqu'elles

« étoient en spirale, les bouts de ces cornes s'é-
« toient rencontrés, et que le mouvement les avoit
« fait pénétrer de l'un dans l'autre. C'est sûrement
« là le moyen de rendre raison du raccourcisse-
« ment et de l'agitation, puisqu'elles devinrent
« enfin parallèles l'une à l'autre; et alors dans ce
« redressement elles agirent l'une sur l'autre. Après
« cela j'aperçus une nouvelle agitation à la partie
« postérieure des limaces; leurs queues se sépa-
« rèrent, les têtes cessèrent de se chatouiller, tout
« le corps se mit en mouvement, et elles firent des
« efforts pour monter plus haut à l'arbre: cela eut
« lieu en effet, et elles montèrent encore à envi-
« ron deux pouces ainsi l'une à côté de l'autre.

« Elles se tenoient toujours de la même ma-
« nière, et les mouvements exprimoient toujours
« de l'ardeur: je pensai que c'étoit seulement là
« le véritable instant de la fécondation; car les
« cuirasses des limaces étoient dans une forte agi-
« tation en avant et en arrière, et la limace de
« droite me parut dans un état de défaillance. —
« L'instant d'après, elles s'efforcèrent toutes deux

« à se séparer; l'une plia la partie supérieure de
« son corps à droite et l'autre à gauche. Il se passa
« encore quelques minutes avant que les deux pe-
« tites cornes se séparassent. Cela leur plut enfin,
« les deux cornes se séparèrent l'une de l'autre,
« et chacune tira avec elle un morceau long d'un
« pouce et demi; alors les limaces se quittèrent
« tout-à-fait. »

En comparant cette observation avec celles que
nous avons rapportées dans notre ouvrage, on
trouvera, sans doute, quelque analogie dans l'acte
dont il s'agit, entre ce qui a été observé par M^r
Werlich, la description de Redi, et ce qui nous
a été communiqué par Mr Faure Biguet sur l'accouplement de l'*agrestis;* mais il est évident que
l'observation de Mr Werlich est incomplète, quoi:
que fort curieuse, et sans doute aussi celle de
Redi. D'un autre côté, il paroît certain que toutes
les espèces n'offrent pas les mêmes phénomènes
dans la manière dont s'opère cet accouplement,
qui a besoin d'être observé avec soin sur chacune
d'elles.

ESPÈCES.

1. LIMAX ANTIQUORUM, nobis, *Hist.*, p. 68,
pl. IV et pl. VIIIA, fig. 1.

*Cinereus, diversè maculatus. Carina acuta
longiori et albida; tentaculis vinosis, clypeo
postice scutatiformis.*

Limax cinereus, maximus., etc., LISTER.

L. cinereus maculatus, LINNÆUS, *Fn. Suec.* première édition.

L. maximus, LINNÆUS, *Syst. nat.*

L. cinereus, MULLER, GMELIN, DRAPARNAUD,
STURM, OCKEN.

L. ater, L. fasciatus, RAZOUMOWSKY.

L. Cinereo-niger, STURM.

BARBUT, *Gen. verm.*, tab. 3, fig. 3, 4.

α) *ater, carina alba;* nobis, pl. VIII, fig. 1.

L. ater, RASOUMOWSKY.

L. Cinereo-niger, STURM.

ε) *Cinereus immaculatus, clypeo nigro-cœru-
leo*, nobis, pl. IV, fig. 1.

L. cinereus α), MULLER et DRAPARN.

γ) *Cinereus, clypeo maculis abdomine fasciis
longitudinalibus nigris*, nobis, pl. IV, fig. 7, et
fig. 2, 3, jeunes; MULLER, var. β; DRAP., var. γ.

δ) *Cinereus, clypeo maculis, abdomine punctis series et fasciis duobus longitudinalibus nigris; utrinque punctis sparsis nigris.*

BARBUT, *Gen. verm.*, tab. 3, fig.... sans n°. Copie
de la première figure de Jonston, mais embellie
de fantaisie.

ε) *Cinereus, clypeo maculis abdomine fasciis
interruptis nigris.*

LISTER, *An. angl. app.*, tab. 2, fig. 2.

ζ) *Albidus, clypeo maculis rotundatis nigris,
dorso seriebus punctis nigris quatuor*, nob., fig. 8.

η) *Cinereus, clypeo dorsoque maculis irregu-
laribus nigris.*

BARBUT, *Gen. verm.*, tab. 3, fig. 3. Copie de
la figure de Jonston.

DRAPARN., *Hist.,* L. cinereus, var. β, pl. IX,
fig. 10.

θ) *Cinereus vel nigricans, abdominis striis
quinque albidis, infima abrupta.*

L. fasciatus, RAZOUMOWSKY.

ι) Aldrovande, fig. 4; *cinerea, albis maculis
per dorsum, iisque longis varia.*

κ) *Cinereus, abdomine rugis albis cinereis-
que, ac maculis nigris, ordine duplici.*

MULLER, var. ε).

λ) *Cinereus, margine albo.*

MULLER, var. ζ).

Rudiment testacé interne, nobis, pl. IV, fig. 4.

Habit. Toute l'Europe, dans les celliers, les

endroits frais et humides des habitations, les forêts ombragées et épaisses; l'Archipel; Ténériffe
selon Ledru. α) La forêt de Fontainebleau. *Comm.*
Dufresne; l'Allemagne, le Jorat. γ, δ, ε, ζ. Le Jura,
le Jorat, la Suisse, la France, l'Angleterre, l'île
de Zante, etc.

† 2. L. ALPINUS, nobis, pl. V A, fig.

*Gracilis; cylindraceus, carina dorsali, postice
obtuso; supra flavescente, nebulosus, maculis ir-
regularibus depicta, lateris obscuris, magine
cœruleo. Clypeo obscure fusco, postice scutatiformis.*

Habit. Les forêts sombres des Alpes, sous l'é-
corce des vieux troncs de sapins demi-pourris.
Nous devons à l'amitié de notre respectable et
excellent ami M^r le docteur Studer, de Berne, la
connoissance de cette belle espèce, dont il nous a
envoyé plusieurs bons dessins, d'après lesquels
nous avons fait graver nos figures; elle ressemble
beaucoup à la précédente, dont elle paroît cependant très distincte.

3. L. VARIEGATUS, Draparn.; nobis, *Hist.*,
    p. 71, pl. V, fig. 1-6.
*Lutescens, fusco tesseratus, tentaculis cæru-
leis; clypeo postice rotundato.*
  α) *Luteus aut succineus*, nobis, fig. 1.
    Limax succini colore, etc., Lister.
    L. flavus maculatus, Linnæus, *Fn. snec.*
    L. flavus, Linnæus, *Syst. nat.*
    Barbut, *Gen. verm.*, t. 3, fig. 4. Copie de
    Lister.
  β) *Virescens aut rufus*, nobis, fig. 2.
    L. variegatus, Draparn.
  δ) *Flavescens*, nobis, fig. 3.
    L. blonde des caves, Brard.
  γ) *Brunneus, maculis nigris.*
  Rudiment testacé interne, nobis, fig. 4.
Habit. Toute l'Europe. Les caves de Paris; autour des habitations dans le midi; Lanarca, île de
Chypre; Malte; Valence, en Espagne; Philadelphie, *Comm.* Say.

4. L. TENELLUS, Muller.
Virescens, capite tentaculisque nigris. Long.
10 unc., Muller.
  Gmelin, *Syst. nat.*, p. 3102.
  Draparn., *Tabl.*, p. 103, n° 9.
      Hist., p. 127, n° 10.
  Roissy, *Buffon de Sonn.* Moll., t. V, p. 183, n° 9.
  Turton, *Syst. nat.*, p. 74.

Totus albidus. Clypeus *in luteum*, abdomen
*in virescentem colorem aliquantum vergit; ille
margine postico, hoc apice supra nigricat.*
  *In fossulis nemorum foliis aridis repletis; pri-
movere.*
  Voici la description qu'en fait Draparnaud.
  Animal. Pâle, verdâtre, avec une légère teinte
noire au-dessus du manteau et du corps, qui est
très peu ridé. La tête est noire ainsi que les tentacules, d'où partent deux lignes le long du cou.
Animal très visqueux. Il habite dans les lieux ombragés et humides. Draparn.
  Habit. Le Danemarck, Muller; la France méridionale, les environs de Montpellier et le Quercy. Dans la France méridionale, elle n'atteint jamais à ce qu'il paroît la longueur que Muller lui
assigne. Nous avons reconnu cette espèce en
Quercy, mais nous n'en avons conservé aucune
description ni figure.

5. L. VALENTIANUS, nobis, *Hist.*, pl. VIII A,
    fig. 5, 6.
*Rufus flavo variegatus, clypeo dorsoque fas-
ciis nigris duobus donata.*
  Habit. Nous avons reçu cette espèce dans la liqueur, ce qui ne permet pas d'en faire la description ni la figure d'une manière bien exacte. Elle
se trouve à Valence, en Espagne, dans les jardins.

6. L. AGRESTIS, Linnæus; nobis, *Hist.*, p. 73,
    pl. V, fig. 7-10.
*Rufescens vel griseus, fusco maculatus aut
immaculatus; clypeo postice rotundato; carina
brevi et obliqua.*
  Limax cinereus alter, etc., Lister.
  L. cinereus immaculatus, Linnæus, *Fn. snec.*
  L. agrestis, Linnæus, *Syst. nat.*; Muller, Gmelin, Draparn., Sturm, etc.
  L. reticulatus, Muller, Gmelin, Bosc, de
Roissy, etc.
  L. filans, Hay, Schaw, Latham.
  α) *Albidus immaculatus*, Muller, var. δ; Draparn., var. α.
  β) *Albidus dorso cinereo*, Muller, var. α.
  γ) *Albidus, clypeo flavescente*, nob., fig. 9, 10.
    Muller, var. ε; Draparn., var. γ.
    Limax filans, Hay, Schaw et Latham.
  δ) *Albidus capite nigro*, Muller, var. γ.
  ε) *Albidus vel griseus; atomis nigris sparsis*,
Muller, var. β; Draparn., var. β, pl. IX, fig. 9.
  ζ) *Rufescens, maculis obscuris sparsis*, nobis,
fig. 8.

η) *Rufus, maculis nigris sparsis*, nobis, fig. 7.

Limax reticulatus, MULLER, SCHÆFFER, GMELIN, etc.

Rudiment testacé interne, BRARD, *Hist.*, pl. IV, fig. 5, 6, 13, 15. Limacelle oblique.

Habit. Les jardins, les vergers, la campagne dans toute l'Europe; Montfalcon près Trisete, Valence en Espagne; les Alpes; l'île de Ténériffe, d'après Ledru; l'Ile de France.

7. L. BILOBATUS, nobis, *Hist.*, p. 74, pl. V, fi. 11 (par erreur citée fig. 2).

Rufescens; sulcis dorsalibus distinctis; clypeo antice bilobato.

Habit. Les environs de Paris.

† 8. L. SYLVATICUS, DRAPARN., *Hist.*, p. 126, pl. IX, fig. 11.

Violaceus, immaculatus; clypeo gibboso; corpore subrugoso; aperturâ laterali posticâ.

Animal alongé, assez grêle; tête d'un brun clair; tentacules inférieurs très petits; les supérieurs sont assez longs, et ont à leur sommet un point très noir. De la base des tentacules partent deux petites bandes brunes qui vont jusqu'au manteau. Entre ces deux bandes, et sur le milieu du cou, est une ligne noire bien marquée avec des stries latérales. Le manteau est d'un violet rougeâtre, bossu vers sa partie postérieure, et marqué de stries circulaires; le trou latéral se trouve vers l'extrémité postérieure du manteau; le corps est longitudinalement strié ou ridé, et d'un violet bleuâtre; le bord du pied est étroit, marqué par une bande rousse ou jaune, et paroît n'avoir qu'une seule strie longitudinale; le mucus est très blanc et épais. Lorsqu'on touche cette limace, elle répand une bave blanchâtre en abondance. DRAPARNAUD.

Habit. Dans les bois des environs de Montpellier. On pourroit douter, dit Draparnaud, si ce n'est pas une variété de l'agrestis. Elle varie un peu pour les couleurs.

9. L. GAGATES, DRAPARN., nobis, *Hist.*, p. 75, pl. VI, fig. 1, 2.

Nigro virescens, clypeo granuloso, sulco marginali; dorso carinato.

α) *Niger, nitidus, corpore striato, subrugoso; dorso carinato.*

L. gagates, DRAPARN., DE ROISSY.

β) *Plumbeus, vel griseo-niger*, nobis, pl. VI, fig. 1, 2.

Habit. α) La France méridionale; Malte; Valence en Espagne, où on la nomme vulgairement *bohuets;* elle se trouve particulièrement dans les ruisseaux d'arrosages des jardins de cette ville.

β) Les environs de la Rochelle, *Comm.* D'ORBIGNY.

Observation. Nous avons cru reconnoître sous le rebord postérieur et terminal de la cuirasse de cette espèce, deux stigmates ou petits orifices particuliers dont nous ignorons la destination; ils servent sans doute à une sécrétion quelconque: peut-être font-ils partie du système de circulation pour les fluides à la surface du corps de cette limace, d'autant mieux qu'ils ne se trouvent point chez les autres espèces. Comme d'ailleurs l'organisation de la cuirasse est assez remarquable par le sillon qui entoure la saillie du test interne à une ligne environ du bord de cette cuirasse, que celle-ci au lieu des lignes convergentes des autres offre une surface granulée ou en vermicel comme celle des arions, il ne seroit pas impossible que ces particularités qui se retrouveront sans doute sur d'autres limaces, ne donnent un jour la possibilité d'en former un sous-genre.

† 10. L. MARGINATUS, DRAPARN.

Cinereus; clypeo maculato punctato, utrinque fasciato; corpore ruguloso punctato; dorso carinato.

DRAPARN., *Tabl.*, p. 103; *Hist.*, p. 124, n° 5, pl. IX, fig. 7.

Cette espéce aussi grande que la *Limace rouge*, est remarquable par son dos sensiblement caréné, ou terminé par une arête longitudinale, plus ou moins saillante, selon la position de l'animal. Cette arête est d'un blanc cendré ou jaunâtre; les tentacules sont d'un brun pâle, ainsi que le cou, qui est marqué de deux raies longitudinales. A la jonction des deux tentacules supérieurs, il y a un peu de noir, et il en part une ligne noire sur le milieu du cou. Sur tout le corps, qui est légèrement ridé, on voit de petits points noirs épars çà et là; mais sur le manteau qui est grenu, ces points sont plus nombreux et plus grands: ils y forment une bande noire de chaque côté. Le bord du pied ne montre pas de petites lignes transversales: le mucus est blanc.

Les jeunes ne diffèrent guère des adultes que par la grandeur, ainsi que l'observe Muller au sujet de son *L. marginatus*, qui paroît d'ailleurs être le nôtre, quoique nous ne l'ayons pas trouvé comme lui sur le hêtre, mais bien dans les fentes et les creux des vieux murs, d'où il ne sort guère que la nuit. Il se cache à la lueur des flambeaux.

Cette espèce est très commune dans le Sorézois, où elle se montre en mai et en automne. DRAPARNAUD.

L. marginatus, MULLER, *Hist. verm.*, p. 10.

Limax cinereus, clypeo utrinque striga obscura, abdomine pallide cærulescente. Long. 2 unc.

GMELIN, *Syst. nat.*, p. 3102.

BOSC, *Buffon de Déterv.*, vers, t. I, p. 81.

ROISSY, *Buffon de Sonn.* Moll., t. V, p. 182.

TURTON, *Syst. nat.*, p. 74.

Striga clypei in omnibus nota constans; maculæ raræ nigræ in abdomine paucorum. Carina dorsi alba, utrinque cinereo-subcærulescens.

Juniores et adulti iisdem coloribus.

In fago vulgaris pressio vere et novembri. MUL.

Habit. Nous rapportons avec quelque doute cette espèce au genre Limax; cependant la carène dorsale semble justifier notre détermination.

† 11. L. GRACILIS, RAFINESQUE, *Annals of nature*, etc., numb. I, 1820, sp. 75.

Voici la traduction du passage de ce savant au sujet de cette espèce :

Corps grêle, tête et tentacules inférieurs fauves; tentacules supérieurs bruns; manteau d'un fauve foncé; dos brun, uni, blanc sale en dessous; queue brune, obtuse en dessus, mucronée et aiguë en dessous. — Probablement une vraie limace.

De plus, elle a les deux longs tentacules insérés sur le cou, tandis que les petits seuls sont terminaux et légèrement en massue. On peut donc en former le sous-genre *Deroceras*.

Long. environ un pouce.

Habit. Dans les bois du Kentucky. Nous présumons qu'elle appartient réellement au genre des Limas.

† 12. L. LÆVIS, MULLER, *Verm. hist.*, p. 1, n° 199.

Niger, glabriusculus.

Long. 5 lin.; *lat.* 1 lin.

GMELIN, *Syst. nat.*, p. 3099.

BOSC, *Buffon de Déterv.*, vers, t. I, p. 79.

TURTON, *Syst. nat.*, p. 72.

Corpus totum nigrum, nitidum, absque rugulis nudo oculo in clypeo aut abdomine conspicuis; nec striæ ullæ margine abdominis supra aut subtus. Planum inferius utrinque nigrum absque striis transversis, area media longitudinali sola pallida. Ope lentis in clypea striæ transversæ undulatæ, non interruptæ; in dorso abdominis rudimenta rugularum conspiciuntur.

Quavis ætate limace atro angustior est rependo collum in longitudinem clypei extendit.

Ob summam cum FASCIOLA *terrestri similitudinem. Primum inter limaces locum obtinet, tentacula enim si demas, vix diversus crederetur.*

In muscis, mense octobri, haud frequens.

† 13. L. MEGASPIDUS, BLAINVILLE; nobis, *Hist.*, p. 76, pl. VI, fig. 4.

Habit.....? Cette espèce décrite sur un individu conservé dans la liqueur, a besoin d'être observée sur le vivant pour être admise dans le système.

ESPÈCES INCERTAINES

ENTRE LES GENRES ARION ET LIMAX,

Et sur lesquelles nous sollicitons des naturalistes des renseignements qui nous mettent à même de les faire connoître d'une manière suffisante.

† 1. LIMAX BRUNNEUS, DRAPARNAUD.

Nigrescens, subrugosus, collo clypeo longiore.

DRAPARN., *Tabl.*, p. 104, n° 13.

Hist., p. 128, n° 11.

ROISSY, *Buffon de Sonn.* Moll., t. V, p. 183, n° 10.

Animal d'un brun noirâtre, légèrement ridé; manteau plus pâle et comme jaunâtre à sa partie postérieure, sur-tout du côté gauche. Il est marqué de fines rides transversales, tandis que le corps est ridé longitudinalement. Tentacules courts; le cou sort un peu hors du manteau quand l'animal marche.

Habit. Dans les lieux très humides des environs de Montpellier.

† 2. L. FUSCUS, MULLER, *Verm. hist.*, p. 11, n° 209.

Rufescens, linea laterali dorsoque nigricante.

GMELIN, *Syst. nat.*, p. 3102.

Turton, *Syst. nat.*, p. 74.

Bosc, *Buffon de Détérv.*, vers, t. I, p. 81.

Long. 8 lin.

Supra rufescens; dorso clypei et abdominis macula longitudinalis fusca; utrinque linea nigricans clypei sinuata. Subtus albus. Tentacula nigra.

In nemorosis. Plures magnitudine æquales, juniores forte, december reperi. Muller.

† 3. L. FLAVUS, Muller.

Flavus immaculatus, Mull., *Verm. hist.,* p. 10.

L. *aureus,* Gmelin, *Syst. nat.,* p. 3102.

Id., Bosc, *Buffon de Détérv.*, vers, t. I, p. 81.

Id., Turton, *Syst. nat.*, p. 74.

Long. 28 à 24 lin.

Supra flavus absque omni macula. Subtus albus. Tentacula lineaque inter hæc et clypeum nigra. Clypeus imprimis flavissimus absque rugis concentricis.

Octobri alium semel reperi ab hoc diversum clypeo brevi tumido rugis concentricis instructo, collo albido, hoc, quod rarum in limace, extensum clypeo longius. Abdomen pallide flavum, cæterum idem. Tumore clypei antico, ac collo longissimè singularis.

In umbrosis Daniæ et Norwegiæ.

Habit. Le Danemarck et la Norwége, dans les lieux frais et ombragés.

† 4. L. CINCTUS, Muller.

Flavescens, clypeo abdomineque cingulo cinereo, Muller.

Long. 2 pouces.

Ström, *Sond. mör.*, I, p. 203, n° 3.

Muller, *Verm. hist.*, p. 9, n° 205.

Gmelin, *Syst. nat.*, p. 3101.

Bosc, *Buffon de Détérv.*, t. I, p. 81.

Turton, *Syst. nat.*, p. 74.

Succini coloris supra absque omni macula. Subtus totus albus. Clypeus et abdomen dorso striga cinerea cingitur.

Habit. Le Danemarck. *In nemorosis aut frequens,* Muller.

† 5. L. HYALINUS, Linnæus, *Syst. nat.*, XII, p. 1081, n° 5.

Hyalinus tentaculis obsoletis; lineola fusca è tentaculis ad clypeum.

Gmelin, *Syst. nat.*, p. 3101.

Turton, id., p. 73.

Bosc, *Buffon de Détérv.*, vers, t. I, p.

Habit. In muscis, Phaseoli cotyledonibus infestus, cineribus clavellatis pellendus, rugis ventris creberrimis interruptis. Scopoli.

† 6. L. SCOPULORUM, Fabricius, *voyage en Norwège,* p. 298.

Cinereus dorso fusco; parvus; corpus cinereum, antice punctis ocellaribus quatuor nigris. Clypeus dorsalis et corpus postice attenuatum, nigra.

Habit. Dans les fentes des rochers aux environs de Bye, ville de Norwége.

GENRE INCERTAIN.

† I. LIMAX NOCTILUCUS, d'Ordigny; nobis, *Hist.*, p. 76, pl. II, fig. 8.

Habit. Les montagnes de l'île de Ténériffe, sous les pierres, et parmi les feuilles mortes.

NEUVIÈME GENRE. PARMACELLE, *PARMACELLUS*, Cuvier; nobis, *Hist.*, p. 78.

Forme générale: analogue à celle des limas, corps terminé en prisme acuminé.

Couverture: tronc muni sur le milieu du dos, plus en arrière que chez les limas et les arions, d'une cuirasse ovale, charnue, libre depuis sa moitié antérieure, renfermant intérieurement, vers sa partie postérieure, un test oblong, aplati et plus ou moins spiral.

Pied: tentacules et yeux comme dans le genre précédent.

Cavité pulmonaire: située sous le test interne, s'ouvrant à droite, immédiatement à côté de l'orifice du rectum, par une solution de continuité commune, placée à la partie inférieure postérieure de la cuirasse.

Organes de la génération: réunis; orifice derrière le petit tentacule droit.

Point de pore muqueux terminal.

† 1. PARMACELLUS OLIVIERI; nobis, *Hist.*,
p. 79, pl. VII, fig. 2 à 5.
Parmacella Olivieri, CUVIER, *Ann. Musé.*, t. V,
pl. VII, fig. 2 à 5.
Parmacella Mesopotamiæ, OCKEN.

Habit. La Mésopotamie, d'où Olivier l'a rapportée.

2. P. PALLIOLUM, nobis, pl. VIIA, fig. 1 à 3,
l'animal vivant dans diverses positions; fig. 4,
conservé dans la liqueur; fig. 5 et 6, le petit test interne vu en dessus et en dessous;
fig. 7, l'anatomie.

Nous devons cette charmante et curieuse espéce à M' Taunay fils, qui nous a envoyé les dessins qui ont servi à nos figures, avec plusieurs individus conservés dans la liqueur.

Elle offre des différences notables avec la précédente; les plus remarquables sont la brièveté et la forme de la cuirasse. Cette partie n'est ici qu'une membrane épaisse qui recouvre extérieurement la coquille sans la dépasser, et presqu'en se moulant sur ses contours. Dans l'espéce précédente au contraire, cette cuirasse est charnue, beaucoup plus grande que la coquille qu'elle contient, et libre depuis sa moitié antérieure.

Nous n'avons en outre point trouvé dans cette nouvelle espéce les trois sillons que 'M' Cuvier a reconnus dans la sienne, et qui s'y remarquent sur le cou depuis la tête jusqu'à la cuirasse.

Mais les caractères généraux étant les mêmes dans les deux espèces, et l'organisation interne, quoique différente à quelques égards, dans celle-ci, étant assez semblable quant à l'ensemble, nous les laissons provisoirement réunies.

La coquille recouvre le poumon et le cœur; au bord droit de la cuirasse sous le test, s'ouvrent les orifices de la respiration et de l'anus; enfin les organes de la génération sont placés de la même manière que dans l'espèce précédente.

Dans les individus de cette nouvelle espèce, conservés dans la liqueur, la protubérance que fait la coquille sur l'animal vivant est beaucoup plus forte par suite de la contraction des parties antérieure et postérieure. Cette protubérance semble être placée sur le dos de ce mollusque comme la cassette des portes-balle.

L'ensemble des organes recouverts par la coquille forme une sorte de noyau qui s'enlève facilement, et l'on croit voir, en observant cette organisation, le premier effort de la nature pour rejeter dans le test, par une sorte d'hernie naturelle, les organes essentiels de la vie, ainsi que M' Cuvier le fait très bien sentir en décrivant la limace et le limaçon. Sous beaucoup de rapports, cette espéce se rapproche infiniment des hélicarions et des hélicolimaces.

La coquille enlevée de son enveloppe est d'une charmante couleur verte; il paroît que la spire est si mince et si fragile, qu'elle ne peut se détacher du tortillon.

Une simple tunique très fine et transparente enveloppe le cœur sous la coquille, et laisse apercevoir ses battements, dont les pulsations, selon M' Taunay, se comptent par secondes.

Habit. Le Brésil, dans les bois et dans les lieux découverts également.

DIXIÈME GENRE. PLECTROPHORE, *PLECTROPHORUS*,
nobis, *Hist.*, p. 84. Testacelle, CUVIER, LAMARCK, BOSC, ROISSY, FÉRUSSAC.

ANIMAL. *Forme générale:* analogue à celle des limas et des arions.

Couverture: une cuirasse comme celle de ces deux genres, à la partie antérieure; un petit corps testacé extérieur, proéminant, placé vers l'extrémité postérieure.

Peau du corps?

Pied?

Tentacules: au nombre de quatre, rétractiles, les deux supérieurs occulés à leurs sommets.

Cavité pulmonaire: située sous la cuirasse; orifice à son bord droit, antérieurement. Orifice du rectum presque contigu? —

Organes de la génération: réunis? orifice sous celui de la respiration?

Un pore muqueux terminal?

TEST: corps accessoire, dont l'usage est encore inconnu, présumé servir à fermer le trou où se cachent les plectrophores pendant le jour. Ce corps est extérieur, caudal, très proéminant et supporté; en cône complet, non spiral, mais ayant une sorte d'empreinte volutatoire, ou le bord intérieur replié en dedans : il a quelquefois

D

la forme d'une calotte cylindrique. Ouverture ovale.

† 1. PLECTROPHORUS CORNINUS, nob., *Hist.*, pl. VI, fig. 5.

FAVANNE, *Conch.*, t. I, p. 429; *Zoom.*, pl. LXXVI, fig. B 1, B 2.

Test. cornina, Bosc, *Buffon de Déterv.* Coq., t. III, p. 239.

Roissy, *Buffon de Sonn.* Moll., t. V, p. 253, n° 2.

FÉRUSSAC, *Essai*, nouv. édit., p. 41.

Habit. Inconnu.

† 2. P. COSTATUS, nobis, pl. VI, fig. 6.

FAVANNE, *Conch. Zoomor.*, pl. LXXVI, fig. C 1, C 2.

Testacella costata, Bosc, *Buffon de Déterv.* Coq., t. III, p. 240.

Roissy, *Buffon de Sonn.* Moll., t. V, p. 254, n° 4.

FÉRUSSAC, *Essai*, nouv. édit., p. 42.

Habit. Les Maldives.

† 3. P. ORBIGNII, nobis, pl. VI, fig. 7.

Habit. Ténériffe, sous les pierres, dans les fentes des rochers ombragés et humides.

ONZIÈME GENRE. **TESTACELLE**, *TESTACELLUS*, CUVIER; nobis, *Hist.*, p. 88.

ANIMAL. *Forme générale:* corps très alongé, cylindriforme; s'amincissant vers la partie antérieure.

Couverture: la partie postérieure seule recouverte par une très petite coquille terminale.

Manteau: simple, gélatineux, contractile, caché habituellement sous le test, divisé en plusieurs lobes susceptibles d'envelopper tout le corps par un développement extraordinaire, lorsque l'animal éprouve le besoin de se garantir de la sécheresse.

Cuirasse: nulle.

Plan locomoteur: attaché tout le long du ventre depuis la tête, et dépassant le corps postérieurement, ainsi que le test.

Pied: comme dans les limas et les arions.

Tentacules: quatre, filiformes ou cylindriqués, courts pour la longueur du corps, mais proportionnés à la tête, qui est petite; les deux grands oculés à leur sommet.

Yeux: placés un peu en dehors, supérieurement.

Deux petits tentacules buccaux, contractiles et coniques.

Cavité pulmonaire: située au quart postérieur de la longueur totale.

Orifice: derrière et en dessous du test, sur la partie postérieure du collier (voy. pl. VIII, fig. 7), à l'angle de la columelle avec la spire. Celui du *rectum* tout à côté.

Organes de la génération: réunis; orifice en arrière du grand tentacule droit.

TEST: extérieur, valviforme, très comprimé, solide, en cône spiral très oblique et complet; implanté dans la chair et peu saillant dans l'état habituel.

Volute: fort courte; *tours de spire:* à peine un et demi, le dernier presque totalement développé et formant la presque totalité de la coquille.

Ouverture: par conséquent énorme, ou en forme de cuiller; le côté extérieur simple; l'intérieur redoublé et collé jusqu'au haut, formant une côte angulaire plate et quelquefois assez large, qui tient la place de la columelle, qui ne peut exister, puisque l'enroulement du sommet du cône ou volute est presque nul, et que la spire est presque toute développée.

1. TESTACELLUS HALIOTIDEUS, FAURE BIGUET; nobis, p. 94, pl. VIII, fig. 5–9.

Animal. *Flavidus, rufus vel griseus, maculatus aut immaculatus, tentaculis cylindricis.*

Testa. *Ovata, postice acuminata cornea, crassa, extùs rugosa, intùs nitida; clavicula alba, lata et plana.*

Testacella Europæa, Roissy.

T. Haliotidea, DRAPARN.

T. Galliæ, OCKEN.

Habit. Le midi de la France et les département de l'Ouest depuis la Bretagne; l'Espagne.

2. T. MAUGEI, nobis, pag. 94, pl. VIII, fig. 10, 12.

Animal. *Rufescens, maculis brunneis sparsis*

ornatis; tentaculis filiformibus, ora corporis aurantia,

Testa. *Ovato-elongata, fulva, exilis, striatula; spira elevata; clavicula angusta.*

Habit. L'île de Ténériffe. Acclimatée dans le jardin botanique de Bristol.

† 3. T. AMBIGUUS, nobis, p. 95, pl. VIII, fig. 4.

Animal inconnu.

Testa. *Depressiuscula, fragilis, subtiliter striata; pallide viridis, spira indistineta; apice oculata; apertura amplissima simplici.*

Habit. Le cabinet de M^r DE LAMARCK.

RÉCAPITULATION des espèces mentionnées dans le Tableau de la famille des limaces.

GENRE Ier.	*ONCHIDIUM*, BUCHANNAN	1
GENRE IIe.	*VAGINULUS*, nobis	5
GENRE IIIe.	*PHILOMYCUS*, RAFINESQUE	5
GENRE IVe.	*EUMELUS*, RAFINESQUE	2
GENRE V^e.	*VERONICELLUS*, BLAINV.	1
GENRE VIe.	*LIMACELLUS*, BLAINVILLE	1
GENRE VIIe.	*ARION*, nobis	6
GENRE VIIIe.	*LIMAX*, nobis	13
		34
	Ci-contre	34
GENRE IXe.	*PARMACELLUS*, CUVIER	2
GENRE X^e.	*PLECTROPHORUS*, nobis	3
GENRE XIe.	*TESTACELLUS*, CUVIER	3
GENRE INCERTAIN.	*LIMAX NOCTILUCUS*, D'ORBIGNY	1
ESPÈCES INCERTAINES, entre les genres	*ARION* et *LIMAX*	6
		49

NOMBRE des espèces qui n'avoient point été figurées ni décrites.

VAGINULUS, nobis	3
ARION, nobis	3
LIMAX, nobis	2
PARMACELLUS, CUVIER	1
PLECTROPHORUS, nobis	1
TESTACELLUS, CUVIER	2
	12

LISTE DES ESPÈCES, marquées d'une croix (†), que nous n'avons pas vues, et sur lesquelles nous attendons des renseignements des naturalistes.

ONCHIDIUM TYPHÆ, BUCHANNAN.
VAGINULUS SLOANII, nobis.
PHILOMYCUS QUADRILUS, RAFINESQUE.
(Idem) *OXYURUS*, idem.
(Idem) *FUSCUS*, idem.
(Idem) *FLEXUOLARIS*, idem.
(Idem) *CAROLINIENSIS*, BOSC.
EUMELUS NEBULOSUS, RAFINESQUE.
(Idem) *LIVIDUS*, idem.
VERONICELLUS LÆVIS, BLAINVILLE.
LIMACELLUS LACTESCENS, idem
ARION SUBFUSCUS, DRAPARNAUD.
(Idem) *MELANOCEPHALUS*, FAURE BIG.
LIMAX ALPINUS, nobis.
(Idem) *SYLVATICUS*, DRAPARNAUD.
(Idem) *MARGINATUS*, MULLER.
LIMAX GRACILIS, RAFINESQUE.
(Idem) *LÆVIS*, MULLER.
(Idem) *MEGASPIDUS*, BLAINVILLE.
LIMAX (*incerta*) *BRUNNEUS*, DRAPARNAUD.
Idem (idem) *FUSCUS*, MULLER.
Idem (idem) *FLAVUS*, idem.
Idem (idem) *CINCTUS*, idem.
Idem (idem) *HYALINUS*, LINNÉ.
Idem (idem) *SCOPULORUM*, FABRICIUS.
Idem (idem) *NOCTILUCUS*, D'ORBIGNY.
PARMACELLUS OLIVIERI, CUVIER.
PLECTROPHORUS CORNINUS, nobis.
(Idem) *COSTATUS*, idem.
(Idem) *ORBIGNII*, idem.
TESTACELLUS AMBIGUUS, idem.

TABLEAU SYSTÉMATIQUE

DE LA FAMILLE

DES LIMAÇONS, *COCHLEÆ*.

OBSERVATIONS GÉNÉRALES

SUR LA FAMILLE

DES LIMAÇONS.

Dans l'état des connoissances actuelles sur les animaux des limaçons, il est impossible de séparer, en divers genres, ceux que nous comprenons dans le genre Hélice, et malgré les inconvénients attachés à une réunion aussi considérable d'espéces, nous pensons qu'il y en auroit davantage à établir des coupes hasardées, dans l'impossibilité, où l'on est, de les appuyer sur des caractères certains et vraiment distinctifs.

Nous avons d'ailleurs étudié beaucoup d'animaux des hélices tant exotiques qu'indigènes à l'Europe; nous avons même observé vivants, plusieurs de ceux des premières et presque tous ceux des dernières, et nous croyons pouvoir avancer, qu'à un petit nombre d'exceptions près pour des espéces qui nous laissent encore des doutes, l'universalité des géophiles que nous comprenons dans ce genre doit en faire partie. On peut dire du moins que les caractères extérieurs d'organisation, les seuls qui puissent servir de base au classement des êtres vivants, et qui du reste sont toujours en rapport avec l'organisation intérieure, sont les mêmes pour tous, sauf, dans quelques cas, les modifications qu'on observe quelquefois dans l'emplacement ou la forme de certains organes, mais qui, jusqu'à présent, ne nous ont point offert assez d'importance pour balancer l'influence des caractères généraux et d'ensemble, et sur-tout pour entraîner au hasard les coquilles analogues dont les animaux, encore inconnus, peuvent ne pas présenter les mêmes circonstances; car cette analogie n'est pas toujours une garantie assurée pour celle des animaux.

Si cependant l'on retrouve les mêmes anomalies chez beaucoup d'espéces, parmi celles qui restent encore à découvrir, ou celles dont les animaux n'ont point été observés, elles pourront alors acquérir une plus grande importance, et légitimer, jusqu'à un certain point, l'établissement de quelques genres nouveaux, qu'une réunion d'espéces, plus considérable encore, rendroit absolument nécessaire. Mais comme ces circonstances n'existent point aujourd'hui, et que nous ne voulons point déroger au principe de *n'admettre pour distinctions génériques que des caractères de même valeur*, nous rétablissons dans leur dépendance naturelle une foule de genres qui avoient été démembrés de celui de l'hélice, quelquefois même sans aucune distinction chez leurs coquilles. Cette importance relative des caractères génériques étant une condition première à remplir, si l'on veut procéder d'une manière philosophique dans le classement des êtres, c'est-à-dire adopter une méthode qui puisse donner une juste idée de la marche progressive ou rétrograde de la nature et des combinaisons qu'elle admet dans les organes des diverses classes d'animaux.

Tout ce qu'il étoit donc possible de faire, c'étoit de rapprocher dans des groupes séparés, les coquilles analogues, et de les établir entre elles dans la série la plus naturelle, en s'attachant soigneusement à l'analogie de construction et de forme dans la volute, ainsi qu'aux caractères que présentent leur columelle et leur ouverture, de manière à former des coupes tranchées qui permissent d'arriver sûrement à la reconnoissance des espéces.

Cette tâche étoit des plus difficiles à remplir; après des tâtonnements sans nombre, des combinaisons de toutes les sortes, un examen approfondi de toutes les tentatives faites, nous avons, quant à présent, adopté pour ce grand genre, les subdivisions dont nous allons donner l'ensemble. Possédant dans notre collection près de cinq cents espéces d'hélices, nous avons été, plus que personne encore, en état de comparer les coquilles de ce genre. Malgré ces moyens, les secours nombreux que nous avons reçus, et les communications multipliées qui nous ont été faites, nous sommes loin, sans doute, d'avoir complétement réussi. Il falloit non seulement grouper convenablement les espéces de toutes les parties du monde, mais encore caractériser chaque subdivision par des distinctions assez saillantes et assez exclusives, pour qu'on pût arriver à reconnoître chaque espéce d'une manière facile et certaine, et cela en s'efforçant de conserver les rapports d'habitudes et de manière de vivre qui le plus souvent sont en harmonie avec les modifications dans l'organisation commune; tâche d'autant plus difficile qu'on est encore dans une compléte ignorance sur les animaux d'une foule de coquilles exotiques, qui, par des caractères remarquables, peuvent faire présumer quelques particularités chez leurs habitants, ou qui, par leur taille, peuvent offrir la possibilité d'apprécier à leur juste valeur, et d'une manière positive, celles qu'on remarque chez nos petites espéces d'Europe.

Nous pouvons du reste observer que nous avons soigneusement recueilli tous les renseignements qui pouvoient nous éclairer, et que nous avons eu la plus scrupuleuse attention, dans l'établissement de nos subdivisions, aux circonstances connues d'organisation ou d'habitudes semblables chez les animaux; mais rien ne sauroit suppléer, dans une foule de cas, l'observation attentive de ceux qui sont inconnus; car on ne peut, en général, conclure de la ressemblance ou de la différence des tests, celles des animaux, et tous les classements qui ont été faits jusqu'à présent prouvent, par le mélange de mollusques très différents, qu'il ne faut pas compter d'une manière absolue sur l'enveloppe pour juger l'habitant.

Des coquilles très analogues peuvent appartenir à des animaux de genres très distincts, comme aussi des coquilles fort dissemblables peuvent contenir des mollusques de même genre. Nous en avons cité nombre d'exemples, qu'il est inutile de rappeler, étant familiers à tous les naturalistes qui s'occupent de cette classe d'animaux. Nous ne prétendons cependant point nier qu'avec l'habitude de les observer, de grands moyens de comparaison et une juste idée des divers modes d'organisation des coquilles et de leurs habitants, on ne puisse communément, en se tenant en garde contre les anomalies, juger sainement les genres auxquels ces coquilles appartiennent; mais nous croyons que, dans une foule de cas, la connoissance du test ne peut suffire; et c'est cette considération qui nous donne encore quelques doutes sur plusieurs espéces.

Tous les géophiles que nous comprenons dans le genre Hélice paroissent *posséder les caractères communs que nous assignons à ce genre.* On peut même présumer, avec beaucoup de vraisemblance, qu'en général, parmi les espéces dont les animaux sont encore inconnus, peu d'entre elles offriront d'autres caractères d'une égale importance, ou une combinaison très différente des organes principaux, ce qui pourroit seul permettre d'en faire des genres distincts; quelques espèces cependant pourront être dans ce cas; mais comme rien d'assez particulier, d'assez caractérisque ne nous le fait connoître dans leur coquille, ou que les différences observées chez quelques animaux n'ont point été assez précisées et que l'on peut mettre en doute si elles sont purement spécifiques, ou si elles appartiennent à tout le groupe de coquilles analogues, nous sommes obligés de laisser au temps le soin de rectifier nos présomptions à ce sujet, et d'attendre de lui les améliorations que l'observation plus générale des mollusques pourra produire. Nous présumons qu'entraînés par la manie de donner des noms nouveaux, les faiseurs de genres, qui ont si fort embrouillé la nomenclature et hérissé la science de difficultés, trouveront notre marche bien peu raisonnable : rien n'est cependant si facile que de faire un genre à la manière des naturalistes dont il s'agit, laquelle doit avoir pour résultat infaillible de substituer le mot genre au mot espéce.

En comparant cependant notre classification avec tout ce qui existe sur cette matière, nous concevons l'espérance, malgré ses défauts, qu'on y reconnoîtra un pas immense vers le perfectionnement de la méthode naturelle, résultat que nous sommes loin de nous attribuer exclusivement, et qui est bien plutôt dû à ce concours extraordinaire de communications qui nous ont été faites de toutes parts, et surtout aux travaux particuliers qui, depuis quelques années, ont si fort augmenté la masse de nos connoissances dans la physiologie et l'anatomie comparées des animaux sans vertèbres.

Les différences que nous avons reconnues chez les animaux des hélices, portent principalement sur l'emplacement de l'orifice des organes de la génération, qui, toujours situé sur le côté droit du col, est plus ou moins éloigné de la tête; dans la forme et la position des lèvres ou tentacules buccaux, qui couvrent ou qui accompagnent latéralement, ou en-dessous, la bouche de tous les limaçons; enfin dans la forme des tentacules et dans celle du pied, ainsi que dans la position des yeux.

Par exemple, les ambrettes (*succineæ*) de Draparnaud présentent dans la forme des tentacules supérieurs (Voyez pl. II, fig. 5) des caractères particuliers, mais qui ne paroissent pas constants dans toutes les espéces. La forme de leur coquille, si remarquable dans les espéces d'Europe, se dénature et se rapproche de celle des hélices ordinaires, dans quelques espéces exotiques.

L'*helix contundata*, que nous avons figuré pl. XXXI, fig. 1, jolie espéce du Brésil, que nous devons à Mr Taunay fils, paroît, d'après l'observation et le dessin de ce naturaliste, avoir un mollusque dont les deux petits tentacules sont comme palmés à leur extrémité, conformation qui se trouve aussi chez le *bulimus auris Leporis* de Bruguière, et qui a cela de remarquable qu'elle est analogue à ce qu'on observe dans le genre Vaginule, de la famille des limaces, dont les tentacules sont, à la vérité, simplement contractiles (1). Cette particularité, si elle n'est point, comme on peut le présumer, purement spécifique,

---

(1) Voyez notre *Description du genre Vaginule,* dans le Supplément provisoire à la famille des limaces.

pourroit avoir quelque importance, mais, jusqu'à présent, elle n'est point assez générale pour qu'on puisse y faire attention.

Les hélices dont l'ouverture, sans rebord extérieur ni bourrelet intérieur, présente un péristome tout-à-fait simple, forment un groupe très remarquable et qui offrira peut-être des caractères communs et assez distincts dans l'animal, du moins si toutes les espèces indigènes et les grandes espéces exotiques, telles que le *citrina* et autres, montrent les mêmes différences que celles que nous a offertes l'animal de l'*helix algira*, l'une des hélices de ce groupe. L'orifice des organes de la génération, chez ce géophile, est placé sur le col, plus près du collier que de la tête; les lobes de celui-ci sont moins courts que dans les autres hélices, et débordent quelquefois le test; les lèvres ou tentacules buccaux, très contractiles, sont placés tout-à-fait en-dessous de la bouche, et s'étendent latéralement en dépassant peu le bord antérieur du plan locomoteur; enfin ce plan offre une organisation fort analogue à celle des arions, chez lesquels les organes de la génération sont aussi plus en arrière que dans le genre *Limax*. Si le pore muqueux n'existe pas dans cette espéce comme chez les arions, on y voit du moins une fente bien marquée qui le remplace, quoiqu'on n'y observe pas de mucosité, et à la partie supérieure de laquelle viennent aboutir les sillons latéraux qui bordent en-dessus les contours du plan locomoteur : circonstances tout-à-fait étrangères aux autres sous-genres connus du genre Hélice, et qui paroissent dépendre d'un système particulier d'irrigation pour les fluides, à la surface supérieure de ce plan. Nous eussions pu faire un sous-genre du groupe qui comprend cette espéce, si nous eussions été certains d'une conformité de caractères, dans toutes celles qu'il renferme, et sur-tout si nous eussions été convaincus que ces caractères sont particuliers à ce groupe; mais l'analogie de ses coquilles avec celles des groupes voisins nous a arrêtés.

De tous les géophiles que nous réunissons dans le genre Hélice, aucuns ne présentent des circonstances aussi particulières que les polyphèmes de Monfort, déja désignés par nous, avant cet auteur, par l'épithéte de *glans* (1). Non seulement l'animal montre, chez quelques espéces, des anomalies les plus remarquables, mais la coquille elle-même offre des caractères tellement singuliers, que nous crûmes pendant long-temps que les polyphèmes étoient des mollusques fluviatiles. Nous savons positivement aujourd'hui qu'ils sont terrestres, que ce sont de véritables limaçons analogues aux ambrettes pour leur genre de vie, c'est-à-dire qu'ils aiment les lieux humides, et qu'ils ne différent point essentiellement des animaux des hélices. L'espéce dont Mʳ Say, de Philadelphie, nous a donné la description, nous avoit déja éclairés sur leur organisation et leur genre de vie, comme plus anciennement l'aiguillette de Géoffroy; lorsque nous reçûmes vivant le *bulimus algirus* de Bruguière, ce qui nous a permis d'étudier à notre aise ces géophiles, et d'observer plusieurs caractères dont Mʳ Say n'a point fait mention.

Le collier, dans l'*algirus*, est comme chez toutes les hélices; l'orifice respiratoire est en forme de fente allongée, à l'angle extérieur de l'ouverture du test; l'orifice des organes de la génération est situé près du tentacule droit, comme à l'ordinaire; les tentacules sont plus effilés que chez les autres limaçons, et assez égaux dans toute leur longueur; les inférieurs n'offrent rien de particulier, mais les supérieurs ont les yeux situés un peu avant leur extrémité,

---

(1) Voyez pages 79 et 80 de notre *Essai d'une Méthode conchyliologique*.

ou pour mieux dire cette extrémité éprouve une sorte de flexion peu sensible au-delà de
l'œil; enfin les lèvres ou tentacules buccaux sont comme deux mamelons coniques et poin-
tus. Dans l'espéce décrite par Mr Say, ces différences sont beaucoup plus prononcées, comme
nous allons le voir, soit à cause de sa taille, soit par suite d'une conformation particulière.

Comme il est intéressant d'appeler l'attention des naturalistes sur les animaux des polyphèmes, qui, presque tous, habitent spécialement les Antilles ou les pays situés autour du
golfe du Mexique, nous allons rapporter ici la description de l'espéce observée par Mr Say.
Cette description complétera la série des différences notables que nous avions à signaler chez
les animaux du genre Hélice.

Nous préviendrons auparavant que cette espèce n'est pas, comme Mr Say l'a pensé, le *bulimus glans* de Bruguière, mais bien le *buccinum striatum* de Chemnitz, tab. 120, f. 128 et
129; *bulimus striatus,* Bruguière. Les exemplaires que Mr Say a bien voulu nous envoyer,
nous mettent à même d'indiquer cette erreur. Selon ce savant (1), cette espéce vit dans les
parties marécageuses de la Louisiane, sujètes aux inondations des grandes rivières qui arrosent
ce vaste pays, ainsi que dans les parties maritimes de la Géorgie, où on la trouve en grand
nombre dans les districts marécageux, immédiatement derrière les îles de sables de la côte;
dans la Floride, ce mollusque se trouve dans une situation semblable, comme aussi sur les
bancs d'huîtres (hammok's), et généralement dans les mêmes circonstances que le *succinea
campestris.* C'est seulement dans les terrains bas et marécageux que les polyphèmes attei-
gnent leur plus grande taille; sur les hauteurs ils sont plus petits. Voici la description de
Mr Say : « Animal allongé et aussi long que le test, granulé; quatre tentacules, les supérieurs
« oculifères, brusquement fléchis à leur extrémité, au-delà des yeux; les inférieurs beaucoup
« plus courts et fléchis de même à leur extrémité; les lèvres ou tentacules buccaux allongés,
« palpiformes, presque aussi longs que les tentacules supérieurs, rétractiles, généralement
« plus ou moins recourbés, comprimés, atténués et aigus à leur extrémité, laissant un
« intervalle assez considérable entre leurs bases. Quand l'animal est en mouvement, il se sert
« de ces lèvres allongées pour tâter sa route. »

On voit, par cette description, que les différences que nous avons observées chez l'*algirus*
sont bien plus caractérisées chez l'espéce de Mr Say; dans l'aiguillette elles sont tout-à-fait
insensibles, de sorte que l'on peut en conclure que ces modifications de l'organisation commune à tout le genre Hélice ne sont pas également prononcées chez toutes les espéces de
polyphèmes, ce qui leur enléve la seule importance qui pourroit leur mériter de servir pour
une distinction générique. Si cependant on les reconnoît dans toutes les autres espéces du
groupe auquel elles appartiennent, on devra en faire un genre à part, où l'aiguillette et
quelques unes des espéces analogues, que nous y réunissons, entreront par l'influence des
rapports généraux de leur coquille.

On peut juger, d'après cet exemple, de la réserve qu'on doit apporter dans l'établissement
des genres par les seuls caractères des coquilles. De toutes les espéces que nous réunissons
dans les hélix, aucunes, sans doute, n'offrent des caractères de dissemblance aussi prononcés,
et l'on voit combien il est difficile d'y trouver matière à établir un genre basé sur des différences organiques notables chez leurs animaux.

---

(1) *Journal of the Academy of natural sciences of Philadelphia,* vol. 1, n° 10, juin 1818, p. 281.

L'impulsion que reçoit aujourd'hui l'étude des mollusques terrestres et fluviatiles, par suite des progrès de la géologie, le zéle avec lequel des naturalistes distingués s'occupent dans les deux mondes de l'observation de leurs animaux (tels que Mrs Say, Lesueur et Rafinesque, aux États-Unis, Krauss, à la Guadeloupe, et Leschenault, dans l'Inde), les communications multipliées qui nous ont été faites de toutes les parties du globe, depuis le commencement de la publication de notre ouvrage, peuvent nous faire espérer que nous serons dans peu en état d'asseoir, avec plus de certitude encore, les subdivisions du genre vraiment colossal qui nous occupe, et peut-être même d'en séparer quelques espéces pour en faire des genres distincts; mais nous croyons qu'il est prudent et convenable de ne rien précipiter à sujet. Nos réflexions et notre travail, en appelant l'attention des observateurs sur les groupes qu'il importe particulièrement d'étudier pour fixer les incertitudes, serviront sans doute, utilement à nous faire obtenir ce résultat, et comme, dans tous les cas, nous nous sommes efforcés de réunir les espèces les plus analogues, il sera libre aux amateurs impatients, de considérer comme genre les uns ou les autres de nos sous-genres. L'essentiel est que les coupes proposées soient naturelles et bien circonscrites, et qu'on puisse nettement les distinguer entre elles : nous avons fait à ce sujet tous nos efforts. Nous ne sommes cependant point entièrement satisfaits du résultat, mais nous avons éprouvé, par maints essais, qu'il étoit difficile de sortir autrement de l'embarras qu'offrent les hélices à les classer nettement.

L'examen géométrique des divers modes de volute n'a point encore été fait; les premières idées analytiques en ce genre ont été données dans notre *Essai d'une Méthode conchyliologique*, pag. 16 et suivantes. Schröter, qui a publié un ouvrage spécial (1) sur cette matière, en a bien senti l'intérêt et l'importance, mais il ne possédoit pas les éléments nécessaires à cet examen. On trouvera dans l'Introduction à notre Histoire générale un travail complet sur cette partie. Nous ferons seulement ici une remarque nécessaire à l'intelligence des caractères que nous employons. Dans l'enroulement de la volute le bord intérieur du cône spiral (incomplet chez les limaçons (2)) peut porter plus ou moins, ou ne pas porter du tout sur la convexité des tours précédents, selon la supériorité de l'impulsion divergente à l'intérieur ou à l'extérieur, par rapport à l'axe de la volute. Si la divergence du côté intérieur est très rapide, ce qu'on appelle *vide columellaire, ombilic*, sera nul; le bord intérieur du cône *incomplet* formera une sorte de colonne linéaire ou en filet, solide, et plus ou moins spirale : c'est ce que l'on a appelé *columelle*. Quand, au contraire, ce côté intérieur, par suite de la divergence extérieure imprimée à tout le cône, porte un peu ou beaucoup sur la convexité du tour précédent, la coquille n'offre plus, rigoureusement parlant, le même genre de construction; au lieu de cette columelle solide, elle offre un vide ombilical plus ou

---

(1) *Uber den innern bau der Conchylien*, etc., c'est-à-dire Essai sur la construction intérieure des coquilles, etc.

(2) Nous avons expliqué dans notre *Essai* ce qu'on doit entendre par cône spiral *complet* ou *incomplet*: si l'on enléve à un cône droit, formé avec une substance molle comme de la cire, un segment triangulaire, à partir du sommet jusqu'à la base, et que l'on fasse exécuter à ce cône un mouvement volutatoire en prenant pour côté intérieur la partie dont on a ôté un segment, les deux bords de cette partie s'appuyant sur les tours précédents, l'on aura un *cône spiral incomplet*: il est ainsi constitué chez les limaçons. Si au contraire on suppose le cône entier en révolution spirale, on aura un *cône spiral complet*, tel qu'il existe dans beaucoup d'operculés.

moins large et profond, selon que le bord intérieur porte plus ou moins sur la convexité de l'avant-dernier tour. Ce vide ombilical varie de forme selon l'élévation de la spire et l'espèce d'impulsion que reçoit la volute; la variation qui en résulte peut être comprise entre les deux limites extrêmes suivantes, savoir : la spire développée sur un même plan horizontal, comme dans les Planorbes, et celle où le bord intérieur ne portant point sur le tour précédent, forme une columelle solide. Toutes les coquilles comprises entre ces deux limites ont une sorte de colonne creuse, cylindrique, plus ou moins large, et qui devient de plus en plus étroite et torse, à mesure que ces coquilles se rapprochent de celles qui ont une columelle solide.

Nous appelons toutes les coquilles comprises entre ces deux limites, *ombiliquées* ou *perforées*, selon qu'elles se rapprochent ou s'éloignent de ces deux termes extrêmes, et nous disons alors que la columelle est *creuse*. Nous dirons que la coquille est *perforée* si le *vide columellaire* est peu profond, c'est-à-dire si la torsion de l'axe creux, qui résulte de l'appui du bord interne du cône sur la convexité du tour précédent, empêche de voir jusqu'au sommet de la volute, et nous dirons qu'elle est *ombiliquée* si cet axe creux laisse apercevoir plus ou moins distinctement, jusqu'au sommet interne de la spire. L'ombilic peut être *visible, masqué* ou *couvert*, selon que le bord postérieur du côté interne de la bouche, qui s'appuie sur le tour précédent, couvre entièrement, masque simplement, ou laisse tout-à-fait visible l'ombilic.

Toutes les coquilles comprises dans nos Cochloïdes, par la manière remarquable dont la volute est allongée, ont offert, dès l'abord, aux premiers classificateurs des différences génériques, mais nous nous sommes bientôt aperçu que cet allongement, qui tient uniquement à la supériorité directe ou divergente dans l'impulsion volutatoire, offroit des passages intermédiaires tels, qu'il est impossible de tracer nettement le point de séparation avec les hélicoïdes. Nous croyons même que c'est, en général, un des indices de différence organique le moins marquant de tous; notre sous-genre cochlostyle montre des coquilles qu'on seroit embarrassé de rapporter plutôt aux bulimes qu'aux hélices de Bruguière. La forme de la bouche, qu'on a employée jusqu'ici d'après cet auteur, pour séparer ces deux genres, n'est rien moins que suffisante. Comme elle dépend de la nature de la courbe qui engendre le cône spiral, et de la supériorité d'impulsion de l'une des directions élémentaires de la volute, il s'ensuit que la longueur ou la largeur de la base du cône varient dans leurs dimensions relatives, dans tous les genres de figures que la volute peut prendre; et en effet, des hélices proprement dites ont quelquefois une bouche plus haute que large (Voyez entre autres notre *helix magnifica*, pl. X, fig. 4 à 6, et notre *helix mirabilis*, pl. XXXI, fig. 4, 5, 6) tandis que quelques bulimes et des maillots ont une bouche presque aussi large que haute.

La troncature de la columelle, chez les limaçons, est tout aussi peu importante, comme indice de différence organique notable : extérieurement, l'animal des espèces tronquées ne montre aucune distinction appréciable; quant à l'intérieur, il n'offre qu'une disposition particulière du muscle d'attache, et les modifications générales de forme dont la coquille peut donner l'idée; mais les organes sont les mêmes, et disposés comme chez tous les limaçons. D'ailleurs, il ne faut point assimiler la troncature de la columelle dans les coquilles terrestres à ce qu'on observe chez les coquilles marines, surtout chez les operculées; ici c'est la coquille elle-même qui offre une véritable section, une troncature oblique, ou bien qui se

B

prolonge en un tube plus ou moins long, droit ou courbé, dans lequel vient aboutir ou se placer le syphon pour la respiration et souvent l'anus. C'est alors une modification organique notable, et dont on conçoit la nécessité pour des animaux operculés qui doivent pouvoir jouir de toutes leurs facultés, dans l'état même d'entière contraction dans leur coquille: mais dans les limaçons cette troncature apparente est simplement un effet de la construction de la volute. Le bord intérieur du cône spiral incomplet s'élevant rapidement par suite de la divergence prononcée dans le côté intérieur et de l'influence de l'impulsion directe dans la formation de la volute, constitue lui-même une columelle ou axe solide un peu spiral et aplati (puisque cet axe n'est que le bord même du cône spiral, d'où l'on suppose une portion triangulaire enlevée du sommet à la base), en sorte que cette espèce de troncature n'est véritablement que l'angle d'intersection de la base échancrée dudit cône au côté intérieur, avec ce même côté intérieur. Ce n'est, en un mot, que le résultat d'une des nombreuses modifications que la volute peut éprouver dans sa formation, chez les mollusques dont la coquille offre un cône spiral incomplet. Chez d'autres cochloïdes, le bord intérieur se replie en dehors et forme une coquille ombiliquée, à columelle longue, droite, et tronquée au-dehors au lieu de l'être au-dedans. Tels sont les *bulimus strigatus, kambeul*, etc. D'ailleurs le passage des coquilles où l'on observe cette troncature, à celles où l'angle d'intersection est nul, c'est-à-dire où le bord intérieur du cône spiral s'unit et se confond avec sa base, de manière que le tour de l'ouverture semble être une continuation de la columelle, est si gradué et si insensible, qu'il est difficile d'assigner le point de démarcation entre les unes et les autres, et il seroit par conséquent peu rationel d'éloigner, pour ce seul fait, des espèces aussi rapprochées, en les plaçant dans des genres différents. Il est cependant certain que cette circonstance de troncature est très spécieuse, lorsqu'on la considère chez les espèces où elle est très prononcée, et qu'on la compare à celles dont la columelle est entière: on a pu former à ce sujet des conjectures que l'observation seule des animaux pouvoit détruire.

Notre travail est le premier qui ait été entrepris pour classer, d'après leurs caractères organiques, la totalité des espèces terrestres et fluviatiles du grand genre Hélice de Linné, et celles comprises par cet illustre naturaliste, dans les genres *Turbo, Bulla* et *Voluta*. Les *Einleitungen* de Schröter, l'ouvrage de Schreiber (1), ainsi que le *Species Conchyliorum* publié à Londres en 1817 par Dillwyn, n'offrent, comme Gmelin, que des éditions diverses du *Systema naturæ*, pour la partie des *vermes testacea*.

Ces ouvrages, les seuls où l'universalité des espèces soit plus ou moins complétement classée, offrent le même mélange de mollusques hétérogènes que la douzième édition du *Systema naturæ*. Muller, le premier, chercha à ramener tous les mollusques terrestres et fluviatiles à des genres distingués entre eux par des caractères organiques; mais son travail, première ébauche de la science, est aujourd'hui bien incomplet et bien fautif. Après ces auteurs, qui ont embrassé les espèces dans leur ensemble, et qui sont censés, en les présentant dans un ordre systématique, les avoir étudiées et observées, viennent se placer les écrivains qui, comme Bruguière, en ont examiné une partie. C'est à lui que nous devons le genre Bulime, qu'il a traité dans sa généralité, et qui, portant sur un assez léger caractère de la forme de la bouche des coquilles, comprend des mollusques marins, fluviatiles et terrestres, opercu-

---

(1) *Versuch einer vollständigen Conchylien kenntniss nach Linnes System.* Vienne, 2 vol. in-8°.

lés ou sans opercule, et par conséquent fort dissemblables. Ainsi ce genre ne pouvoit être d'aucune autorité dans notre travail. Enfin, si l'on considère les auteurs qui, sur des caractères plus ou moins importants dans la coquille, ont établi des genres pour quelques espéces auxquelles ils les ont reconnus, on trouvera une multitude de genres (1) créés par eux, et qui montrent dans leur établissement qu'ils ne sont nullement le résultat d'une comparaison réfléchie et raisonnée de toutes les espéces terrestres et fluviatiles, mais bien le produit d'une précipitation ambitieuse chez quelques uns, ou de l'insuffisance des collections des autres. Aussi lorsque nous avons voulu classer toutes ces espéces et déterminer celles qui paroissent se rapporter à notre genre Hélice, tel que nous l'avons circonscrit, nous n'avons pu non seulement conserver la plupart de ces genres, mais même nous n'avons pu les introduire, dans celui de l'hélice, comme coupes secondaires, parcequ'ayant été limités par des caractères précis qui se rapportoient rigoureusement à un petit nombre de coquilles, ils ne sont devenus, dans l'examen de l'ensemble de toutes les espéces qui nous sont connues, que des coupes de troisième ordre que nous avons nommés *groupes*, et qui sont, pour nous, des divisions des sous-genres, ou bien ces genres se sont fondus dans plusieurs de nos sous-genres par suite de l'influence d'un travail général. Si nous eussions appliqué les dénominations reçues à nos sous-genres., ceux-ci n'auroient souvent eu presque aucun rapport avec les genres établis sous ces mêmes dénominations. Le genre Bulime de Bruguière, par exemple, est dans ce cas; et si on le considère tel que l'ont limité M\rs de Lamarck et Cuvier, il ne devient plus qu'un groupe du sous-genre que nous appelons Cochlogène. Le genre Clausilie de Draparnaud est aussi dans le même cas, comme on peut s'en convaincre en examinant le sous-genre qui contient les espéces que cet auteur y renfermoit; mais pour ne point changer les habitudes reçues, nous avons eu une attention scrupuleuse à conserver aux divers groupes les noms qui leur furent donnés, comme genre, par les divers auteurs, lorsque du moins ils conservoient une notable quantité des espéces que ces auteurs y rapportoient. Croyant utile de subordonner les dénominations de nos sous-genres à une même combinaison de mots, par suite d'une idée première qui doit faciliter la reconnoissance des espéces, nous avons été heureux que notre but ne se trouvât point en opposition avec notre principe, de ne pas changer les dénominations reçues, quoique d'ailleurs notre travail étant absolument neuf, et le genre Hélice, tel que nous le considérons, n'étant celui d'aucun autre auteur, nous eussions pu, pour les coupes qu'il nous a semblé nécessaire d'établir, donner, sans choquer aucune régle, les dénominations qui nous eussent paru les meilleures. Cette innovation auroit pu se faire avec d'autant plus de droit que la plupart des dénominations usitées

---

(1) Tels sont, seulement pour les vraies hélices, les genres *Sylvicola, Helix, Cochlea, Lucerna, Lituus, Cistula, Bombyx, Otis, Chersina, Lendix, Pupa*, établis par Humphrey en 1797.

Bulime, Maillot, Hélicelle, Amphibulime, Caracole, Agathine, de M\r de Lamarck.

Caracole, Capraire, Ibère, Cepole, Polydonte, Hélice, Acave, Bulime, Zonite, Maillot, Gibbe, Tomagère, Polyphème, Agathine, Ruban, de M\r Denys de Montfort.

Ambrette, Clausilie, de Draparnaud.

Odostomia, Planorbis, de Flemming.

Lucena, Volvulus, Vortex, d'Ocken.

Bulimulus, Carychium, de Leach.

Polygyra, de Say.

Melania, Columna, Planorbis, Bulimus, de Perry, etc. etc. etc.

dans un pays, sont inconnues ou rejetées dans un autre, et qu'elles n'ont véritablement point une unité d'acception, vérités qu'il est important de considérer, pour sentir la nécessité de rappeler les savants à la même nomenclature. En effet, ou les naturalistes, même d'après les plus récents travaux en Allemagne, en Angleterre et aux États-Unis, conservent fidèlement la nomenclature linnéenne, ou bien, en petit nombre, ils en suivent une nouvelle, et parmi ceux-ci les dénominations reçues en France n'ont presque aucune autorité. Ainsi Flemming et d'autres Anglais appellent les maillots *odostomia;* Perry nomme les agathines, bulimes et les bulimes, agathines; Studer appelle *torquilla* certains maillots, *bulinus* les bulimes, *tapada* les ambrettes de Draparnaud; Ocken fait bien d'autres transpositions. Ainsi, quand bien même le petit nombre d'espéces connues des genres établis aux dépens de celui de l'hélix, en se perdant et se combinant différemment, dans l'ensemble de toutes les espéces de notre collection, par l'influence des considérations générales qui nous ont guidés, ne seroit pas devenu dépendant de nos divisions du troisième degré, nous aurions peut-être dû exécuter le travail que nous proposons, comme le seul moyen de rappeler à l'unité si desirable dans la nomenclature, pour les progrès de la science. Du moins il est à croire que l'enchaînement des combinaisons proposées et l'influence d'un travail d'ensemble accompagné d'excellentes figures, forceront à perfectionner notre ouvrage, et nous aurons ainsi atteint le but que nous signalons.

Il ne s'agit plus, en effet, aujourd'hui pour les naturalistes qui s'occupent des mollusques terrestres et fluviatiles de leur pays, de les examiner, de les classer, de les nommer indépendamment de ceux des autres pays et des travaux qui s'y publient; il ne s'agit même plus d'étudier les mollusques terrestres et fluviatiles, indépendamment des marins; c'est dans tous leurs rapports qu'il faut les considérer; c'est dans les dépendances générales et particulières de la classe d'êtres à laquelle ils appartiennent qu'il faut les étudier et les classer. Ainsi toutes les combinaisons, toutes les idées de spécialité, de localité, les considérations de détails, doivent être subordonnées à l'ensemble des faits, quelle que soit d'ailleurs la manière plus ou moins heureuse avec laquelle nous aurons exécuté notre travail d'ensemble. On doit observer que des sections entières, comprenant des espéces caractérisées par des circonstances remarquables, sont entièrement étrangères à l'Europe, n'ont jamais été décrites et sont presque inconnues dans les collections; les naturalistes n'ont donc pu apporter, dans leurs travaux, le résultat des réflexions qu'elles peuvent faire naître, et par conséquent toutes les classifications proposées ont dû s'en ressentir plus ou moins.

Nous n'avons pas besoin de faire observer que les dénominations génériques, justement appuyées sur des caractères organiques, seront respectées dans notre ouvrage; ainsi les aperçus de cette espéce, chez Lister, Muller, Géoffroy et Adanson, confirmés pour la plupart par Mrs de Lamarck et Cuvier, ainsi que par Draparnaud et par nous, conserveront, sous les noms reçus, leurs places respectives dans notre travail. Tels sont les genres suivants, séparés si convenablement des hélices de Linné : *Vertigo, Carychium, Limneus, Physa, Planorbis, Valvata, Cyclostoma, Paludina,* etc., qui appartiennent à des géophiles caractérisés par des différences importantes, ou à des hygrophiles d'une organisation bien distincte.

Quelques personnes nous reprocheront peut-être d'avoir conservé, à côté d'un genre aussi nombreux en espéces que celui de l'Hélice, des genres tels que l'*Helicolimax* et le *Vertigo,* qui n'en renferment que fort peu, et qui ne sont distingués de l'Hélice que par des caractères en apparence peu importants. Nous répondrons d'abord, qu'on doit y voir une preuve que nous n'avons point négligé de conserver en genre distinct les espéces qui offroient des différences organiques ; en second lieu, si l'on a bien étudié les mollusques et la marche que nous avons développée par suite de cette étude, dans la famille des limaces, on restera convaincu que la protection des organes principaux, au moyen de la cuirasse, ou d'un test plus ou moins grand, par rapport au corps, et d'un collier qui ferme et protége la cavité pulmonaire, est une considération première qui doit fixer l'attention dans l'établissement des genres. Il suffit d'examiner la suite de ceux qui composent la famille des limaces, pour se convaincre que l'hélicolimace forme un échellon intermédiaire entre cette famille et celle des limaçons. Par-tout, les modifications des organes protecteurs ont été adaptées à la manière de vivre de chaque genre, et l'hélicolimace montre sa place distincte, autant par son organisation que par ses habitudes.

Le vertigo n'offre de différence, avec les vrais maillots de Draparnaud, que l'absence des tentacules inférieurs. Plusieurs naturalistes ont objecté que certains maillots les avoient très courts, et qu'il étoit possible que leur absence présumée dans les vertigos, tînt, soit à leur extrême briéveté, soit à un avortement, vu la petitesse des espéces connues. Sans rejeter ces objections, auxquelles on peut répondre que des hélices plus petites que certains vertigos, montrent clairement leur quatre tentacules, et que Muller et d'autres observateurs n'ont pu, ainsi que nous, découvrir ces petits tentacules, avec les plus fortes lentilles, nous ferons remarquer qu'il existe de grosses espéces dont on n'a pu encore étudier les animaux, et qu'il convient certainement, avant de rejeter ce genre, établi par un naturaliste exact et scrupuleux, confirmé par la découverte de huit ou dix espéces dont on a vu les animaux, et dont les coquilles ont aussi des caractères particuliers, qu'il convient, disons-nous, d'attendre qu'on ait observé ces grosses espéces, pour rejeter ce genre, si ses caractères distinctifs ne s'y rencontrent pas.

Nous pensons, au reste, qu'on aura moins de doute sur l'absence des petits tentacules, chez les vertigos, en connoissant le nouveau genre que nous établissons aujourd'hui, sous le nom de *Partula*, les espéces de ce genre offrant la même circonstance, ce qui nous auroit commandé de les réunir aux vertigos, si nous eussions été certains que ceux-ci fussent également ovo-vivipares, comme les partules, et que dans le doute cette réunion fût convenable.

Cette particularité, dans le mode de génération chez les limaçons, est un fait absolument nouveau et assez curieux, qui ne s'étoit rencontré, jusqu'à présent, que dans les paludines. Nous entrerons, en parlant de ce nouveau genre, dans quelques détails sur son organisation.

Nous rendons donc au genre *Vertigo* et au genre *Carychium* de Muller, leurs véritables limites et les noms qui leur furent donnés par lui. Nous ne savons pourquoi Draparnaud, qui a fait des genres avec tant de facilité, n'a pas voulu reconnoître le premier, et comment il a changé la dénomination de *carychium* en *auricula*, nom donné par Mr de Lamarck à des coquilles qui appartiennent à des animaux très différents par leur manière de vivre et leur organisation. Nous ferons observer, à ce sujet, qu'on réunissoit de même au genre *Auricula* de Mr de Lamarck, beaucoup de coquilles qui appartenoient à de véritables hélices, c'est-à-dire, à des géophiles ayant quatre tentacules, etc. C'est dans cette occasion, comme dans beaucoup d'autres, la forme apparente de la coquille, et en particulier de la bouche, qui a égaré les classificateurs, et c'est un exemple, de plus, de la réserve qu'on doit apporter à les classer d'après cette seule considération, quoiqu'on puisse observer, dans cette circonstance, que si l'on eût examiné avec attention, toutes ces coquilles, très remarquables, on eût trouvé de grands motifs de suspecter leur analogie.

Les pulmonés terrestres bitentaculés, dépourvus d'opercule, dont les yeux sont situés à la base des tentacules, nous paroissent devoir composer une nouvelle famille, qui comprendra, en outre, certains pulmonés marins ou fluviatiles qui montrent la même organisation générale. Il y a beaucoup d'apparence que les carychies, les vraies auricules, les scarabes, les pyramidelles, les tornatelles, les conovules de Mr de Lamarck ; le piétin d'Adanson, avec les mollusques analogues, et plusieurs autres genres encore, devront composer cette petite famille, qui sera liée à celle des limaçons par le genre Vertigo qui doit terminer celle-ci. Nous pensons même que les mollusques de cette nouvelle famille sont plus rapprochés des limaçons que des limnéens ; que ce sont de vrais limaçons terrestres, fluviatiles ou marins, mais qui cependant tiennent aux limnéens, parceque leurs tentacules ne portent plus les yeux. C'est donc une famille intermédiaire, et qui nécessite quelques modifications à notre classification des pulmonés, d'autant mieux que, malgré la différence des milieux où vivent les genres dont elle se compose, on est fort embarrassé d'établir entre eux des distinctions génériques, ainsi qu'on peut s'en convaincre, en observant les animaux des carychies, de l'auricule myosote de Draparnaud et du piétin d'Adanson.

Comme nous sommes fondés à croire que les pulmonés de la famille que nous signalons sont assez nombreux dans la nature, malgré que, jusqu'à présent, il y en ait peu de connus, et que ceux qui le sont, par la faculté que possèdent certains d'entre eux de vivre dans l'eau douce ou salée, tandis que d'autres vivent sur la terre, présentent des circonstances fort intéressantes à constater pour l'étude de la géologie, nous croyons devoir proposer de former, avec les mollusques de cette famille, un sous-ordre intermédiaire entre ceux déja établis, sous la dénomination de *Pulmonés géhydrophiles*.

Les coquilles de ces mollusques ont entre elles beaucoup d'analogie, et ne peuvent nous donner que des inductions très vagues sur leurs différences génériques ; car, si l'on pouvoit croire avec quelques naturalistes, que les scarabes et les auricules devoient être réunis aux carychies, d'après la ressemblance de leur bouche, on pouvoit aussi penser que les auricules, qui ont tant d'analogie avec l'*auricula myosotis* de Draparnaud, coquille positivement marine, quoiqu'elle puisse sortir de l'eau, devoient être du même genre que cette dernière, sur-tout si, précisément à cause de cette grande analogie, on eût réfléchi à l'assertion de Rumphius, qui dit de l'*auricula Midæ*, *qu'elle vit dans les marais salins de l'île de Céram,* l'une des Moluques. On verra du reste par la description de l'animal du *bulimus scarabæus,* combien toutes ces suppositions étoient hasardées, sur-tout si, comme on peut le présumer avec bien plus de probabilité, toutes les auricules ont un animal semblable à celui de cette espèce.

Nous donnerons un aperçu des genres et des espèces, qui composent les géhydrophiles, à la suite de la famille des limaçons, bien que beaucoup d'entre eux, étant marins, ne soient pas compris dans le plan de notre ouvrage ; mais nous croyons important d'établir les rapports et de montrer l'ensemble de cette nouvelle famille, afin que les naturalistes s'occupent à étudier les mollusques qui la composent, et à rectifier nos présomptions sur la plupart d'entre eux.

Nous allons présenter actuellement quelques réflexions relatives au classement que nous avons adopté pour les hélices.

Notre premier degré de subdivision porte sur les rapports des organes protecteurs avec l'ensemble de l'animal; il est une conséquence de la marche que nous avons suivie pour la famille des limaces, marche positivement indiquée par cette singulière progression dans le développement des organes protecteurs, depuis les arions jusqu'aux testacelles.

Le genre Hélicolimace, qui unit les deux familles, montre un limaçon muni d'une cuirasse et d'une coquille analogue, chez quelques espéces, par ses rapports de grandeur avec le corps, à celle des testacelles, mais qui peut contenir entièrement son habitant, chez le *pellucida* et l'*annularis*. Après ce genre, doivent naturellement se placer les hélices, qui s'en rapprochent le plus par leur organisation et leurs habitudes. Ce sont nos *redundantes;* leur animal est dépourvu de la cuirasse des hélicolimaces, malgré qu'il soit, chez quelques espéces d'hélicophantes, dans l'impossibilité de pouvoir rentrer dans sa coquille, qui ne sert alors qu'à garantir la partie postérieure du corps; mais tous, sans exception, lorsqu'ils jouissent de la plénitude de leurs facultés, et qu'ils ne sont point enlevés à leurs habitudes naturelles, débordent le test et ne peuvent y rentrer entièrement.

La rapidité de progression croissante dans le cône spiral, qui ne permet à la volute que peu de tours de spire, ces derniers étant toujours en raison inverse de la largeur dudit cône; la relation des tours entre eux ; la briéveté de la spire; l'ampleur de l'ouverture ; son élévation chez la plupart, ce qui la rend plus haute que large, et empêche certaines espéces d'être placées avec les hélicelles, font aisément reconnoître les coquilles de cette section, et les distinguent des *inclusæ*, chez lesquelles la volute, croissant moins rapidement, offre plus de tours de spire, et où ceux-ci sont plus égalisés.

Les subdivisions du second degré portent sur la forme de la spire qui est *ramassée, courte, peu déroulée*, quelquefois même *planiforme*, ce que nous exprimons par *volutatæ;* c'est le véritable ἕλιξ des Grecs, d'où nous appelons hélicoïdés, *hélicoïdes*, toutes les coquilles qui ont ce genre de volute; ou bien la spirale est *déroulée, alongée*, souvent même *cylindrique* ou *fusiforme*, ce que nous exprimons par *evolutatæ;* et comme c'est là le genre de volute que les Grecs ont nommé κοχλός, nous appelons cochloïdes, *cochloïdes*, tous les limaçons qui affectent cette figure.

Ces deux formes de la volute se présentent dans chacune de nos deux sections *redundantes* et *inclusæ*, et elles y forment des coupes très prononcées.

Comme en général l'ordre de la série, dans le genre qui nous occupe, porte sur l'enroulement progressif, et de plus en plus considérable, de la volute, ainsi que sur l'élévation de la spire, on nous objectera que la section des *cochloïdes*, dans les *redundantes*, semble interrompre cette série. Cette objection ne sauroit arrêter, si l'on fait attention que les ambrettes de Draparnaud, qui forment notre sous-genre cochlohydre, sont réellement plus rapprochées des testacelles et des hélicolimaces que des autres groupes du genre hélice. Quelques unes d'entre elles offrent à peine deux tours et demi à la spire, et l'ouverture est tellement grande que l'analogie avec les coquilles des testacelles est frappante. A la vérité l'impression volutatoire verticale est dominante, mais l'ensemble de leur forme ne permet pas de les mettre autre part; leur place est rigoureusement assignée entre nos hélicophantes et nos hélicogènes *columellées*. Cette place est même tellement déterminée, que plusieurs naturalistes avoient réuni les *hélix naticoides* et *picta* aux ambrettes; nous-mêmes nous y fûmes entraînés par les caractères de leur ouverture et de leur columelle.

On ne pourroit, d'ailleurs, placer nulle autre part les ambrettes; par-tout elles romproient les rapports naturels de voisinage, et seroient hors de leur sphère. Loin d'interrompre la série où nous les plaçons, elles forment une transition pour arriver aux hélicogènes colu-mellées, lesquelles sont, elles-mêmes, placées dans ce sous-genre par leurs rapports généraux avec les cochlogènes *perforées*. Les *helix melanostoma* et *cincta* forment la liaison de ces deux groupes. La transition aux hélicodontes, est toute naturelle; les naturalistes qui connoissent les dernières espéces de nos hélicogènes le reconnoîtront facilement.

Le sous-genre hélicodonte, outre la facilité qu'il donne à la reconnoissance des espéces, réunit des coquilles qui, pour la plupart, ne pourroient être séparées, et si quelques unes par leur forme générale, ou par certains de leurs caractères, se rapprochent de celles des autres groupes, on doit considérer comme au moins aussi important le caractère que les dents leur impriment, et qui les rattache à ce sous-genre. D'ailleurs, l'ordonnance qui conserveroit tous les rapports, est une chimère en fait de classification, d'autant mieux que tel naturaliste, qui donne la prééminence à un certain caractère, n'est pas d'accord sur ce point avec tout le monde; ainsi l'ordre le plus parfait doit, sans doute, être celui qui, en conservant les rapports les plus importants, permet d'arriver à reconnoître ce que l'on cher-che; s'il en étoit autrement, ce bel ordre seroit un désordre, un labyrinthe inextricable. Ces réflexions s'appliquent aussi aux hélicigones; elles se lient parfaitement aux hélicodontes, par les espéces carénées de ce dernier sous-genre. Les hélicelles sont divisées en groupes bien distincts; elles ont pour caractère principal d'être ombiliquées, et quoique leur ombilic soit quelquefois fort étroit, la forme de leur volute montre, en général, qu'elles doivent toutes avoir une columelle de même nature.

Les hélicostyles sont distinguées par la forme de leur columelle, qui ne se reproduit, chez les hélicoïdes, que dans le sous-genre hélicogène; elles forment, par la figure du dernier de leur groupe, la transition pour arriver aux cochloïdes. Ici, sans doute, la nécessité a forcé de réunir, à ce sous-genre, quelques espéces fort dissemblables, sous plusieurs rapports, et qui ne pouvoient se placer aisément ailleurs; mais il est à présumer que des observations ou des découvertes nouvelles viendront nous éclairer sur la véritable place de ces espéces.

Dans les cochloïdes (*inclusæ*), les rapports sont tellement déterminés, par la construction des coquilles, et les caractères des subdivisions sont, en général, tellement précis, qu'il suffit de jeter un coup-d'œil sur notre tableau synoptique, et d'avoir quelque idée de l'ensemble des es-péces de cette section, pour sentir qu'on ne sauroit adopter un autre ordre; ainsi, malgré les rapports qui semblent exister entre les dernières espéces du groupe des héliomanes et les premières de nos cochlicelles, outre que ces rapports ne sont pas aussi marqués, lorsqu'on examine les espéces, qu'ils le paroissent au premier abord (la forme de la bouche et son bourrelet interne, dans les héliomanes, ainsi que l'allongement de la spire et l'élévation de la bouche dans les cochlicelles, mettent entre ces groupes assez de différence), il suffit d'ob-server l'ensemble des groupes auxquels elles appartiennent, pour voir qu'on ne pourroit les placer différemment; car on ne pouvoit assurément éloigner les cochlicelles des cochlogènes, ni placer entre celles-ci et les cochlodontes, les autres sous-genres à columelle solide et tronquée.

Les caractères distinctifs entre les cochlodontes et les deux sous-genres, entre lesquels elles se trouvent placées, sont fort difficiles à établir; certaines espéces sont très embarrassantes à classer; l'absence de dents, chez quelques cochlodontes, semble assigner leur place parmi les cochlogènes, tandis que l'ensemble de leur figure les y retient. Il en est de même de quelques cochlogènes dentées, qu'on ne peut cependant placer parmi les cochlodontes, et de certaines espéces de cochlodines dont le péristome n'est point continu, et qui ont beaucoup de rapport avec les cochlodontes. Ce sont des difficultés qu'on éprouve, du reste, dans l'arrangement méthodique, chez toutes les classes d'animaux; c'est l'ensemble des caractères, un certain air de famille, le *facies*, en un mot, qui doit alors diriger et déterminer la place de ces espèces anomales.

Nous ferons remarquer que les premières et les dernières espéces de chaque groupe, se rapprochent, assez souvent, les unes du groupe précédent, les autres du groupe suivant, par les caractères qui différencient les groupes entre eux. Les passages dans la nature sont rarement brusques, sur-tout lorsqu'on connoît beaucoup d'espéces; aussi ce sont les caractères d'ensemble qui nous ont guidés, pour placer certaines espéces plutôt au commencement d'un groupe qu'à la fin de celui qui le précéde.

Nous devons prévenir aussi, que ce n'est point au hasard que certaines espéces se trouvent quelquefois placées entre d'autres dont elles paroissent assez éloignées au premier coup-d'œil, et loin de celles dont elles semblent plus voisines; c'est la comparaison raisonnée de tous les groupes qui nous a guidés, et nous nous sommes toujours décidés d'après l'ensemble des caractères de chaque espèce, et non d'après un caractère isolé, quoique assez saillant quelquefois. Nous sommes cependant loin de croire que d'utiles rectifications de cette nature ne puissent pas être faites; c'est précisément pour les appeler que nous présentons ce Catalogue. Ceux qui auront occasion de découvrir de nouvelles espéces, ou d'observer celles qui nous sont inconnues, nous donnerons sans doute d'utiles moyens pour ces rectifications, et nous les leur demandons, avec confiance, au nom de la science. Au reste, dans une réunion aussi considérable de coquilles analogues, et qui offrent, en général, peu de moyens pour asseoir des divisions bien tranchées, on n'a pas besoin de faire observer qu'il faut étudier notre méthode, connoître à-peu-près l'ensemble des espèces du genre, pour la juger, et se pénétrer de l'esprit dans lequel les coupes sont formées, pour s'en servir avec avantage et facilité. Ce sera le moyen de nous faire d'utiles remarques, et de nous aider à rendre cette méthode moins imparfaite.

La marche que nous avons suivie est facile à apprécier; le temps et des mains plus habiles la perfectionneront: mais nous nous estimerons heureux, si l'on croit devoir, dans l'état actuel de la science, s'arrêter aux idées générales qui nous ont dirigés, et nous fournir les moyens de consolider assez notre méthode pour qu'elle puisse être employée utilement et recevoir une sanction plus générale.

Il n'est pas besoin d'avertir que les divisions du second ordre ne peuvent, en général, être assez rigoureusement distinguées, pour qu'un tableau synoptique puisse présenter, par un caractère court et précis, le moyen de reconnoître, *dans tous les cas*, le sous-genre de l'espèce qu'on cherche. Le tableau des subdivisions du genre Hélice que nous présentons est plus spécialement destiné à montrer l'ensemble des caractères particuliers et dominants dans chacune d'elles, ainsi qu'à faire apprécier le développement des idées qui ont dirigé dans l'ordre établi. A quelques exceptions près cependant, il suffit pour indiquer le sous-genre, à la description duquel on trouvera des détails plus circonstanciés.

TABLEAU SYSTÉMATIQUE

DE LA FAMILLE

DES LIMAÇONS, *COCHLEÆ.*

PULMONÉS SANS OPERCULE.

PREMIER SOUS-ORDRE.

GÉOPHILES.

DEUXIÈME FAMILLE.

Les Limaçons, *Cochleæ.*

Les caractères des limaçons, que nous avons donnés, page 99 de notre *Histoire*, etc., doivent être un peu modifiés d'après la séparation que nous proposons pour les pulmonés dont les tentacules ne sont point oculifères. Nous pensons que cette famille doit comprendre tous les gastéropodes terrestres non operculés, dont le corps distinct du pied est renfermé dans une coquille de forme variable, qui sont munis d'une cavité pulmonaire, communiquant avec l'air extérieur par une fente alongée, ou un trou circulaire placé à droite sur le collier qui ferme hermétiquement cette cavité, en entourant le col de l'animal, et dont les tentacules supérieurs sont oculifères. Ces caractères distinguent essentiellement les mollusques de cette famille. Les genres qu'elle comprend peuvent varier entre eux par la nature de leur système de reproduction, la séparation ou la réunion des organes de la génération, la position de l'orifice de ces organes, la présence ou l'absence d'une cuirasse, le nombre ou la forme des tentacules, la position plus ou moins terminale des yeux pédonculés, la forme des lèvres ou tentacules buccaux, la présence ou l'absence d'un pore muqueux terminal; enfin, par la construction du pied. Voilà jusqu'à présent les seules différences reconnues qui aient assez d'importance à nos yeux, pour autoriser les distinctions génériques.

Nous allons présenter le tableau synoptique des genres que nous avons cru pouvoir établir ou conserver dans cette famille, d'après les principes que nous venons de poser.

TABLEAU SYNOPTIQUE

DE LA FAMILLE DES LIMAÇONS.

A. *Une cuirasse et un collier.*

Partie antérieure contractile sous la cuirasse;
Cavité pulmonaire et principaux organes, situés à la partie moyenne du corps, et renfermés dans un petit test, presque entouré par les lobes du collier;
Organes de la génération réunis? orifice près du tentacule droit;
Un pore muqueux terminal;
Quatre tentacules cylindriques et rétractiles, les deux supérieurs oculés à leur sommet.

> PREMIER GENRE.
> HÉLIXARION, nobis,
> *Helixarion.*

Partie antérieure contractile sous la cuirasse;
Cavité pulmonaire et principaux organes contenus dans le test, celui-ci étant défendu par les lobes du collier;
Organes de la génération réunis? orifice près du tentacule droit?
Point de pore muqueux terminal;
Quatre tentacules cylindriques et rétractiles, les deux supérieurs renflés et oculés à leur sommet;
Test généralement trop petit pour contenir tout l'animal.

> SECOND GENRE.
> HÉLICOLIMACE, nobis,
> *Helicolimax.*

B. *Un collier sans cuirasse.*

Test pouvant généralement contenir tout le corps;
Organes de la génération réunis, orifice communément situé près du tentacule droit;
Tentacules rétractiles;
Point de pore muqueux terminal.

† TÉTRACÈRES.

Quatre tentacules conico-cylindriques, les deux supérieurs renflés en bouton et oculés au sommet;
Lèvres arrondies et peu saillantes.

> TROISIÈME GENRE.
> HÉLICE, *Helix*, nobis.

Quatre tentacules cylindriques ou filiformes, fléchis à leur extrémité, les deux supérieurs oculés avant la flexion;
Lèvres souvent alongées, recourbées, aiguës et palpiformes.

> QUATRIÈME GENRE.
> POLYPHÈME, MONTFORT,
> *Polyphemus.*

Nota. Les raisons détaillées, pages 10 et 11, nous font borner à signaler les caractères de ce genre que nous laisserons, jusqu'à de nouveaux renseignemens, réuni à celui des hélices.

††DICÈRES.

Deux tentacules obconiques, oculés à leur sommet.
(Animaux ovipares.)

> CINQUIÈME GENRE.
> VERTIGO, *Vertigo*, MULL.

Deux tentacules cylindriques, oculés à leur sommet.
(Animaux ovo-vivipares.)

> SIXIÈME GENRE.
> PARTULE, *Partula*, nobis.

A. *Unitestacés avec cuirasse et collier.*

GENRE PREMIER. HÉLIXARION, *HELIXARION*, nobis.

ANIMAL. *Forme générale:* tortillon petit, se détachant au tiers environ, de la longueur totale à partir de la tête, et renfermé dans un test mince, fragile, et presque entouré par les lobes et le rabat du collier; partie antérieure comme dans les hélices; partie postérieure élevée, déprimée latéralement et fortement tronquée.

Couverture: la partie antérieure contractile sous une cuirasse bien distincte, sorte d'appendice du collier, et qui couvre le col. *Collier:* charnu, ceignant le col, et fermant exactement la cavité pulmonaire contenue dans le test, ainsi que les principaux organes; débordant et rabattu sur la coquille, et fournissant des appendices linguiformes rétractiles, dépendant de la cuirasse à sa naissance, et qui recouvrent presque tout le test.

Orifice respiratoire: situé sur le collier et à droite, à la naissance de la cuirasse.

Tentacules: quatre, cylindriques et rétractiles, les deux supérieurs oculés au sommet.

Organes de la génération: réunis, orifice presqu'à côté du grand tentacule droit.

Plan locomoteur: épais séparé du corps par un sillon.

Pore muqueux: en forme de boutonnière, occupant toute la troncature postérieure.

TEST: spiral, mince, transparent et fragile, croissant rapidement dans le sens horizontal, globuliforme. *Spire:* courte. *Ouverture:* très grande. *Cône spiral:* incomplet; bord intérieur formant une columelle linéaire, solide, spirale, qui se confond avec le tour de l'ouverture.

1. *HELIXARION CUVIERI,* nobis, pl. IX, fig. 8, et pl. IX A, fig. 1, 2, l'animal.

Testa: heliciformis, subglobosa, depressa, ar-

guto striata, virescente fucescens; *anfractibus?* ultimo amplissimo rotundato; *apertura* subrotundo-lunata, latere interiore simplici? *columella* vix spiralis.

Long. 5 ½ lin., lat. 4 ¼ lin., axis 3 ¼ lin.

L'animal, conservé dans la liqueur, paroît d'un noir verdâtre.

Habit. Vraisemblablement les Terres Australes? Communiqué par M. Cuvier.

2. *HELIXARION FREYCINETI,* nobis, pl. IX A, fig. 3, 4.

Nous ne connoissons point la coquille de cette espèce; l'animal est plus grand que celui de la précédente, d'une couleur jaune–grisâtre, noirâtre en dessus à la partie postérieure; parsemé antérieurement et sur les côtés de taches et de lignes noirâtres.

Habit. Les environs du port Jackson, à la Nouvelle-Hollande, d'où cette espèce a été rapportée par les naturalistes de l'expédition de M^r le capitaine Freycinet.

Malgré la grande analogie de ce genre avec les hélicolimaces, parmi lesquelles nous placions la seule espèce encore connue, avant d'avoir étudié son animal, on ne peut méconnoître les rapports singuliers qui le lient aux parmacelles, sur-tout à celle qui a été découverte au Brésil par Mr Taunay. Dans celle-ci, l'espèce d'*hernie naturelle,* dont parle Mr Cuvier, en faisant la description extérieure de la limace (Mém. p. 4), remplit une petite coquille à peine spirale, et encore cachée dans l'épaisseur de la cuirasse. Dans le genre Hélixarion, cette coquille est visible, plus complète, et tout-à-fait semblable à celle des hélicolimaces.

GENRE DEUXIÈME. HÉLICOLIMACE, *HELICOLIMAX*, nobis.
Vitrina, DRAPARNAUD; *Cobresia*, HÜBNER; *Testacella*, OCKEN; *Hyalina*, STUDER.

ANIMAL. *Couverture :* la partie postérieure du corps seule sous le test, l'antérieure contractile sous la cuirasse. *Cuirasse :* appendice du collier et couvrant le col, s'étendant en arrière en un lobe linguiforme conné du collier et contractile, qui tapisse tout ou partie de la spire. *Collier :* charnu, ceignant le col et fermant exactement la cavité pulmonaire contenue dans le test; rabattu au-dehors sur l'ouverture, où il garnit une partie de la coquille. *Orifice respiratoire :* sur le collier et à droite.

Tentacules : quatre, cylindriques et rétractiles, les deux supérieurs oculés à leur sommet.

Organes de la génération : réunis? orifice derrière le grand tentacule droit, un peu au-dessous.

TEST : ordinairement mince, transparent et fragile, relativement très petit, croissant rapidement dans le sens horizontal. *Spire :* courte $1\frac{1}{2}$ à 3 tours, le dernier énorme. *Ouverture :* très grande. *Cône spiral :* incomplet. Bord intérieur formant une columelle linéaire, solide, spirale, qui se confond avec le tour souvent très échancré de l'ouverture; celui-ci taludé en bizeau dans le prolongement de la columelle.

ESPÈCES.

N° 1. *ELONGATA*, nobis, *Histoire des Moll.*, pl. IX, fig. 1.
Semilimax, FÉRUSSAC père, *Naturforsch.*, 1802.
Vitrina elongata, DRAPARNAUD.
Testacella Germaniæ, OCKEN.
Habit. La Souabe, à Billafingen, près d'Überlingen, sur le lac de Constance, FÉRUSSAC père; en descendant l'Heuscheur, sous la mousse, comté de Glatz, par nous.

N° 2. *BREVIS*, nobis, pl. IX, fig. 2.
Habit. Billafingen.

N° 3. *LAMARCKII*, nobis, pl. IX, fig. 9.
Habit. Ténériffe?

N° 4. *PYRENAICA*, nobis, pl. IX, fig. 3.
Habit. Les Pyrénées, à 250 ou 300 toises au-dessus des eaux bonnes, vallée d'Ossau, près le pic du Midi.

N° 5. *VITREA*, STUDER; nobis, pl. IX, fig. 4.
Vitrina diaphana, DRAPARNAUD.
Cobresia, *limacoïdes*, patera, HÜBNER.
Helix limacina, ALTEN.
Helix palliata, HARTMANN.
Hyalina vitrea, STUDER. *Catal.*
Habit. Les Alpes de la Suisse, les environs d'Augsbourg.

N° 6. *AUDEBARDI*, nobis, pl. IX, fig. 5.
Vitrina pellucida, DRAPARNAUD.
Habit. Le midi de la France.

N° 7. *PELLUCIDA*, MULL.; nobis, pl. IX, fig. 6.
La transparente, GÉOFFROY.
Helix pellucida, MULLER.
Helix fuscescens, GMELIN.
Helix diaphana, POIRET.
Vitrina pellucida, BRARD.
Cobresia *hélicoïdes* vitrea, HÜBNER.
Helix limacoïdes, ALTEN.
Hyalina pellucida, STUDER.
Habit. L'Europe septentrionale ou tempérée.

N° 8. *ANNULARIS*, VENETZ; nob., pl. IX, fig. 7.
Hyalina annularis, STUDER.
Habit. Les Hautes-Alpes, par M. VENETZ.

N° 9. *PELLICULA*, nobis, pl. IX A, fig. 5, 6, 7.
Habit. Les environs du cap de Bonne-Espérance, sur les aloès; rapportée par M. DELALANDE. N'ayant point vu l'animal, nous conservons quelques doutes sur le genre de cette espèce.

† N° 10. *FASCIOLATA*, D'ORBIGNI.
Habit. Ténériffe, par M. D'ORBIGNY.

B. *Unitestacés avec collier, sans cuirasse.*

† TÉTRACÈRES.

Quatre tentacules cylindriques, les deux supérieurs oculés à leur sommet.

GENRE TROISIÈME. **HÉLICE**, *HELIX*, Muller; nobis, *Essai d'une Méth. conch.*, p. 44.

ANIMAL. *Couverture :* généralement tout contenu dans le test. *Collier :* charnu, ceignant le col à la séparation du tortillon, fermant exactement l'ouverture de la coquille, et ne la débordant presque jamais ; ses appendices courts, formant de petits lobes qui se rabattent sur l'animal, lorsqu'il est entièrement contracté.

Orifice respiratoire : intermittant sur le collier et à droite.

Tentacules : quatre inégaux et rétractiles, les deux supérieurs cylindriques, ordinairement renflés et oculés au sommet ; les inférieurs généralement cylindriques, courts et obtus.

Organes de la génération : réunis, orifice sur le col, presque toujours près du tentacule droit.

TEST : plus ou moins spiral. *Volute :* croissant plus ou moins rapidement, et très variable dans sa forme, ainsi que la figure de l'ouverture, et la direction de son plan par rapport à l'axe, selon la supériorité de l'un des éléments générateurs de la volute, et selon que le bord intérieur du cône spiral porte plus ou moins, ou ne porte pas du tout sur la convexité des tours précédents, ce qui rend aussi la columelle de nature très différente : trois à quatorze tours de spire. *Cône spiral :* incomplet.

Habitation. On trouve des hélices dans toutes les parties du globe, et sous toutes les zones. Plusieurs de nos espèces d'Europe se retrouvent dans l'Amérique du nord, etc. telles que les *hélix putris, hortensis, pulchella, Pisana, acuta,* etc. Les ambrettes se rencontrent dans toutes les parties du monde, du moins notre *hélix putris* vit à-la-fois aux États-Unis, dans l'Inde et aux îles Mariannes ; l'*elongata* à la Guadeloupe et au cap de Bonne-Espérance ; les *hélix naticoïdes, aspersa, Pisana, vermiculata, candidissima, acuta, decollata* vivent sur toutes les côtes et dans toutes les îles de la Méditerranée, en Europe, en Asie et en Afrique ;

les *hélix Pisana* et *decollata* se rencontrent même aux Canaries ; l'*aspersa* a été trouvée dans les forêts de Cayenne, au Brésil et au pied du Chimboraçao ; l'*hélix candidissima* a été rencontrée aux îles Mariannes.

D'autres espèces semblent réservées à certains pays : l'*hélix lactea* habite exclusivement l'Espagne et la côte opposée en Afrique ; l'*hélix alonensis,* l'Espagne, seulement vers la Méditerranée ; l'*hélix Gualteriana* uniquement au cap de Gates ; l'*algira* en Provence, et sans doute en Afrique, mais elle n'est connue ni en Italie ni en Espagne, et paroît avoir été apportée à la Martinique ; l'*hélix zonata* descend des sommités des Alpes dans les plaines d'Italie, et jusques dans l'Archipel, etc., etc.

Quelques groupes paroissent particuliers à certains pays ; les hélicodontes sont presque toutes indigènes à l'Amérique septentrionale et aux Antilles. Les hélicelles hygromanes et héliomanes semblent plus propres à l'Europe et aux îles de la Méditerranée.

Les hélicostyles et les cochlostyles sont toutes exotiques à l'Europe. Dans les cochlitomes, les rubans semblent affectés à l'Amérique du sud et aux Antilles, et les agathines à l'Afrique et aux îles de Madagascar et de France.

Les polyphèmes et les styloïdes appartiennent en général aux pays situés autour du golfe du Mexique et aux Antilles.

Les cochlogènes ombiliquées sont toutes de la côte occidentale d'Afrique ; les hélictères des îles Sandwich et des Mariannes.

Dans les cochlodines, les pupoïdes sont généralement des Antilles ; les clausilies semblent affectées à l'Europe, et sur-tout aux îles et aux côtes de la Méditerranée. Nous développerons davantage ces considérations intéressantes dans notre histoire générale.

TABLEAU SYNOPTIQUE

DES SUBDIVISIONS

DU GENRE HELIX, *HELIX*, nobis.

(†) REDUNDANTES.

† *VOLUTATÆ.* HÉLICOÏDES , *HELICOIDES.*

(*Seminudæ*). Coquille perforée ou ombiliquée. } **PREMIER SOUS-GENRE.** *HÉLICOPHANTE,* Helicophanta. { Les Vitrinoïdes, *Vitrinoides.* / Les Vessies, *Vesiculæ.*

†† *EVOLUTATÆ.* COCHLOÏDES, *COCHLOIDES.*

(*Subnudæ*). Columelle en filet solide. } **DEUXIÈME SOUS-GENRE.** *COCHLOHYDRE,* Cochlohydra. { Les Ambrettes, *Succineæ*, DRAP.

(††) INCLUSÆ.

† *VOLUTATÆ.* HÉLICOÏDES, *HELICOIDES.*

Ombilic masqué ou couvert, quelquefois une columelle solide; coquille globuleuse ou surbaissée, péristome non bordé. } **TROISIÈME SOUS-GENRE.** *HÉLICOGÈNE,* Helicogena. { Les Columellées, *Columellatæ.* / Les Perforées, *Perforatæ.* / Les Acaves, *Acavæ*, MONTFORT. / Les Surbaissées, *Depressæ.*

Bouche dentée, ombilic couvert ou visible. } **QUATRIÈME SOUS-GENRE.** *HELICODONTE,* Helicodonta. { Les Grimaces, *Personatæ.* / Les Lamellées, *Lamellatæ.* / Les Maxillées, *Maxillatæ.* / Les Anostomes, *Anostomæ*, LAM. / Les Impressionnées, *Impressæ.*

Coquille carénée, quelquefois conique ; ombilic couvert ou visible. } **CINQUIÈME SOUS-GENRE.** *HELICIGONE,* Helicigona. { Les Caracolles , *Caracollæ*, LAM. / Les Tourbillons, *Vortices*, OCKEN.

Ombilic découvert; coquille surbaissée ou aplatie; péristome réfléchi, simple ou bordé; ombilic rarement masqué ou couvert, mais alors le péristome étant simple ou bordé,

SIXIÈME SOUS-GENRE.
HÉLICELLE,
Helicella.

Les Lomastomes, *Lomastomœ.*
Les Aplostomes, *Aplostomœ.*
Les Hygromanes, *Hygromanes.*
Les Héliomanes, *Heliomanes.*

Une columelle solide; coquille surbaissée ou trochiforme; quelquefois des lames ou des dents.

SEPTIÈME SOUS-GENRE.
HÉLICOSTYLE,
Helicostyla.

Les Aplostomes, *Aplostomœ.*
Les Lamellées, *Lamellatœ.*
Les Canaliculées, *Canaliculatœ.*
Les Marginées, *Marginatœ.*

✝✝ *EVOLUTATÆ*, COCHLOÏDES, *COCHLOIDES.*

✝ Bouche généralement sans dents.

1) Une columelle solide.

α) En filet, non tronquée.

HUITIÈME SOUS-GENRE.
COCHLOSTYLE,
Cochlostyla.

Les Lomastomes, *Lomastomœ.*
Les Aplostomes, *Aplostomœ.*

β) Plate, tronquée.

Ouverture élargie, coquille conique ou ventrue.

NEUVIÈME SOUS-GENRE.
COCHLITOME,
Cochlitoma.

Les Rubans, *Liguuœ*, MONTFORT.
Les Agathines, *Achatinœ*, LAM.

Ouverture étroite, coquille ovoïde ou turriculée.

DIXIÈME SOUS-GENRE.
COCHLICOPE,
Cochlicopa.

Les Polyphèmes, *Polyphemœ*, MONTF.
Les Styloïdes, *Styloides.*

2) Coquille perforée ou ombiliquée.

α) Dernier tour de spire moins long que les autres réunis.

ONZIÈME SOUS-GENRE.
COCHLICELLE,
Cochlicella.

Les Tourelles, *Turritœ.*

β) Dernier tour généralement renflé et plus long que les autres réunis, rarement des dents.

DOUZIÈME SOUS-GENRE.
COCHLOGÈNE,
Cochlogena.

Les Ombiliquées, *Umbilicatœ.*
Les Perforées, *Perforatœ.*
Les Bulimes, *Bulimœ.*
Les Hélictères, *Helicteres.*
Les Stomotoïdes, *Stomotoides.*
Les Dontostomes, *Dontostomœ.*

✝✝ Bouche généralement garnie de lames.

1) Sans gouttières; péristome généralement non continu.

TREIZIÈME SOUS-GENRE.
COCHLODONTE,
Cochlodonta.

Les Maillots, *Pupœ*, LAMARCK.
Les Grenailles, *Cereales.*

2) Une ou deux gouttières; péristome généralement continu.

QUATORZIÈME SOUS-GENRE.
COCHLODINE,
Cochlodina.

Les Pupoïdes, *Pupoides.*
Les Trachéloïdes, *Tracheloides.*
Les Anomales, *Anomales.*
Les Clausilies, *Clausiliœ*, DRAPARN.

DÉVELOPPEMENTS

DU TABLEAU SYNOPTIQUE.

(†), REDUNDANTES.

† VOLUTATÆ (Seminudœ.)

HÉLICOÏDES, *HELICOIDES.*

PREMIER SOUS-GENRE. HÉLICOPHANTE, *HELICOPHANTA* (1), nobis; *Helix,* DRAP. et CHEMN.

ANIMAL : *énorme pour sa coquille ; en général la partie postérieure seule étant couverte.*

TEST : *volute rapidement développée dans le sens horizontal.*

Spire : peu saillante, 3 à 3 ¼ tours, le dernier énorme.

Ouverture : très ample, fort oblique par rapport à l'axe. Bord intérieur du cône spiral, portant plus ou moins sur la convexité de l'avant-dernier tour, ce qui rend la coquille perforée ou ombiliquée.

Observations. Les espèces de ce sous-genre se distinguent au premier coup-d'œil, par le petit nombre des tours de leur spire, l'excessive grosseur du dernier comparativement aux premiers, et par les proportions de leur ouverture. Ces circonstances et la disproportion de leurs animaux ne permettent pas de les placer autre part, malgré l'analogie de la coquille de l'*hélicophanta rufa* avec les hélicelles aplostomes, toutes les autres ayant des formes distinctes.

1) *Péristome simple.*

PREMIER GROUPE. LES VITRINOÏDES, *Vitrinoides.*

N° 1. *HELIX* (Helicophanta) *BREVIPES,* nobis, pl. X, fig. 1.
Helix brevipes, DRAPARNAUD.

Habit. La Souabe, près d'Überlingen, sur le lac de Constance ; dans la mousse qui tapisse les rochers, d'où suinte la source qui fait tourner le moulin situé près de la ferme de l'Hôpital.

N° 2. *RUFA,* nobis, pl. X, fig. 2.
Habit. La Souabe, à Billafingen, près d'Überlingen, dans la mousse et sous les feuilles des hêtres.

Ces deux espèces découvertes par mon père font la transition des *hélicolimax* aux *hélix* ; l'animal ne peut rentrer dans sa coquille, qui ne couvre même que la partie postérieure du corps chez la première.

2) *Péristome épaissi et subréfléchi.*

DEUXIÈME GROUPE. LES VESSIES, *Vesiculæ.*

N° 3. *CAFRA,* nobis, pl. IX A, fig. 8.
Habit. La Cafrerie, rapportée par M. DELA LANDE.

L'élévation de sa bouche, beaucoup plus haute que large, ne permet pas de la placer dans les hélicelles aplostomes.

N° 4. *CORNU GIGANTEUM,* CHEMNITZ nobis, pl. X, fig. 3 a — e.
FAVANNE, *Catal. rais.*, n° 8, la vessie simple

---

(1) D'*hélix*, figure de la volute, et de Φαττός, vu, qu'on peut voir.

D

Id., n° 9, la vessie papyracée? coq. jeune.
Helix Cornu giganteum, CHEMN., t. II.
Helix Cornu, DILLWYN.
Habit. Madagascar. L'animal est énorme relativement à sa coquille, ainsi qu'on peut le
conjecturer à la seule vue de son œuf figuré
lettre *d.*

N° 5. *MAGNIFICA,* nobis, pl. X, fig. 4 *a, b.*
FAVANNE, *Catal. raison.*, n°. 10, la vessie à
bandes.
BUONANNI, *Mus. kircher;* pl. XII, p. 475,
n° 404? *Suppl. récréat.*, tab. IV, fig. 14?
Habit. Les grandes Indes.

☩ *EVOLUTATÆ (Subnudœ).*

COCHLOÏDES, *COCHLOIDES.*

DEUXIÈME SOUS-GENRE. COCHLOHYDRE, *COCHLOHYDRA* (1), nobis; *Helix,* LINNÉ; *Succinea,*
DRAPARN.; *Amphibulima,* LAMARCK; *Lucena,* OCKEN; *Tapada,* STUDER; *Limnœa,* FLEMMING.

ANIMAL: trop gros pour sa coquille.

TEST: coquille alongée ou ovale, volute rapidement développée dans le sens vertical. *Spire:* en
général très courte, 2 à 4 tours, le dernier formant presque toute la coquille. *Ouverture:* très
grande; péristome simple; bord intérieur du cône
spiral formant une columelle linéaire, ou en filet
solide, spiral, qui se confond avec le tour de la
bouche.

Observation. Les ambrettes forment un groupe
très remarquable, mais qu'aucun caractère générique ne peut séparer des hélices; elles sont
répandues sur tous les continents; quelques espèces même se trouvent à-la-fois sur plusieurs
d'entre eux; elles aiment les lieux frais et humides.

LES AMBRETTES, *Succineœ,* DRAPARNAUD.

N° 6. *HELIX (cochlohydra) TIGRINA,* LE
SUEUR; nobis, pl. XI A, fig. n° 4.
Hab. L'île Saint-Vincent. *Comm.* LESUEUR.

N° 7. *PATULA,* BRUGUIÈRE; nobis, pl. XI, fig.
14 à 16, et pl. XI A, fig. 12, 13, jeune.
Bulimus patulus, BRUGUIÈRE, *Encycl. méth.*
Amphibulima cucullata, LAMARCK.
Habit. La Guadeloupe, *Comm.* KRAUSS.

N° 8. *OVALIS,* SAY; nobis, pl. XI A, fig. 1.
Succinea ovalis. SAY, *Journ. acad. nat. sc. of
Philadelphia,* t. I, p. 15.
Habit. Les États-Unis. *Comm.* SAY.

N° 9. *PUTRIS,* LINNÉ, nobis, pl. XI, fig. 4 à 10
et 13, et pl. XI A, fig. 7 à 10.
L'Amphibie ou l'Ambrée, GÉOFFROY.
Helix putris, LINNÆUS.
Helix succinea, MULLER.
Bulimus succineus, BRUGUIÈRE.
Succinea amphibia, DRAPARNAUD.
Helix limosa, DILLWYN.
Limnea succinea, FLEMMING.
Tapada putris et succinea, STUDER.
α) Nobis, pl. XI, fig. 7. *Habit.* Montfalcon,
près Trieste.
β) Nobis, pl. XI, fig. 6. BRARD, suc. amphibia
var. A.
γ) Nobis, pl. XI A, fig. 7, 8. *Habit.* Les États-
Unis.
δ) Nobis, pl. XI A, fig. 9. Des îles Miquelon
et Saint-Pierre, près Terre-Neuve.
ε) Nobis, planche XI A, fig. 10. De l'île Gouham, l'une des Mariannes: *Comm.* GODI
CHON.
η) Nobis, pl. XI, fig. 4 et 9. Tapada putr
STUDER. Les Alpes, Paris, etc.
ι) Nobis, pl. XI, fig. 8.
ϰ) Nobis, pl. XI, fig. 13. Tapada succinea,
STUDER. Nice: *Comm.* RISSO.
λ) DRAPARNAUD, var. 3.

---

(1) De Κοχλός, figure de la volute, et de Ύδρα, d'eau; d'où
les Grecs ont dit Τδραλις; serpent d'eau

Habit. Toute l'Europe, l'Amérique septentrionale, le Tranquebar, les îles Mariannes, etc.

N° 10. *ELONGATA,* nobis, pl. XI, fig. 1 à 3.
Succinea oblonga, DRAPARNAUD.
Tapada oblonga, STUDER.
α) Nobis, pl. XI, fig. 2 et 3.
β) Nobis, pl. XI A, fig. 2 et 3.
γ) Nobis, pl. XI A, fig. 11.
Habit. La France, la Suisse, l'Allemagne ; β) la Guadeloupe ; γ) le cap de Bonne-Espérance, près des marais salés : rapportée par M' DELALANDE.

N° 11. *AUSTALIS,* nobis, pl. XI, fig. 11.
Habit. L'île aux Kanguroos , les îles Saint-Pierre et Saint-François ; Terres australes. Voyage de Péron.

N° 12. *CAMPESTRIS,* SAY; nobis, pl. XI, fig. 12.
SAY, *Journ. acad. nat. sc. of Philad.* Succinea.
Hab. Les ÉtatsUnis, la Floride. *Comm.* SAY.

N° 13. *ANGULARIS,* nobis, pl. XI A, fig. 5.
Habit. L'île de France?

N° 14. *SULCULOSA,* nobis, pl. XI A, fig. 6.
Habit. Le Brésil. *Comm.* TAUNAY.

---

†† INCLUSÆ.

† *VOLUTATÆ.* HÉLICOÏDES, *HELICOIDES.*

TROISIÈME SOUS-GENRE. HÉLICOGÈNE , *HELICOGENA* (1), nobis (*Culinares*); *Helix,* LINNÉ, MULLER, LAMARCK, MONTFORT ; *Cochlea, Lucerna,* HUMPHREY ; *Acavus,* MONTFORT.

Coquille globuleuse ou surbaissée, spire courte, dernier tour beaucoup plus renflé que les précédents réunis, et composant presque toute la coquille. Bord intérieur du cône spiral, formant quelquefois une columelle solide, mais portant communément, plus ou moins, sur la convexité de l'avant-dernier tour, ce qui produit généralement un vide ombilical un peu spiral ou cylindrique ; ombilic masqué ou couvert ; bouche régulière , semi-lunaire, sans dents ; péristome épaissi ou réfléchi, mais non bordé.

1) *Columelle solide et torse.*

PREMIER GROUPE. LES COLUMELLÉES, *Columellatæ.* (*Globosæ.*)

α) *Péristome simple.*

N° 15. *HÉLIX* (*Helicogena*) *NATICOIDES,* DRAP. ; nobis, pl. XI, fig. 17 à 21.

Πωμάτια, *pomatia,* DIOSCORIDES.
Limaçons operculés des Alpes maritimes et de Vélitre, PLINE. Voyez p. 115 et 116 de notre *Histoire,* etc.
Cochlea neritoides , GUALT. *Ind.* , tab. I , fig. F.
Helix neritoides, CHEMNITZ.
Helix aperta, VON BORN.
Helix naticoides, DRAPARNAUD.
Habit. Les îles et les côtes de la Méditerranée, du moins depuis la Provence jusques et compris l'Archipel ; Alger. *Édule,* et le plus délicat des limaçons. Vulgairemen en Provence *la tapade.*

N° 16. *PICTA,* GMELIN; nobis, pl. XII, pl. XIII pl. XIV, fig. 1 à 5 ; pl. XXV, fig. 9 et 10, et pl. XI A, fig. 14.
Helix picta, GMELIN.
Helix venusta, id.
Helix cortex mali citrei, CHEMNITZ.
Cochlea picta, HUMPHREY, *Mus. Calonn.*
α) Nobis, pl. XII, fig. 6.
　VON BORN , helix picta *a.*)
β) Nobis, pl. XIII, fig. 7, *a, b.*
γ) Nobis , pl. XII, fig. 1.
　Helix venusta, GMELIN.

---

(1) Les espèces de cette subdivision étant la *souche* du genre, celles qui ont conservé chez tous les auteurs cette dénomination ; étant sur-tout celles qui affectent plus particulièrement la figure *hélicoïde,* nous ajoutons au nom du genre une acception distinctive qui indique ces circonstances ; Γένος, *race, lignée, souche.*

δ) Nobis, pl. XI A, fig. 14.
ε) Nobis, pl. XII, fig. 13.
　DAVILA, *Cat. rais.*, t. I, p. 437, n° 976.
ζ) Nobis, pl. XII, fig. 2.
　SEBA *Thes.*, tab. 40, f. 46.
η) Nobis, pl. XIV, fig. 4.
θ) Nobis, pl. XII, fig. 3.
ι) FAVANNE, *Cat. rais.*, p. 2, n° 3.
κ) Nobis, pl. XII, fig. 4.
λ) Nobis, pl. XII, fig. 8.
μ) Nobis, pl. XII, fig. 5 et 7.
ν) BORN, *Mus.* helix picta, var. β.
ξ) Nobis, pl. XII, fig. 10.
ο) DAVILA, *Cat. rais.*, t. I, p. 437, n° 976.
π) Nobis, pl. XIII, fig. 5, *a, b.*
ρ) Nobis, pl. XIII, fig. 1, *a, b.*
ς) Nobis, pl. XIII, fig. 2, *a, b.*
τ) Nobis, pl. XIII, fig. 4.
υ) DAVILA, *Cat. rais.*, t. I, p. 437, n° 976.
φ) Nobis, pl. XIII, fig. 3, *a, b.*
　DAVILA, *Cat. rais.*, p. 437, n° 975.
χ) Nobis, pl. XIII, fig. 6.
ψ) Nobis, pl. XIV, fig. 3.
ω) Nobis, pl. XII, fig. 9.
1) Nobis, pl. XIV, fig. 1 et 2. Cop. de Martyn.
2) Nobis, pl. XIV, fig. 5.
3) Nobis, pl. XIII, fig. 8, *a, b.*
4) Nobis, pl. XII, fig. 12.
5) Nobis, pl. XII, fig. 11.
6) Nobis, pl. XXV, fig. 9, 10.
Habit. La Chine? β, π, 5, cab. de Mʳ DE LA-MARCK; δ, κ, ρ, ς, φ, notre collection; ε, cabinet de Mʳ PUJOULX; ς, 6, cab. de Mʳ CASTELIN; φ, Muséum; 4, 5, cab. de Mʳ DE LA TOUCHE.

Malgré que cette charmante espéce soit commune dans les collections, on n'est point encore certain de sa patrie. Il paroît qu'elle varie dans les pays qu'elle habite, encore plus et d'une manière plus caractérisée que la némorale, dans nos contrées. La figure même de sa volute change, de manière qu'en examinant certaines variétés isolées des autres, on seroit tenté de les prendre pour des espéces particulières.

N° 17. *GLOBULOSA,* nobis, pl. XXV, fig. 3, 4.
　Habit.? Cabinet de Mʳ CASTELIN.

N° 18. *VERSICOLOR,* VON BORN; nobis, pl. XVII, fig. 1 à 3.
　α) VON BORN, tab. 16, fig. 9, 10.
　　Nobis, pl. XVII, fig. 1.

γ) Nobis, pl. XVII, fig. 2.
δ) Nobis, pl. XVII, fig. 3.
Habit.?

N° 19. *FOLLIS,* nobis; pl. XVII, fig. 4.
　Habit.? Cette belle espéce est la plus grosse des *volutatæ,* elle paroît fort rare; nous ne connoissons que l'exemplaire du Muséum du Jardin Royal, que nous avons fait figurer.
　Observation. Les *hélix pictoria* et *cincta* de Perry, *conchol.,* pl. XV, fig. 1 et 3, doivent être placées ici, près de l'*hélix versicolor,* dont elles ne sont sans doute que des variétés. Quant aux *hélix grisea, subviridis* et *colubrina* du même auteur, qui nous sont également inconnues, nous attendrons de les connoître pour assigner leur place.

6) *Péristome réfléchi ou épaissi.*

N° 20. *JAMAICENSIS,* CHEMNITZ; nobis, pl. XIV, fig. 6 à 9.
　Helix jamaicensis, CHEMNITZ.
　Helix pulla et Helix Jamaicensis, GMELIN.
　α) Nobis, pl. XIV, fig. 9.
　†β) FAVANNE; *Conch.*, pl LXIII, fig. M?
　Habit. La Jamaïque.

N° 21. *CORNU MILITARE,* LINNÉ; nobis, pl. XV, fig. 5 à 7, et pl. XXXII, fig. 1.
　Helix Cornu militare, LINNÉ et GMELIN.
　Helix gigantea, SCOPOLI, *Delic. insub.*
　Id. GMELIN.
　Helix malum terræ, CHEMNITZ.
　α) Nobis, pl. XXXII, fig. 1.
　Habit. L'Amérique?

N° 22. *LISTERI,* nobis, pl. XV, fig. 1, 2.
　Habit. Les îles de la mer du Sud?

N° 23. *CONFORMIS,* nobis, pl. 　 fig. 　
　Habit. Les Moluques; *Comm.* GODICHON.

N° 24. *EXTENSA,* MULLER? nobis, pl. XVI, fig. 1, 2. FAVANNE, *Conch.*, t. 64, f. C 5.
　Helix extensa, MULLER?
　Habit. L'Amérique.

N° 25. *UNDULATA,* nobis, pl. XVI, fig. 3 à 6.
　FAVANNE, *Cat. rais.*, nᵒˢ 22 et 25; le Minime.
　Id. *Conch.*, pl. LXIV, fig. C.
　α) Nobis, fig. 3, 4.
　Habit. L'Amérique.

Nº 26. *CRISPATA*, nobis, pl. XVI, fig. 7, 8, et
pl. XXV, fig. 7, 8.
Habit. Saint-Domingue.

Nº 27. *MELANOSTOMA*, Drap.; nob., pl. XX,
fig. 5, 6, 9, et pl. XXXVI A, fig. 1, avec
l'animal.
Gualtieri, *Test.*, tab. 2, fig. G, opt.
Helix melanostoma, Draparnaud.
α) Fasciis plurimis, pl. XX, fig. 9.
Habit. La Provence. α) L'Égypte, Olivier.
Édule. A Marseille vulg. le *Terrassan.*

Nº 28. *CINCTA*, Muller; nobis, pl. XX, fig. 7,
8, et pl. XXIV, fig. 1.
Le limaçon terrestre d'Aristote?
Les grands limaçons d'Illyrie de Varron et de
Pline?
Helix cincta, Muller. Gualtieri, tab. II,
f. B.
α) Pomatiæ affinis.
Habit. L'Italie; Reggio, Parme, Ménard de la
Groye. Montfalcon, près Trieste, Mʳ Le-
febure, vice-consul. La Grèce, l'Archipel; l'île de Zante, où les Grecs du pays appellent ces limaçons Σαλιγκαροι του βουνου, c'est-
à-dire, *grands limaçons de montagne,* le
Cᵗᵉ Mercati. L'île de Chypre, etc. Trouvée
à Constantinople, à Gemleck et à Lataquie,
par Olivier. Reçue de Tripoli de Syrie. α) Les
environs de Rome. *Édule.*

2) *Coquille perforée.*

deuxième groupe. LES PERFORÉES, *Perforatæ.*
(*Globosæ.*)

Nº 29. *LIGATA*, Muller; nobis, pl. XX, fig. 1
à 4, et pl. XXIV, fig. 4, avec l'animal.
α) Melanostomæ affinis, nobis, pl. XXI B,
fig. 2.
β) Pomatiæ affinis, nobis, pl. XX, fig. 4.
* *elatior,* nobis, pl. XXI B, fig. 4, 5.
H. ligata, Muller, 252. Gualtieri,
tab. 1, f. E.
γ) media, nob., pl. XX, fig. 1, 2, et pl. XXIV,
fig. 4.
δ) minor, nobis, pl. XX, fig. 3.
Habit. L'Italie, le Levant; α) Tripoli de Syrie,
Seyde; β) Barut, Olivier; β*) l'Italie, les
environs de Genève, *Comm.* Studer; γ) Larnaca, île de Chypre, Lataquie; δ) les Dardanelles, Mossul, Olivier. *Édule.*

Nº 30. *LUCORUM*, Muller; nobis, pl. XXI
A et pl. 21 B, fig. 3.
Limaçon terrestre d'Aristote?
Les grands limaçons d'Illyrie de Varron et de
Pline?
Helix castanea, Olivier, voyage au Levant.
α) Affinis cinctæ, nobis, pl. XXI B, fig. 3.
β) Affinis Pomatiæ, nobis, pl. XXI A, fig. 1, 2.
Habit. L'Italie, pl. XXI A, fig. 1 à 3; le Le-
vant, pl. XXI A, fig. 4 à 7, et pl. XXI B,
fig. 3. *Édule.*

Nº 31. *POMATIA*, Gesner, Linné; nobis, pl.
XXI et pl. XXIV, fig. 2, avec l'animal.
Le Vigneron, Geoffroy.
Cochlea edulis, Humphrey, *Mus. Calonn.*
Monstrum.
α) Helix Pomaria, Muller; nobis, pl. XXI,
fig. 7, 8.
β) Helix Scalaris, *id.*, nobis, fig. 9.
Habit. Plus généralement l'Europe septentrionale; Naples. *Édule.*
Observation Les espèces précédentes, depuis
l'*helix melanostoma,* forment en hiver un épi-
phragme crétacé. L'*helix candidissima,* et plusieurs autres, sans doute, sont dans ce cas.

Nº 32. *LUCANA*, Muller; nobis, pl. XXVIII,
fig. 11, 12.
Helix lucena, Gmelin.
Monstrum.
α) sinistrorsa, pl. XXXII, fig. 2 et 3.
Habit. Les environs du cap de Bonne-Espérance sur les dunes; Delalande. Le Tranquebar, selon Schröter.

Nº 33. *GLOBULUS*, Muller; nobis, pl. XXVI,
fig. 10 à 12.
α) fig. 12.
Habit. Les environs de Pondichéry, vulg. *Pam-
boury; Comm.* Leschenault.

Nº 34. *PRUNUM*, nobis, pl. XXVI, fig. 7, 8, 9.
α) fig. 9.
Habit. Les Terres Australes; voyage de Péron.

Nº 35. *VITTATA*, Muller, Gmelin; nobis,
pl. XXVI, fig., 4, 5, 6.
Habit. Ceylan.

Nº 36. *GILVUS*, nobis, pl. XXI B, fig. 1.
Habit.?

N° 37. *GYROSTOMA*, nobis, pl. XXXII, fig. 5,6.
Habit. Tripoli de Barbarie; *Comm.* LEACH.

N° 38. *ARGILACEA*, nobis, pl. XXVI, fig. 1, 2, 3.
Habit. Timor, voyage de Péron; les Moluques, *Comm.* GODICHON.

N° 39. *TORULUS*, nobis, pl. XXVII, fig. 3 , 4.
Habit. La Nouv.-Hollande, voyage de Péron.

N° 40. *ARBUSTORUM*, LINNÉ, MULLER; nobis, pl. XXVII, fig. 5, 6, 7, 8, et pl. XXIX, fig. 1, 2, 3.
Helix unifasciata, DA COSTA.
α) flavescens, nobis, pl. XXVII, fig. 8.
б) alpicola, *id.*, pl. XXVII, fig. 7.
Monstrum.
α) sinistrorsa, nobis, pl. XXIX, fig. 3.
β) scalaris. *id.*, pl. XXIX, fig. 1, 2.
Habit. L'Europe tempérée ou septentrionale.

N° 41. *CONTUNDATA*, nobis, pl. XXXI, fig. n° 1, et pl. XXXVI A, n⁰ˢ 2, 3, avec l'animal.
Habit. Lé Brésil; *Comm.* TAUNAY. Les tentacules inférieurs sont comme palmés à leur extrémité.

N° 42. *DEFORMIS*, nobis, pl. XXXII A, fig. n° 1.
Habit. L'île de Goze; *Comm.* DUFRESNE.

N° 43. *PAPILLA*, MULLER; nobis, pl. XXV, fig. 1, 2.
Trochus Papilla, CHEMNITZ.
Habit. Musco Dufresnii. Est-ce bien l'*H. Papilla* de Muller, décrite par cet auteur dans le cabinet de Spengler?

N° 44. *IRREGULARIS*, nobis, pl. XXVIII, fig. 5, 6,
α) Maculata.
β) *Var. not.*, pl. XXVIII, fig. 7, 8.
Habit. Alexandrie d'Égypte; *Comm.* OLIVIER.

N° 45. *MACULOSA*, VON BORN; nobis, pl. XXVIII, fig. 9, 10.
α) Nobis, pl. XXXII A, fig. 9, 10.
Habit. Le Levant, l'Égypte?

N° 46. *NICEENSIS*, nob., pl. XXVIII, fig. 1, 2.
Habit. Après le mont Olympe, près de Nicée. OLIVIER,

N° 47. *LIGULATA*, nobis, pl. XXXI, fig. n° 2 et 3.
α) fig. 3.
Habit.?

N° 48. *CÆLATURA*, nob., pl. XXVIII, fig. 3, 4.
Fossilis, *Mus.* n° 29 *bis*; de Plaisance.
Hab. L'île de Bourbon; *Comm.* D. FREDOUILLE.

N° 49. *OTAHIETANA*, nob., pl. XXIX, fig. 4, 5.
Habit. Otaïti. Coquille fort rare et précieuse, qui peut-être doit se placer dans les hélicelles (*aplostomæ*).

N° 50. *CANDIDISSIMA*, DRAP.; nobis, pl. XXVII, fig. 9 à 13, et pl. XXXIX A, fig. 2, avec son animal.
Habit. La Provence, Nice, la Sicile (*Comm.* D. LUCAS), l'Espagne et les côtes de Barbarie. Un exemplaire de cette espèce, parfaitement identique à ceux d'Europe, nous a été donné par Mʳ GODICHON, qui l'a trouvé aux îles Mariannes.

3) *Coquille ombiliquée; ombilic tout couvert.*

α) *Coquille globuleuse ou subtrochoïde.*

TROISIÈME GROUPE. LES ACAVES, *Acavæ.*

GENRE ACAVE, *Acavus*, MONTFORT.

N° 51. *ASPERSA*, MULLER; nobis, pl. XVIII, pl. XIX, pl. XXIV, fig. 3, avec son animal, et pl. XXI B, fig. 6, 7.
Le Jardinier, GEOFFROY.
Helix hortensis, PENNANT, MATON, DONOVAN.
Helix lucorum, PULTENEY.
Helix vulgaris, DA COSTA.
Cochlea restitutoris, HUMPHREY, *Mus. Calonn.*
Helix aspersa, grisea, variegata, GMELIN.
Helix grisea, DILLWYN.
α) Helix grisea, LINNÉ, GMELIN; nobis, pl. XVIII, fig. 1, 2.
β) Var. Not. an Spec. dist.? nobis, pl. XXI B, fig. 6, 7; de Valence, Espagne.
Monstrum.
α) sinistra, pl. XIX, fig. 1, 2.
β) scalaris, pl. XIX, fig. 3 à 9.
Habit. L'Europe méridionale, la Syrie, le Brésil, les forêts de Cayenne (*Comm.* D. HOWE), la Nouvelle-Espagne, HUMBOLDT; Alger, où il est plus gros qu'en aucun autre lieu.
Édule.

Nº 52. *HÆMASTOMA*, Muller; nobis, pl. XXXII B (par erreur numérotée 104), fig. 1, 2, 5.
Helix hæmatragus, Von Born, *index*.
Acavus hæmastoma, Montfort.
Habit. Les grandes Indes.

Nº 53. *MELANOTRAGUS*, Von Born; nobis, pl. XXXII B (au lieu de 104), fig 3, 4, 6.
α) Helix Senegalensis, Lamarck, *Encyclop. méthod.*; nobis, fig. 6.
Habit. Les grandes Indes.

Nº 54. *SYLVATICA*, Drap.; nobis, pl. XXX, fig. 4 à 9; pl. XXXII, fig. 7, et pl. XXXII A, fig. 3 à 8.
Helix lucorum, Linné, Gmelin, Dillwyn.
α) pallescens, pl. XXX, fig. 6.
β) alpicola, pl. XXX, fig. 5.
γ) Vindobonensis, pl. XXXII A, fig. 6; 7.
Monstrum.
α) scalaris, pl. XXXII, fig. 7.
Habit. L'Europe septentrionale ou montagneuse. β) Les Alpes à 1000 et 1100 toises d'élévation; *Comm.* Charpentier.

Nº 55. *SIGNATA*, nobis, pl. XXX, fig. 3.
α) Affinis H. sylvaticæ; nob. pl. XXXII A, fig. 3, 4.
Habit. L'Italie; *Comm.* Ménard.

Nº 56. *NEMORALIS*, Linné, Muller; nobis, pl. XXXII A, fig. 2; pl. XXXIII, pl. XXXIV et pl. XXXIX A, fig. 3, 4, avec l'animal.
Limaçons des forêts, appelés *sesiles*, de Dioscoride, Athénée et Pline?
La Livrée, Geoffroy.
Cochlea versicolor, Humphrey, *Mus. Calonn.*
*) H. sylvaticæ affinis, pl. XXXIII, fig. 4.
**) labro albo, pl. XXXIII, fig. 1, 2, 3.
***) major, pl. XXXIV, fig. 10, 11.
Monstrum.
α) sinistra, pl. XXXIV, fig. 8, 9.
β) scalaris, pl. XXXII A, fig. 2.
Habit. L'Europe.

Nº 57. *HORTENSIS*, Muller, Gmelin, Chemnitz; nobis, pl. XXXV et pl. XXXVI.
Helix hortensis, hybrida, fusca, Poiret.
Helix nemoralis, Brard et Dillwyn.
*) labro fusco, Helix hybrida, Poiret.
**) H. fusca, Poiret; nob. pl. XXXVI, fig. 1, 2, 3.
Monstrum.
α) sinistrorsa, pl. XXXVI, fig. 10.

β) scalaris, pl. XXXVI, fig. 11, 12.
Habit. L'Europe septentrionale; Saint-Pierre et Miquelon, *Comm.* D. de la Pilaie. α, β.
Comm. Studer.

Nº 58. *MELITENSIS*, nob., pl. XXV, fig. 11, 12.
Habit. L'île de Malte; *Comm.* Dufresne.

Nº 59. *VERMICULATA*, Muller; nobis, pl. XXXVII et pl. XXXIX A, fig. 5, 6.
α) Helix punctata, Muller.
Habit. L'Europe méridionale, l'Archipel, la Syrie, Malte, etc.

β) *Coquille surbaissée.*

quatrième groupe. LES IMPERFORÉES, *Imperforatæ. (Depressæ.)*

1) *Bouche arrondie, péristome évasé.*

Nº 60. *GUTTATA*, Oliv.; nobis, pl. XXXVIII, fig. 2.
α) depressa.
Habit. Orfa, dans les fentes des rochers; *Comm.* Olivier. *Édule.*

Nº 61. *SPIRIPLANA*, Olivier; nobis, pl. XXXVIII, fig. 3 à 6.
Helix Rhodia, Chemnitz, Gmelin, Dillwyn.
Habit. L'île de Rhodes dans les fentes des rochers; *Comm.* Olivier. Seyde; *Comm.* D. Martin, vice-consul de France. *Édule.*

Nº 62. *ALONENSIS*, nobis, pl. XXXIX et pl. XXXVI A, fig. 4.
α) Nob., fig. 1, 2; d'Alicante.
β) Nob., fig. 3; id.
γ) Nob., fig. 4, 5; de Valence.
δ) Nob., fig. 6; d'Alicante.
ε) Nob., fig. 7, 8, 9; d'Alméria.
Habit. L'Espagne. *Édule.*

Nº 63. *SPLENDIDA*, Drap.; nobis, pl. XL, fig. 1 à 6.
Habit. La Provence; Valence en Espagne. *Éd.*

Nº 64. *SERPENTINA*, nobis, pl. XL, fig. 7.
Gualt. *Test.* tab. 3, fig. c.
Habit. Les environs de Pise, sur les murs; *Comm.* Ménard. Nice; *Comm.* Risso. Livourne; *Comm.* Charpentier.

Nº 65. *MARMORATA*, nobis, pl. XL, fig. 8.
Habit. Les environs de Gibraltar, Gaucin, dans les fentes de rochers.

N° 66. *NICIENSIS*, nobis, pl. XXXIX A, fig. 1,
et pl. XL, fig. 9.
Habit. Nice; *Comm.* RISSO : Toulon.

N° 67. *CARSOLIANA*, nobis, pl. XLI, fig. 1.
Limaçons blancs du territoire de Reate, VA-
RON et PLINE?
Habit. Les ruines de l'antique Carsoli, entre
Narni et Todi, États rom.; *Comm.* MÉNARD.

N° 68. *CIRCUMORNATA*, nobis, pl. XLI,
fig. 2.
Habit. ?

2) *Bouche sinueuse, péristome fortement réfléchi.*

N° 69. *SQUAMOSA*, nobis, pl. XLI, fig. 3.
Habit. Porto-Rico; MAUGÉ.

N° 70. *MURALIS*, MULLER; nobis, pl. XLI, fig. 4.
GUALTIERI, tab. 3, fig. F.
α) carinata, ex Siciliâ.
Habit. L'Italie. *a*) *Comm.* LUCAS.

N° 71. *MODESTA*, nobis, pl. XLII, fig. 1.
Habit. Porto-Rico? Ténériffe; MAUGÉ.

N° 72. *CONSOBRINA*, nobis, pl. XLII, fig. 2.
Habit. Saint-Thomas, Ténériffe; MAUGÉ.

N° 73. *POUCHET*, ADANSON; nobis, pl. XLII,
fig. 3.
ADANSON, *Hist. du Sénégal*, pl. I, fig. 2.
α) major.
Habit. Ténériffe, Saint-Thomas; MAUGÉ.

N° 74. *PLICARIA*, LAM.; nob., pl. XLII, fig. 4.
LAMARCK, *Encyclop. méthod.*, pl. 462, fig. 3,
a, b.
α) minor, Ténériffe.
Habit. Porto-Rico, Saint-Thomas; MAUGÉ.

N° 75. *ALBOLABRIS*, SAY; nobis, pl. XLIII,
fig. 1 à 5.
LISTER, *Synops.*, tab. 47, fig. 45.
SAY, *Nicholson's Encyclop.* art. conchol. hel.
albolabris, pl. I, fig. 1.
Habit. Les États-Unis; *Comm.* SAY. Le Canada,
les forêts du fleuve Saint-Laurent, etc.

3) *Bouche versante, bord columellaire sinueux, aplati et
subdenté.*

N° 76. *COGNATA*, nobis, pl. XLIV, fig. 4.
Habit. Les Antilles? *Comm.* LEACH.

N° 77. *ASPERA*, nobis, pl. XLIV, fig. 1, 2, 3.
a) LISTER, *Synops.*, tab. 94, fig. 95.
Nobis, fig. 3; *an Spec. dist.*?
Hab. L'Amérique? *a*) La Jamaïque, LISTER.

N° 78. *LACTEA*, MULLER; nobis, pl. XLV.
Cochlea os nigrum, HUMPHREY, *Mus. Calonn.*
Helix faux nigra, CHEMNITZ.
Habit. L'Espagne, Alger, Ténériffe. *Édule.*

N° 79. *DISCOLOR*, nobis, pl. XLVI, fig. 3 à 6.
a) nigro fusca, fig. 5.
Habit. Cayenne, la Trinité, la Martinique.

N° 80. *AURICOMA*, nobis, pl. XLVI, fig. 7,
8, 9.
Habit. Cuba; *Comm.* D. HUMBOLT.

N° 81. *LIMA*, nobis, pl. XLVI, fig. 1, 2.
a) grisea.
Habit. Porto-Rico; MAUGÉ.

N° 82. *INDISTINCTA*, nobis, pl. XXXVIII,
fig. 1.
Habit. L'Amérique? *Comm.* D. RICHARD.

N° 83. *LENOCINIA*, nobis, pl. XLVII, fig. 1.
LISTER, *Synops.*, tab. 74, fig. 74?
FAVANNE, *Conch.*, tab. 64, f. Q 2?
Habit.?

N° 84. *SOBRINA*, nobis, pl. XLIII, fig. 6, 7, 8.
Habit. ?

N° 85. *CARMELITA*, nobis, pl. XXXII, fig. 4.
Habit. L'Amérique. *Comm.* SOWERBY.

N° 86. *ORBICULATA*, nob. pl. XLVII, fig. 3, 4.
Habit. Les forêts de Cayenne et de la Guyanne; *Comm.* HOWE; la Trinité.

N° 87. *ISABELLA*, nobis, pl. XLVII, fig. 2.
LISTER, *Synops.*, tab. 74, fig. 73?
Habit. Les Antilles, Cayenne.

QUATRIÈME SOUS-GENRE. **HÉLICODONTE**, *HELICODONTA*, nobis; *Lucerna*, HUMPHREY; *Caprinus, Cepolum, Polydontes, Tomogeres*, MONTFORT; *Anostoma*, LAMARCK; *Polygyra*, SAY.

Coquille globuleuse ou déprimée; volute lentement développée; impulsion horizontale, dominante; spire courte à tours égalisés; bord intérieur portant généralement sur l'avant-dernier tour; ombilic visible ou masqué; bouche sinueuse, grimaçante, et généralement dentée dans l'état parfait; péristome réfléchi ou épaissi.

1) *Péristome sinueux et épais, ou réfléchi et denté, souvent rétréci par les dents, les lames ou les plis tortueux de la convexité de l'avant-dernier tour.*

PREMIER GROUPE. LES GRIMACES, *Personatæ*.

N° 88. *HELIX* (*helicodonta*), *DENTIENS*, nob.
Habit. La Guadeloupe, la Martinique, Saint-Domingue, les forêts de Cayenne et de la Guyanne; *Comm.* HOWE et THOUNENS.

N° 89. *PUNCTATA*, VON BORN, t. 14, f. 17, 18.
Helix punctata, GMELIN, DILLWIN.
Habit. La Martinique.

N° 90. *AUREOLA*, nobis.
Habit. La Martinique.

N° 91. *MALLEATA*, nobis.
Habit. Porto-Rico, Ténériffe? MAUGÉ.

N° 92. *PARILIS*, nobis.
Habit. La Guadeloupe.

N° 93. *NUX DENTICULA*, CHEMNITZ, t. XI, tab. 209, f. 2055, 2056.
α) Helix hippocastanum, LAMARCK, *Journ. d'hist. nat.*, t. II, p. 347, pl. XLII, fig. 3, *a, b.*
β) minor.
Habit. La Martinique, sur les montagnes; *Comm.* THOUNENS.

N° 94. *KNOXVILLINA*, nobis.
Mesodon helicinum, RAFINESQUE.
Habit. Les environs de Knoxville, états de Tenessé, dans l'Amérique du nord; *Comm.* RICHARD et RAFINESQUE.

N° 95. *LINGUIFERA*, nobis.
Habit. Les environs de Nogeville, états de Tenessé; *Comm.* RICHARD.

N° 96. *THYROIDUS*, SAY; nobis.
PETIVER, *Gazoph.* t. 105, f. 4; *Remarcks phil. trans.* vol. XX, ann. 1698, n° 246, p. 395, n° 4; cochlea terrestris virginiana, etc.
LISTER, *Synops.*, t. 91, f. 91.
KLEIN, *Ostrac.*, p. 11, n° 5.
SCHRÔTER, *Einleit.* 2, p. 192, n° 60.
SAY, *Journ. of the acad. of Phil.*, t. I, pl. I, 123.
Mesodon leucodon, RAFINESQUE.
Habit. Les États-Unis; *Comm.* SAY et RAFINESQUE. Cette espèce a beaucoup de rapports avec l'Helix Albolabris.

N° 97. *AVARA*, SAY.
Polygyra avara, SAY, *Journ. acad. nat. scienc.*, vol. I, p. 277.
Habit. La Floride; *Comm.* SAY. Près le lac Cayuga, MILBERT.

N° 98. *AURICULATA*, SAY.
Polygyra auriculata, SAY, *ut suprà*, vol. I, p. 277.
Helix isognomostomos, GMELIN, *Syst. nat.*, p. 3621.
PETIVER, *Gazoph.*, tab. 105, f. 5.
LISTER, *Synops.*, t. 93, f. 93.
FAVANNE, pl. LXIII, fig. F 2.
KLEIN, *Ostrac.*, t. I, f. 22, p. 10, §. 31, *a*, 1. *Angistoma virginianum.*
SCHRÔTER, *Einleit.*, t. II, p. 194, 62.
KOEMMERER, *Cab. Rudolstadt*, p. 170, n° 41.
Helix punctata, DILLWYN, *Descrip. cat.*
a) minor.
Habit. Les environs de Saint-Augustin dans la Floride; *Comm.* SAY.

† N° 99. *LABYRINTHUS*, CHEMNITZ, *Conch.* XI, tab. 208, f. 2048.
FAVANNE, *Conch.*, pl. LXIII, fig. F 11.
Cat. rais., p. 6, n° 20, le labyrinthe.
Encycl., *Rec. des pl.*, t. VI, pl. LIV, fig. 18.

E

Lucerna auricularia, Humphrey, *Mus. Calonn.*

Helix otis, *Portl. cat.*, p. 38, lot. 925, et p. 53, lot. 1260?

Helix plicata, Dillwyn, *Descript. cat.*, p. 899, n° 27.

Habit. Les grandes Indes? Espéce douteuse.

N° 100. *PLICATA,* Von Born, *Mus.,* p. 376.

Knorr, *Vergnug.* V, t. 25, f. 5-7.

Seba, *Thes.*, pl. 40, n° 24 et 25?

Davila, *Cat. rais.*, t. I, p. 440, art. 986, 987.

Helix labyrinthus, Lamarck, *Journ. d'hist. nat.*, tom. II, p. 347, pl. XLII, fig. 4, *a, b.*

Helix plicata, Dillwyn, *Descript. cat.*

Habit. Les grandes Indes.

N° 101. *HIRSUTA,* Say.

Say, *Journ. acad. nat. scienc.*, vol. I, p. 17.

Petiver, *Gazoph.*, t. 105, f. 6.

Lister, *Synops.*, t. 93, f. 94.

Favanne, pl. LXIII, fig. 3.

Helix isognomostomos, Gmelin, p. 3621.

Helix sinuata, γ) Gmelin, p. 3618.

Helix, n° 62, Schröter, *Einleit.*, t. II, p. 194.

α) Stenotrema convexa, Rafinesque.

Habit. Les États-Unis; *Comm.* Say. α) Le Kentucky; *Comm.* Rafinesque.

N° 102. *DENOTATA,* nobis.

Triodopsis scabra, Rafinesque.

Habit. Le Kentucky; *Comm.* Rafinesque.

N° 103. *PERSONATA ,* Lamarck, *Journal d'hist. nat.;* id. Draparnaud.

Helix isognomostomos, Gmelin et Alten.

Habit. L'Alsace, la Franche-Comté, la Suisse, Augsbourg, la Silésie, etc.

N° 104. *CLAUSA,* Rafinesque.

Triodopsis clausa; Raf.

Habit. Le Kentucky; *Comm.* Rafinesque. Très voisine du Personata.

N° 105. *TRIDENTATA,* Say, *Nicholson's Encycl.*, art. *Conchology.*

Lister, *Synops.*, tab. 92, f. 92.

Triodopsis lunula, Rafinesque.

Habit. Les États-Unis; *Comm.* Say et Rafinesque. Le Canada, les forêts du fleuve Saint-Laurent, la Pensylvanie, etc. par Milbert.

N° 106. *HOLOCERICEA,* Gmelin, Studer.

Helix obvoluta, Dillwyn.

Hab. Les terrains granitiques, sur les Hautes-Alpes; *Comm.* Studer et Charpentier.

N° 107. *OBVOLUTA,* Muller.

Helix obvoluta, Gmelin, Chemn., Draparn. etc.

La Veloutée à bouche triangulaire, Geoff.

Helix trigonophora, Lamarck, *Journ. d'hist. natur.*

Habit. L'Europe.

N° 108. *SEPTEMVOLVA,* Say, genre Polygyra. *Journ. acad. nat. sc.*, I, p. 278.

Helix cereolus, Megerle.

α) Muséum, n° 64.

Habit. Les États-Unis, les îles de la Floride; *Comm* Say.

2) *Ouverture défendue par une ou plusieurs lames alongées et internes.*

Deuxième groupe. LES LAMELLÉES, *Lamellatæ.*

N° 109. *CARABINATA,* nobis, pl. CI, fig. 3.

Habit.? Cabinet de Mr de la Touche.

N° 110. *LAMELLOSA,* nobis.

Habit. Les îles de la mer du Sud; *Comm.* Godichon.

N° 111. *LABYRINTHICA,* Say; nobis, pl. CI, fig. 1.

Say, *Journ. acad nat. sc.*, tom. I, p. 124.

Habit. Les États-Unis; *Comm.* Say.

3) *Péristome garni de grosses dents, dont l'une à la base de la columelle formant gouttière.*

Troisième groupe. LES MAXILLÉES, *Maxillatæ,* genre *Polydontes,* Montfort.

N° 112. *IMPERATOR,* Montf.; nobis, pl. LII.

Polydontes Imperator, Montfort.

α) Nobis, pl. LII, fig. 1, 2.

Habit. L'Amérique.

4) *Bouche renversée, garnie de plis élevés, dont les impressions sont visibles au-dehors.*

Quatrième groupe. LES ANOSTOMES, *Anostomæ,* genres *Tomogeres,* Montfort; *Anostoma,* Lamarck.

N° 113 *RINGENS,* Muller, Chemnitz.

Lucerna antiqua, Humphrey, *Mus. Calonn.*
Tomogeres ringens, Montfort.
† α) Var. not. *an Spect. dist. ?*
Lister, *Synops.*, t. 99, f. 100.
Favanne, *Conch.*, tab. 63, fig. F 9.
Habit. Les grandes Indes.

N.° 114. *RINGICULA,* nobis.
Helix ringens, Linné?
Habit. Les grandes Indes.

5) *Bord intérieur de l'ouverture, garni près du péristome
de plis longitudinaux élevés, dont les impressions sont
visibles au-dehors.*

CINQUIÈME GROUPE. LES IMPRESSIONÉES, *Impressæ;*
genres *Cepolum* et *Caprinus*, de Montfort.

N° 115. *CEPA,* Muller, Gmelin, Dillwyn.
Favanne, *Cat. rais.*, p, 10. Le macaron.
Nicolson, *Saint-Domingue,* tab. 5, f. 9.
Cepolum Nicolsianum, Montfort.
α) major.
Habit. Saint-Domingue, les grandes Antilles.

N° 116. *SINUATA,* Muller, Dillwyn; nobis,
pl. LIV, fig. 1, 2.
α) Nobis, pl. LIV, fig. 1.
Habit. Les Antilles.

N° 117. *SINUOSA,* Gmelin? nobis, pl. LIV,
fig. 3.
Helix sinuata, Born, *Mus.*, tab. 14, f. 13, 14.
Helix sinuata, Dillwyn.
Habit. Les Antilles? *Comm.* Leach.

N° 118. *SORORA,* nobis, pl. LIV, fig. 4.
Habit. Les Antilles? *Comm.* Leach.

N° 119. *DOLATA,* nobis.
Habit. La Guadeloupe; *Comm.* Krauss.

N° 120. *FULIGINEA,* nobis.
Habit. La Guadeloupe; *Comm.* Krauss.

N° 121. *BIDENTATA,* Gmelin et Alten.
Trochus bidens, Chemnitz et Dillwyn.
Habit. L'Alsace, l'Allemagne.

N° 122. *MONODON,* nobis.
Helix unidentata, Draparnaud.
Helix cobresiana, Alten.
Habit. La Franche-Comté, Augsbourg, la
Suisse orientale.

N° 123. *EDENTULA,* Draparnaud, *Hist.*
Helix depilata, Draparnaud, *Tabl.*
Habit. La Suisse, le Jura.

N° 124. *BADIA,* nobis.
α) major; de Cayenne.
Habit. La Guadeloupe, la Martinique.

N° 125. *JOSEPHINÆ,* nobis.
α) Nobis.
Hab. La Guadeloupe; *Comm.* Mayol, Krauss.

N° 126. *LYCHNUCHUS,* Muller, Gmelin,
Dillwyn.
Helix lucerna, Chemnitz, *Conch.*, tab. 126,
f. 1108, 1109.
Caprinus recognitus, Montfort.
α) Affinis H. Josephinæ.
β) An spec.? *Mus.*, n° 73.
Habit. La Martinique; la Guadeloupe, *Comm.*
Mayol, Krauss. *Vulg.* vignaux plats; β) la
Trinité.

N° 127. *JULIA,* nobis.
Habit. Les Antilles; *Comm.* Leach.

N° 128. *LUCERNA,* Muller, Gmelin, Dillwyn.
α) Affinis H. Juliæ.
β) Affinis H. Lamarckii.
Habit. Les Antilles.

N° 129. *LAMARCKII,* nobis, pl. LVII, fig. 3.
Helix carocolla, Knorr, *Vergnug.* IV, tab. 5,
f. 2, 3.
Gronovius, *Zoophy.*, fasc. 3, p. 331, n° 1537?
Helix acuta, Lam., *Enc. mét.*, pl. 462, fig. 1.
Helix carocolla, Gmelin et Dillwyn.
Sloane, *Jamaica,* pl. CCXL, fig. 6, 7?
α) Nobis, pl. LVII, fig. 1.
β) Nobis, pl. LVII, fig. 2; *an Spec. dist. ?*
Habit. La Jamaïque. *Comm.* Leach.

CINQUIÈME SOUS-GENRE. HÉLICIGONE, *HELICIGONA* (1), nobis; *Cochlea*, HUMPHREY; *Caracolus Iberus*, MONTFORT; *Caracolus*, LAMARCK; *Vortex*, OCKEN.

Coquille lenticulaire ou coniforme, plus ou moins carénée à tous les âges; volute le plus souvent courte, quelquefois conique; tours de spire en général égalisés, pressés; columelle rarement solide; bord intérieur du cône spiral portant presque toujours sur la convexité de l'avant-dernier tour; ombilic couvert ou visible; bouche sans dents, versante, anguleuse à la réunion des deux bords opposés, où l'impression carénale forme une sorte de gouttière; péristome épaissi ou réfléchi, mais non bordé.

1) *Ombilic couvert.*

PREMIER GROUPE. LES CARACOLLES, *Caracollæ*, MONTFORT.

N° 130. *HELIX* (*helicigona*) *ANGISTOMA*, nobis.
GUALTIERI, *Ind.*, t. 3, f. 1.
ARGENVILLE, *Conch.*, pl. VIII ou XI, fig. D.
Helix Carocolla, CHEMNITZ, f. 1092.
VON-BORN, *Mus.*, p. 370.
Helix Carocolla, DILLWYN.
Habit. Les grandes Antilles, Saint-Domingue.

N° 131. *CAROCOLLA*, LINNÉ, MULLER, DILLWYN.
Helix tornata, BORN.
Caracolus oculatus, MONTFORT.
α) minor.
Monstrum.
†α) sinistrorsa.
Habit. L'île aux Crabes, près Porto-Rico, etc.
Comm. KRAUSS, MAYOL, THOUNENS. *Édule.*

N° 132. *INVERSICOLOR*, nobis.
α) Var. not., *H. puerocunæ*, PÉRON.
Habit. L'île de France; BAUDIN, PÉRON.

N° 133. *ANGUSTATA*, nobis.
Habit. L'Amérique.

N° 134. *ANGULATA*, nobis.
Habit. Porto-Rico, MAUGÉ.

† N° 135. *ACUTANGULA*, BUROW, *Element. conch.*, p. 183, pl. XXVI, fig. 1.
Habit. ?

N° 136. *OBLITERATA*, nobis.
Helix Gualteriana, CHEMN., IX, p. 83, t. 126, f. 1100 et 1101.
Helix Gualteriana, GMELIN, DILLWYN.
Habit. Porto-Rico, MAUGÉ.

N° 137. *GUALTERIANA*, LINNÉ; nobis, pl. LXII; fig. 1, avec l'animal.
GUALTIERI, *Ind.*, t. 68, f. E.
CHEMNITZ, V, p. 273, Vign. 44.
Cochlea scabriuscula, HUMPHREY, *Mus. Cal.*
Helix obversa, BORN.
Iberus Gualterianus, MONTFORT.
Habit. Les environs d'Alméria, le cap de Gates en Espagne; *Comm.* D. MORNARD, consul à Malaga.

N° 138. *LAMPAS*, MULLER, GMELIN?
Helix Lampas, DILLWYN.
Helix Carocolla, CHEMN., XI, p. 267, tab. 208, f. 2044, 2045.
Habit. Les grandes Indes?

N° 139. *PYROSTOMA*, nobis, pl. XV, fig. 3, 4.
SEBA, *Thes.*, tab. 40, f. 16 et 17?
FAVANNE, *Conchyl.*, tab. 64, f. C, 2?
Habit. Les grandes Indes?

2) *Ombilic masqué ou visible.*

DEUXIÈME GROUPE. LES TOURBILLONS, *Vortices*, OCKEN.

N° 140. *MARGINATA*, MULLER.
CHEMNITZ, IX, t. 125, f. 1097.
Helix marginata, GMELIN, DILLWYN.
Helix marginella, GMELIN.
α) imperforata.
β) fusca.

---

(1) D'*helix* et de *τανια*, *angle*; *hélices anguleuses* ou *à carènes.* Ce sous-genre renferme non seulement les caracoles de Montfort et de Mʳ de Lamarck, mais encore beaucoup de coquilles que ces auteurs n'y comprenoient pas.

γ) fasciata.
Habit. Les Antilles: la Guadeloupe, la Jamaïque; Porto-Rico, Maugé.

N° 141. *PILEUS,* Muller; nobis, pl. LXIII A (par erreur numérotée CVII), fig. 3 à 8.
Helix Pileus et helix pileata, Gmelin.
Bulla ambigua et B. bifasciata, Gmelin.
Trochus Pileus, Chemnitz.
Habit. ?

N° 142. *PILEOLUS,* nobis, pl. LXIII A (au lieu de CVII), fig. 1 et 2.
α) Fig. 2.
Habit. ? Museo regio, n° 84; α) Notre Collection.

† N° 143. *BIFASCIATA,* nobis.
Trochus bifasciatus, Burow, *Elem. conch.,* p. 177, pl. XXVII, fig. 2.
Habit. La province de Fernambouc, dans le Brésil.

N° 144. *BOSCIANA,* nobis.
Habit. Le Brésil. *Comm.* D. Bosc.

N° 145. *VITREA,* nobis.
Habit. ?

N° 146. *VITRACEA,* nobis.
Habit. ? Cabinet de M' de la Touche.

N° 147. *LEACHI,* nobis.
Habit. Tripoli de Barbarie. *Comm.* Leach.

N° 148. *TURCICA,* Dillwyn, *Descript. cat.*
Trochus Turcicus, Chemnitz, *Conchyl.* XI, t. 209, f. 2065, 2066.
Habit. Mogador et Maroc, Chemnitz. *Comm.* Faure Biguet.

N° 149. *CARIOSA,* Olivier.
Voyage au Levant, pl. XXXI, fig. 4, *a, b.*
Habit. Lataquie; les environs de Baruth, sur les murs: Olivier. Reçue de Tripoli de Syrie.

N° 150. *LAPICIDA,* Linné, Muller.
La Lampe ou le Planorbe terrestre, Geoff.
Helix acuta, Da Costa.
Helix affinis et Helix lapicida, Gmelin.
Habit. Presque toute l'Europe.

N° 151. *AFFICTA,* nobis.
Habit. L'île St.-Thomas? Ténériffe, Maugé.

N° 152. *BARBATA,* nobis.
α) Minus depressa.
β) Brunnea.
Habit. Zante; *Comm.* le Cᵗᵉ Mercati. Scio, Sestos, Olivier. α) Sur les rochers élevés près la Sude, Olivier. β) L'île de Zante.

N° 153. *LENS,* nobis.
Habit. L'île de Ténériffe, Maugé.

N° 154. *LENTICULA,* nobis.
α) Striis valde notatis; *an Spec. dist.?*
Habit. L'Andalousie. Ténériffe; Maugé. α) Alexandrie en Égypte, Olivier.

N° 155. *MADAGASCARIENSIS,* Lamarck; nobis, pl. XXV, fig. 5, 6.
Lamarck, *Encyclop. méth.,* pl. CCCCLXII, fig. 2, *a, b.*
Habit. Madagascar. Muséum, n° 92.

N° 156. *LANX,* nobis.
Habit. Madagascar; *Comm.* du Foulois.

N° 157. *LANCULA ?* nobis.
Habit. Madagascar. Muséum, n° 92 ter.

Sixième sous-genre. HÉLICELLE, *HELICELLA,* nobis; *Sylvicola,* Humphrey; *Zonites,* Montfort; *Helicella,* Lamarck; *Vortex,* Ocken.

Coquille généralement surbaissée ou déprimée; volute peu élevée, souvent planiforme; tours de spire communément égalisés et arrondis; bord intérieur du cône spiral portant sur la convexité de l'avant-dernier tour; ombilic découvert, plus ou moins large ou étroit, et laissant généralement apercevoir jusqu'au sommet de la spire; bouche sans dents; péristome réfléchi, simple ou bordé. Quelquefois la coquille est carénée ou imperforée, mais alors le péristome est bordé.

1) Péristome réfléchi.

PREMIER GROUPE. LES LOMASTOMES, *Lomastomæ.*
Sylvicola, HUMPHREY.

N° 158. *HELIX (helicella) CARASCALEN-*
SIS, nobis.
Hab. La forêt de Carascal en Aragon; *Comm.*
FAUJAS DE SAINT-FOND.

N° 159. *GLACIALIS*, THOMAS.
Habit. Près des glaciers de la vallée de Lanzo
en Piémont, par Mr THOMAS; *Comm.* CHAR-
PENTIER.

N° 160. *ALPINA*, FAURE BIGUET.
Habit. Les Hautes-Alpes du Dauphiné; sur
les pelouses les plus élevées des environs
de Die; *Comm.* FAURE BIGUET.

N° 161. *CORNEA*, DRAPARN., *Hist.*, pl. VIII,
fig. 1 à 3.
α) Helix squammatina, de quelques collections.
Habit. Castelnau, près Montpellier; Péri-
gueux, etc.

N° 162. *STRIGATA*, MULLER, GMELIN?
α) signata, CHARPENTIER.
β) fusca, minor.
Hab. L'Italie; sur les rochers calcaires du passage de la Somma, et près de la cascade de
Terni, par Mr MÉNARD DE LA GROIE. α) Les
ruines de Pœstum; *Comm.* CHARPENTIER.
β) Ténériffe, par MAUGÉ?

N° 163. *INTERMEDIA*, nobis.
Habit. Le Frioul vénitien, au pied des montagnes de la Carinthie et de la Carniole,
dans les haies et sur les rochers; FÉRUSSAC
père.

N° 164. *CINGULATA*, STUDER, *Catal.*
Helix subflava, FÉRUSSAC père.
α) cinerea.
Habit. Le Frioul vénitien, où elle fut découverte par mon père; trouvée ensuite à Lu-
gano et ailleurs. α) Près le lac de Côme;
Comm. BRONGNARD.

N° 165. *ZONATA*, STUDER, *Catal.*
GUALTIERI, tab. 3, fig. O.
Helix Ericetorum, CHEMNITZ, *Conch.* IX, tab.
132, f. 1194, 1195?
STURM, *Wurmer*, 4 Heft. tab. 16, fig. 1.
α) Helix fœtens, STUDER, *Catal.*
β) minor.
Monstrum.
α) scalaris.
Habit. Trouvée d'abord dans la Haute-Autri-
che, le Frioul vénitien, etc. par mon père;
puis à Rimini, Ravennes, Naples, Ittri et
sur les Apennins, par Mr MÉNARD DE LA
GROIE. Reçue de Montfalcon près Trieste.
Trouvée sur les Alpes et dans la vallée
d'Aoste par Mr THOMAS. En général elle s'é-
lève depuis les plaines d'Italie et du Vallais
jusqu'à la hauteur de onze cents toises sur
les Hautes-Alpes; elle paroît préférer les terrains granitiques. β) L'île de Naxie, OLIV.
Monstrum. α) *Comm.* CHARPENTIER.

N° 166. *NAXIENTIA*, nobis.
Habit. Naxie; Candie, sur les montagnes autour de Palaïo Castro, OLIVIER. Très voisine
de la précédente, dont elle n'est peut-être
qu'une dégénération.

N° 167. *LECTA*, nobis.
Habit. Candie, sur les montagnes autour de
Palaïo Castro, OLIVIER.

N° 168. *PELLITA*, nobis.
Habit. L'île de Rhodes, OLIVIER.

N° 169. *MARTIGENA*, nobis.
Habit. Les montagnes de Ronda en Andalousie. Trouvée sur le champ de bataille, près
d'Atahate.

N° 170. *PYRENAICA*, DRAPRANAUD, *Hist.*,
pl. XIII, fig. 7.
Habit. Les Pyrénées orientales; *Comm.*
LÉMAN.

N° 171. *LEFEBURIANA*, nobis.
Habit. Montfalcon près Trieste; *Comm.* D.
LEFEBVRE, chancelier du consulat de Mi-
lan. Espèce fort analogue à l'helix zonata,
mais très velue et plus grande.

N° 172. *QUIMPERIANA,* nobis, pl.
fig.
α) Nobis, pl. LXXVI (par erreur LXVI), fig. 2.
Habit. Les bords de l'Odet, près Quimper en
Bretagne. Elle a été découverte par M™ DE
KERMOVAN et BONNEMAISON ; *Comm.* DES-
MAREST.

N° 173. *PULCHELLA,* MULLER, GMELIN.
La petite striée, GEOFFROY.
Helix paludosa des Anglois.
Helix minuta, SAY, *Journ. acad. nat. sc.,* vol.
I, p. 124.
α) Helix costata, MULLER, GMELIN.
Helix crenella, MONTAGU.
Turbo helicinus, LIGHTFOOT.
Habit. L'Europe. Les États-Unis ; *Comm.* SAY.

N° 174. *RICHARDII,* nobis.
Habit. L'Amérique septentrionale ; *Comm.*
RICHARD.

N° 175. *ZONALIS,* nobis.
an SEBA, *Thes.,* tab. 40, fig. 29, 31 ?
α) depressa.
Habit. ? α) Cabinet de M' DE LA TOUCHE.

N° 176. *EXCEPTIUNCULA,* nobis.
Habit.? L'ombilic est tout-à-fait recouvert ;
mais l'analogie doit la faire placer ici.

N° 177. *ZONARIA,* MULLER ; nobis, pl. LXXII
et pl. LXXIII. Ses diverses variétés.
α) Apertura subrotundata, nob., pl. LXXIII,
fig. 5.
Habit. Les grandes Indes. α) Java.

N° 178. *PROXIMA,* nobis.
Habit. La province de Coïmbetore, presqu'île
en-deçà du Gange ; LESCHENAULT. Muséum,
n° 100.

N° 179. *FALLACIOSA,* nobis.
α) *Mus.,* n° 101.
Habit. La province de Coïmbetore ; *Comm.*
LESCHENAULT.

N° 180. *RUGINOSA,* nobis.
Habit. Dans les bois de l'intérieur du Bengale ;
LESCHENAULT. Muséum, n° 101 *bis.*

N° 181. *LAXATA,* nobis.
Habit. Le Pérou ; DOMBEY.

† N° 182. *PERNOBILIS,* nobis.
MARTYN, *the Univers. Conch.,* t. III, fig. 117.
Habit. ?

N° 183. *SEPULCRALIS,* nobis, pl. LXXV,
fig. 1.
La vraie Lampe sépulcrale, FAVANNE, *Catal.
rais.,* n° 15.
α) Griseo-variegata.
Habit. Madagascar ; *Comm.* DU FOULOIS. Cette
coquille s'est vendue 401 f. à la vente du
Cte de Latour-d'Auvergne.

N° 134. *ZODIACA,* nobis, pl. LXXV, fig. 2.
Habit. ? Museo Regio, n° 103.

N° 185. *PELLIS SERPENTIS,* CHEMNITZ,
Conch. XI, tab. 208, fig. 2046, 2047.
Helix undata, *Port. Cat.*
α) Pilosa ; *var. not.*
Habit. Les forêts de la Guyanne ; Cayenne,
sur la montagne aux Tigres ; *Comm.* HOWE.
La Trinité. α) Le Brésil sur les rochers ;
Comm. TAUNAY.

† N° 186. *DILATA,* PERRY, *Conch.,* pl. LI, fig.
4. Planorbis dilatus.
Habit. ? Collection de miss MITFORD.

† N° 187. *COLLAPSA,* PERRY, Pl. collapsus,
Conch., pl. LI, fig. 5.
Habit. ?

† N° 188. *DIVARICATA,* PERRY, Pl. divarica-
tus, *Conch.,* pl. LI, fig. 3.
Habit. ? British museum.

N° 189. *SENEGALENSIS,* CHEMNITZ.
CHEMNITZ, *Conch.* IX, tab. 109, fig. 917 et
918.
Habit. Le Sénégal ? CHEMNITZ.

N° 190. *TRIFASCIATA,* CHEMNITZ, XI, tab.
213, fig. 3016, 3017.
Habit. Les grandes Indes ?

N° 191. *UNGUICULA,* nobis, pl. LXXVI (par
erreur LXVI), fig. 3, 4.
Helix ungulina, CHEMNITZ, IX, tab. 125, fig.
1098, 1099.
α) Nobis, fig. 4.
Habit. Les grandes Indes.

N° 192. *UNGULINA*, Linné, Muller.
Helix badia, Von Born, *Test.*, tab. 15, fig. 11, 12.
Helix ungulina et helix badia, Gmelin.
Sylvicola depressa, Humphrey, *Mus. Calonn.*
Habit. Java.

N° 193. *CIRCUMDATA*, nobis, pl. LXXVI (par erreur LXVI), fig. 1.
Habit. Les Moluques ?

† N° 194. *POLYGYRATA*, Von Born, *Test.*, tab. 14, fig. 19, 20.
Helix polygyra, Gmelin.
Helix polygyrata, Chemnitz, Dillwyn.
Habit. ?

2) *Péristome simple.*

Deuxième groupe. LES APLOSTOMES, *Aplotosmœ* Helix, Humphrey; *Zonites*, Montfort; *Helicella*, Lamarck.

* LES PESONS, *Verticilli.*

N° 195. *LINEATA*, Say.
Journ. acad. nat. sc., vol. I, p. 18.
Habit. Les États-Unis; *Comm.* Say.

N° 196. *ROTUNDATA*, Muller, Gmelin.
Le Bouton de Camisolle, Geoffroy.
Helix radiata, Da Costa, Montagu, etc.
Helix perspectiva, Megerle.
α) Alba.
Habit. L'Europe. α) L'Angleterre; *Comm.* D. Godall.

N° 197. *RUDERATA*, Studer, *Catal.*
Habit. Les Hautes-Alpes du Valais, dans les terrains granitiques, près des glaciers du Mt Pleureur; *Comm.* Studer et Charpent.

N° 198. *PERSPECTIVA*, Say.
Journ. acad. nat. sc., t. I, p. 18.
Habit. Près le lac Érié; Milbert.

N° 199. *ALTERNATA*, Say.
Nicholson, Encycl., art. *Conch.*, pl. I, fig. 2.
Petiver, *Gazoph.*, tab. 104, fig. 1; *Philos. trans.*, t. XX, an. 1698, n° 246, p. 395, n° 5.
Lister, *Synops.*, t. 70, fig. 69.
Helix radiata, Gmelin.
α) carinata.
Habit. Les États-Unis; *Comm.* Say. α) Le Kentucky; *Comm.* Rafinesque.

N° 200. *PYGMEA*, Draparn, *Hist.*, pl. VIII, fig. 8 à 10.
Habit. La France, la Suisse.

N° 201. *RUPESTRIS*, Draparnaud, *Hist.*, pl. VII, fig. 7, 8, 9.
Helix umbilicata, Montagu, Maton, Pulteney, Dillwyn.
α) Trochoides.
Habit. La France, l'Allemagne, l'Angleterre. α) Castelnau, près Montpellier; *Comm.* Dufour.

N° 202. *VERTICILLUS*, nobis.
Habit. L'Autriche, le Frioul, la Carinthie; Férussac père.

N° 203. *ALGIRA*, Linné, Draparnaud; nobis, pl. LXXXI; fig. 1, avec l'animal.
Helix Oculus Capri, Muller.
Helix Ægophtalmos, Gmelin.
Zonites Algireus, Montfort.
Habit. Marseille, Toulon; la Martinique ?

N° 204. *GEMONENSE ?* nobis.
Habit. Le Frioul vénitien; Férussac père.

** LES HYALINES, *Hyalinœ.*

N° 205. *OLIVETORUM*, Gmelin.
Gualtieri, *Test.*, tab. 3, fig. G.
Schröter, *Einleit.*, 2, p. 214, n° 137.
Helix Algira, Dillwyn.
Helix incerta, Draparn., tab. 13, fig. 8, 9.
Habit. La France méridionale, l'Italie.

N° 206. *CAPILLACEA*, nobis.
α) Muséum, 115e ?
Habit. Le port Jackson, Péron. α) L'Ile de France, Mathieu.

N° 207. *PROTENSA*, nobis.
Habit. Standié, Olivier.

N° 208. *CONCOLOR*, nobis.
α) *Muséum*, n° 114.
Habit. L'île de Ténériffe, Maugé.

N° 209. *CONVEXA*, nobis.
Habit. Baruth, Olivier.

† N° 210. *GLAPHYRA,* Say.
Nicholson, *Encyclop.,* art. *Conchol.,* pl. I,
fig. 3.
Habit. Les États-Unis.

N° 211. *PLANORBOIDES,* Rafinesq.; genre,
Mesomphix.
Habit. Le Kentucky; *Comm.* Rafinesque.

N° 212. *CELLARIA,* Muller.
La luisante, Geoffroy.
Helix tenella et helix cellaria, Gmelin.
Helix lucida, Draparnaud, *Tabl.,* et helix
nitida, Draparnaud, *Hist.,* pl. VIII, fig.
23 à 25.
Helix lucida, Studer, *Catal.*
Helix tenuis, Schröter ?
Habit. Toute l'Europe; Constantinople, Scio,
Olivier. Malte; *Comm.* Leach.

N° 213. *NITIDULA,* Draparnaud.
Helix cellaria, Studer, *Catal.*
Habit. La Suisse, la France.

N° 214. *NITIDOSA,* nobis.
Helix nitidula, var. α) Drap., *Hist.,* pl. VIII,
fig. 21, 22.
Habit. La Suisse, la France.

N° 215. *GLABRA,* Studer.
Helix nitida, Charpentier.
Habit. Les Alpes ; *Comm.* Studer et Char-
pentier.

N° 216. *NITENS,* Maton et Rackett, *Linn.
Trans.,* VIII, tab. 5, fig. 7.
Helix lucida, Montagu et Pulteney.
Habit. L'Angleterre , *Comm.* Leach ; Dax ,
Comm. Grateloup; les Pyrénées, *Comm.*
Palassou. Très voisine de la précédente,
peut-être n'en étant qu'une variété ?

N° 217. *VITRINA,* nobis.
Habit. Le Vallais; *Comm.* Venetz.

N° 218. *NITIDA,* Muller et Studer.
Helix nitens, Gmelin.
Helix nitida, Drap., *Tabl.,* et helix lucida,
Hist., pl. VIII, fig. 11, 12.
α) fuscescens; *an Spec. dist.?*
Habit. L'Europe. α) La Guadeloupe.

N° 219. *ARBOREA,* Say, *Nicholson Encycl.,*
art. *Conch.,* pl. IV, fig. 4.
Habit. Les États-Unis ; *Comm.* Say. Ce n'est,
sans doute, qu'une variété de la précédente. Les exemplaires communiqués étant en
mauvais état, nous n'avons pu le décider
positivement.

N° 220. *INASPECTA,* nobis.
Habit.? Du voyage de Péron. Muséum , n°
119 bis.

N° 221. *LÆVIGATA,* Rafinesque; Mesomphix lævigatus.
Habit. Le Kentucky; *Comm.* Rafinesque.

N° 222. *SPLENDENS,* Faure Biguet.
Habit. Le Dauphiné; *Comm.* Faure Biguet.

N° 223. *CRISTALLINA,* Muller, Gmelin.
Draparn., *Hist.,* pl. VIII, fig. 13 à 20.
Habit. La Suisse, la France.

N° 224. *HYALINA ?* nobis.
Habit. La Suisse, la France, l'Allemagne.

N° 225. *CRISTULA,* nobis.
Habit. L'île de Rawak, l'une des Moluques ;
Comm. Gaudicho.

N° 226. *COMATULA,* nobis.
α) minor.
Habit. Les environs du cap de Bonne-Espérance, sur les aloës ; Delalande.

N° 227. *TORTULA,* nobis.
Habit. L'Ile de Bourbon?

*** LES RUBANNÉES , *Fasciatæ.*

N° 228. *CANDIDA,* Gmelin? p. 3161.
Martin, *N. Mannigf.* IV, p. 423, t. 3, fig. 22
et 23.
Helix hyalina, Gmelin, p. 3640.
Helix lævipes, Dillwyn.
Habit. ?

N° 229. *LÆVIPES,* Muller ; nobis , pl. XCII ,
fig. 3 à 6.
α) Helix spadicea, Gmelin.
Koemmer. *Cab. Rudolst.,* p. 172, t. 11, fig. 2.
Habit. Les grandes Indes.

† N° 230. *LEUCAS,* Linné, Gmelin, Dillwyn.
Habit. L'Afrique, Linné.

† N° 231. *CICATRICOSA,* Muller, Gmelin.
Chemnitz, *Conch.,* IX, p. 90, tab. 109, fig.
923. Vign. 19, litt. A.
Id. t. XI, p. 305, tab. 213, fig. 3012, 3013.
Habit. Les grandes Indes.

† N° 232. *NEMORENSIS,* Muller, Gmelin.
Helix cretacea, Von Born, *Test.,* tab. 16,
fig. 1, 2.
Helix cretacea, Gmelin, *Syst. nat.*
Habit. Les grandes Indes.

N° 233. *JANUS BIFRONS?* Chemn., t. XI,
tab. 213, fig. 3016, 3017.
Muséum, n° 122?
Habit. Java; Leschenault.

N° 234. *JAVACENSIS,* nobis, pl. XCII, fig. 2.
Habit. Java; Leschenault.

N° 235. *COMMENDABILIS,* nobis.
Habit.? Muséum, n° 126.

N° 236. *EXILIS,* Muller, nob., pl. XCII, fig. 1.
Helix exilis, Chemnitz, Gmelin, Dillwyn.
Habit. Le Tranquebar, Chemnitz; Pondi-
chéry; Leschenault.

N° 237. *KORÉKOUKÉ,* nobis.
Habit. Les montagnes de la péninsule en-deçà
du Gange; Leschenault.

N° 238. *BUPHTHALMUS,* nobis.
Habit. La Nouvelle-Espagne; Humboldt.

N° 239. *UNIZONALIS,* Lamarck; nobis, pl.
XCI, fig. 4.
Lamarck, *Encycl. méth.,* pl. 462, fig. 6.
Habit. Les grandes Indes?

N° 240. *CITRINA,* Linné, Muller, Gmelin.
Helix variegata, Humphrey, *Mus. Calonn.*
α) *Var. not.* de Timor.
β) Helix castanea, Mull., Gmel., Dillwyn?
Habit. Les grandes Indes.

† N° 241. *RAPA,* Muller, Chemnitz, Gmelin.
Habit. Les grandes Indes?

N° 242. *VERMICULOSA,* nobis.
Habit.? Muséum, n° 127.

N° 243. *CLAIRVILLIA,* nobis, pl. XCI, fig. 1
à 3.
α) Fig.
Habit.?

N° 244. *SECTILIS,* nobis.
Habit. La Cafrerie; Delalande. Muséum,
n° 129 bis.

N° 245. *BIGUETIANA,* nobis.
Habit.? Comm. Faure Biguet.

N° 246. *BRONGNARDI,* nobis.
Habit.? Comm. Brongnard.

N° 247. *FULVA,* Muller, Gmelin, Dillwyn.
Helix nitidula, Alten.
Helix trochiformis, Montagu, Maton et
Rackett.
Trochus terrestris, A. Da Costa.
Trochilus sylvestris, Lister, *an. angl.*
Helix trochulus, Dillwyn.
α) major.
Habit. L'Europe.

3) *Péristome bordé.*

α) Coquille couleur de corne ou brune, presque unicolore, rarement fasciée, souvent
velue; péristome un peu évasé; épiderme
caduc.

Troisième groupe. LES HYGROMANES, *Hygromanes.*

N° 248. *CINCTELLA,* Drap., *Hist.,* pl. VI,
fig. 28.
Habit. La France méridionale, l'Italie; Nice,
sur les orangers et sur les lauriers roses,
Risso.

N° 249. *ACUTULA,* nobis.
Habit.? Rapportée par Maugé. Muséum,
n° 132.

N° 250. *ACULEATA,* Muller, Gmelin.
Helix spinulosa des Anglois.
Habit. L'Europe septentrionale ou monta-
gneuse.

N° 251. *CILIATA*, Venetz; Studer, *Catal.*
Habit. Les Alpes; *Comm.* Venetz.

† N° 252. *FASCIOLA*, Draparn., *Hist.*, pl. VI,
fig. 22 à 24.
Habit.? Personne n'a vu cette espéce que
Draparnaud: il la cite comme venant de la
Rochelle, où il est très douteux qu'elle se
trouve.

N° 253. *LIMBATA*, Draparn., *Hist.*, pl. VI,
fig. 29.
α) Fascia rufa, carina adnata.
Habit. La France méridionale; les environs
de Caen.

N° 254. *INCARNATA*, Muller, Gmelin.
Draparnaud, *Hist.*, pl. VI, fig. 30.
Habit. La Suisse, la France, l'Allemagne.

N° 255. *OLIVIERI*, nobis.
α) Majore, pellucens, unicolor.
β) Opaca, alba, fasciata.
γ) Minor; Helix Carthusianella, β) Draparn.,
Hist., pl. VII, fig. 3 à 5.
Habit. L'Europe méridionale, l'Archipel, la
côte de Syrie. α) L'île de Zante, *Comm.* le
Cte Mercati; Naples, *Comm.* D. Ferry;
Gemleck, Olivier. β) Constantinople, Olivier. γ) Seyde, Larnaca, Baruth; Lauzanne,
Neuwied, *Comm.* Charpentier: Cette, Draparnaud.

N° 256. *OBSTRUSA*, nobis.
Habit. Kermancha, en Perse; Alep, Tripoli
de Syrie. Olivier.

N° 257. *CARTHUSIANELLA*, Drap., *Hist.*,
pl. VI, fig. 31 et 32.
La Chartreuse, Geoffroy.
Helix Carthusiana, Muller, Gmelin.
Helix nitida, Chemnitz.
Helix Carthusiana, Dillwyn.
Habit. L'Angleterre, toute l'Europe méridio-
nale, l'Archipel, la Syrie, etc.

N° 258. *CARTHUSIANA*, Draparn., *Hist.*,
pl. VI, fig. 33.
α) major.
Habit. L'Italie, la France méridion. α) Montfalcon, Florence.

N° 259. *FRUTICUM*, Muller, Gmelin.
Draparnaud, *Hist.*, pl. V, fig. 16 et 17.
Helix terrestris, Gmelin.
Helix cinerea, Poiret.
Habit. L'Europe; Tripoli de Syrie.

N° 260. *BERYTENSIS*, nobis.
Habit. Baruth, côte de Syrie; Olivier.

N° 261. *AMBIGUOSA*, nobis.
Habit. Le pays des Hottentots; Delalande.

N° 262. *SIMILARIS*, nobis.
α) unicolor.
β) zonulata.
Habit. Timor; Baudin.

N° 263. *SUTILOSA*, nobis
Habit. Les îles Saint-Pierre et Saint-François;
Péron. Muséum, n° 138.

N° 264. *CANTIANA*, Montagu, *Test.*, p. 422,
et *Suppl.* 145, tab. 23, fig. 1.
Helix Cantiana, Maton, Pulteney, Dillwyn.
Helix pallida, Donovan, *Brit. shell.*, V, t. 157,
fig. 2.
Habit. L'Angleterre.

N° 265. *STRIGELLA*, Draparnaud, *Hist.*,
pl. VII, fig. 1, 2, 19.
Helix altenana, Gaertner.
ϰ) Helix sylvestris, Alten, pl. VII, fig. 13?
Habit. La France, l'Espagne, l'Allemagne, la
Suisse.

N° 266. *VILLOSA*, Draparn., *Hist.*, pl. VII,
fig. 18.
Helix pilosa, Alten, tab. 4, fig. 7.
α) depilata.
Habit. La France, la Suisse, l'Allemagne.
α) *Comm.* Charpentier.

N° 267. *GLABELLA*, Draparn., *Hist.*, pl. VII,
fig. 6.
Helix turturum, Gmelin?
Helix rufescens, Dillwyn.
Habit. La France, la Suisse, l'Allemagne.

N° 268. *CIRCINATA*, Studer.
Helix montana, Studer, *Catal.*
Helix altenana, Klees?
Habit. La France, la Suisse, l'Allemagne.

N° 269. *PLEBEIUM*, Drap., *Hist.*, pl. VII, f. 5.
Habit. La France, la Suisse, l'Allemagne.

N° 270. *RUFESCENS*, Montagu, Maton, Dillwyn.
Habit. L'Angleterre, la Suisse, la France.

N° 271. *HISPIDA*, Muller, Gmelin.
Draparnaud, *Hist.*, pl. VII, fig. 20 à 22.
α) Trochulus hispidus, Chemnitz.
Habit. La Suisse, la France, l'Allemagne.

N° 272. *SERICEA*, Muller, Gmelin; Draparnaud, *Hist.*, pl. VII, fig. 16, 17.
La veloutée, Geoffroy.
Helix hispida, Alten, pl. III, fig. 6?
Habit. Presque toute l'Europe.

N° 273. *REVELATA*, nobis.
Habit. La France, les environs de Paris et d'Angers.

N° 274. *CÆLATA*, Studer, *Catal.*
Habit. La Suisse; *Comm.* Studer.

N° 275. *ALBULA?* Studer, *Catal.*
Habit. La Suisse; *Comm.* Studer et Charpentier.

β) Coquille blanche ou rousse, très ornée de fascies, ou de linéoles de couleurs vives; épiderme insensible, jamais velu; quelquefois carénée; péristome bordé, mais non évasé.

QUATRIÈME GROUPE. LES HÉLIOMANES, *Héliomanes.*

* *Coquille surbaissée ou globuleuse.*

N° 276. *GROYANA*, nobis.
Habit. Entre Fiumesino et le case Brusciota, route de Sinigaglia, à Ancône; *Comm.* Ménard de la Groye.

N° 277. *CONSPURCATA*, Draparn., *Hist.*, pl. VII, fig. 23 à 25.
Habit. La France méridionale, l'Italie, l'Espagne.

N° 278. *STRIATA*, Draparn., *Hist.*, var. α, β, γ, δ, ε, ζ, η, pl. V, fig. 18, 19, 20.
La grande striée, Geoffroy, 34: Duchesne.
Coq. des environs de Paris, pl. II, fig.

Helix intersecta et Helix faciolata, Poiret.
Helix strigata, Studer, *Catal.*
Helix intersecta, Brard, pl. II, fig. 7.
Helix caperata, des Anglois; Montagu, 2, p. 430, tab. 11, fig. 11.
Helix crenulata, Dillwyn.
Habit. Toute l'Europe, l'Archipel, la Syrie.

N° 279. *CANDIDULA*, Studer, *Catal.*
Le petit Ruban, Geoffroy.
Helix striata, Drap., var. ρ, ι, pl. VI, fig. 21.
Helix unifasciata, Poiret.
Helix thymorum, Alten, pl. V, fig. 9.
Helix striata, Brard, pl. II, fig. 5, 6.
Habit. Presque toute l'Europe.

N° 280. *GRATIOSA*, Studer, *Catal.*
Habit. La Suisse, la France. Elle ne paroît être qu'une variété de la précédente.

N° 281. *ERICETORUM*, Muller; Draparn., *Hist.*, pl. VI, fig. 16, 17.
Le grand Ruban, Geoffroy.
Helix Erica, Da Costa.
Helix albella, Pennant.
Helix Ericetorum, Brard, pl. II, fig. 8.
Habit. L'Europe, l'Archipel, la Syrie.

N° 282. *NEGLECTA*, Draparn., *Hist.*, pl. VI, fig. 12, 13.
Habit. La France méridionale, l'Italie, la Syrie.

N° 283. *CESPITUM*, Draparn., *Hist.*, pl. VI, fig. 14, 15.
Helix Ericetorum. α) Muller?
Habit. La France méridionale, l'Espagne, Nice, la Syrie, Ténériffe.

N° 284. *VARIABILIS*, Draparn., *Hist.*, pl. V, fig. 11, 12.
Helix virgata, des Anglois.
Helix zonaria, Donovan.
Helix Pisana, Dillwyn.
Habit. L'Angleterre, les côtes de France, toute l'Europe méridionale, la Syrie, l'Archipel. l'Égypte, les États-Unis.

† N° 285. *SCABRA*, Chemnitz, *Conch.* IX, tab. 133, fig. 1298.
Helix corrugata, Gmelin, Dillwyn.
Habit. L'île Sainte-Croix, Chemnitz.

† N° 286. *VARIEGATA,* Chemn., *Conch.* IX,
tab. 133, fig. 1207.
Helix nivea, Gmelin.
Helix crenulata, Dillwyn.
Habit. Otaïti, Chemnitz.

N° 287. *SUBROSTRATA,* nobis.
α) Alba, immaculata.
Habit. Almeria; *Comm.* D. Mornard.

N° 288. *CRETICA,* nobis.
α) Alba, immaculata.
Habit. L'île de Crète, près la Canée; l'île de
Rhodes; Naxie, près Philoti; Standie: Olivier.

N° 289. *SIMULATA,* nobis.
An Helix scabra, Salis Marschlins, *Reise,* t. II,
p. 378?
α) majore.
β) rufa, griseo variegata.
γ) grisea.
Habit. Alexandrie d'Égypte, Olivier. γ) Naples; *Comm.* Janvier Ferry.

N° 290. *PISANA,* Muller, Gmelin.
Helix media, Gmelin.
Helix cingenda, Montagu, Maton.
Helix zonaria, Pennant.
Helix strigata, Dillwyn.
Helix rhodostoma, Draparnaud, *Hist.,* pl. V,
fig. 13, 15.
Habit. L'Angleterre; toute l'Europe méridio-
nale, l'Archipel, la Syrie, l'Égypte, les
côtes de Barbarie, les Canaries, les États-
Unis. *Édule.*

N° 291. *STRIGILATA,* nobis.
Habit.? *Comm.* Sowerby.

N° 292. *LINEOLATA,* nobis.
Habit. L'Amérique?

N° 293. *CARNICOLOR,* nobis.
an Helix Pisana, Chemnitz, *Conch.,* IX, tab.
132, fig. 1186, 1187?
Habit. L'Amérique.

N° 294. *SUBDENTATA,* nobis, pl. XXVII,
fig. 1, 2.
Habit. La Perse?

N° 295. *PLANATA,* Chemn.; nobis, pl. XXX,
fig. 2.
Chemnitz, *Conch.* XI, p. 281, tab. 209, fig.
2067 à 2069.
Habit. Le royaume de Maroc, Chemnitz.

N° 296. *ALBELLA,* Draparn., *Hist.,* pl. VI,
fig. 25 à 27.
Helix albella, Linné?
Helix explanata, Muller, Gmelin.
Helix planorbis marginatus, Chemnitz, tab.
126, fig. 1002.
Helix umbilicaris, Olivi.
Habit. Les bords de la Méditerranée, en
France, en Italie, en Espagne.

N° 297. *EXCLUSA,* nobis.
Habit. L'île de Rawak, l'une des Moluques;
Comm. Gaudicho.

** *Coquille trochoïde et un peu carénée.*

N° 298. *PYRAMIDATA,* Draparn., *Hist.,*
pl. V, fig. 6.
Habit. Les plages de la Méditerranée, en
France, en Italie, en Sicile; l'Archipel, les
environs de Rome et de Florence, etc.

N° 299. *MARITIMA,* Draparn., *Hist.,* pl. V,
fig. 9, 10.
Habit. Les plages de la Méditerranée, en
France, en Italie, en Sicile; l'île de Zante;
Ténériffe?

N° 300. *CRENULATA,* Olivier, *voyage au
Levant,* 2, pl. III, fig. 5, *a, b.*
Habit. Alexandrie d'Égypte, vers la colonne
de Pompée, Olivier.

N° 301. *TROCHIFORMIS,* nobis.
Habit. L'Ile de France. Muséum, n° 159.

N° 302, *ELFORDIA,* nobis.
Habit.? *Comm.* Elford Leach.

N° 303. *ELEGANS,* Gmelin.
Helix elegans, Draparn., *Hist.,* pl. V, fig. 1, 2.
Lister, *Synops.,* tab. 61, fig. 58.
Trochus terrestris, Donovan, Maton, Mon-
tagu, Flemming.
Id. Chemnitz.

Helix crenulata, MULL., GMELIN, DILLWYN???
α) fere depressa.
Habit. L'Angleterre , la Provence , l'Italie.
 α) Civitta Vecchia.

N° 3o4. *ELATA,* FAURE BIGUET.
 Hab. L'île de Caprée; *Comm.* FAURE BIGUET.
 La Sicile ; *Comm.* LEACH.

N° 3o5. *CONICA,* DRAPARNAUD , *Hist.*, pl. V,
 fig. 3, 4, 5.
 Habit. L'Archipel, Malte; l'Italie, la France ,
 vers les côtes de la Méditerranée.

SEPTIÈME SOUS-GENRE. HÉLICOSTYLE, *HELICOSTYLA* (1), nobis.

Coquille surbaissée ou trochiforme ; volute quelquefois alongée, *tours de spire communément égalisés, pressés, étroits ;* bord intérieur du cône spiral, formant une columelle solide, droite ou torse; aire ombilicale souvent enfoncée; bouche régulière plus ou moins oblique à l'axe du test ; péristome simple ou réfléchi.

1) Columelle droite, péristome simple ; coquille surbaissée.

PREMIER GROUPE. LES APLOSTOMES, *Aplostomæ.*

N° 3o6. *HELIX (helicostyla) MISELLA,* nob.
 Habit. L'île Gouham, l'une des Moluques.
 Comm. GAUDICHO.

N° 3o7. *DOLOSA,* nobis.
 Habit. Les environs du cap de Bonne-Espérance ; DELALANDE.

N° 3o8. *OCHROLEUCA,* nob. pl. XXX, fig. n° 1.
 Helix albella, CHEMNITZ, *Conch,*, t. 126, fig. 1105, 1106,
 Habit. Les grandes Indes?
 Observation. Ces espèces ont beaucoup de rapport avec les hélicelles aplostomes, mais leur columelle solide les en distingue suffisamment.

2) Columelle droite, ronde et simple ; péristome simple ; une lame interne sur la voûte du dernier tour de spire.

DEUXIÈME GROUPE. LES LAMELLÉES, *Lamellatæ* (2).

N° 3o9. *EPISTYLIUM,* MULLER ; nobis, pl. CI, fig. 4.

Helix Epistylium, GMELIN, DILLWYN.
Trochus australis, CHEMNITZ.
Helix Cookiana, GMELIN.
Helix alvearis, HUMPHREY, *Mus. Calonn.?*
Trochus alveolatus, *Port. Catal.*
Habit. La Jamaïque.

N° 3io. *EPISTYLIOIDES,* nob., pl. CI, fig. 2.
 Habit. Les Antilles.

N° 3ii. *RAFINESQUIA,* nobis.
 Mesomphix, *Nov. spec.*, RAFINESQUE.
 Habit. Le Kentucky ; *Comm.* RAFINESQUE.

3) Columelle torse, comme tronquée à sa base, ou munie d'une côte spirale interne, formant gouttière, et paroissant sous la forme d'une dent ou d'une callosité.

TROISIÈME GROUPE. LES CANALICULÉES, *Canaliculatæ.*

N° 3i2. *DELICATULA,* nobis.
 Habit. Les grandes Indes.

N° 3i3. *CONNEXIVA,* nobis.
 Habit. Les environs du cap de Bonne-Espérance ; DELALANDE.

N° 3i4. *DEPRESSA,* nobis.
 Habit. Les grandes Indes.

---

(1) Les espèces de ce sous-genre offrent dans leur columelle un caractère particulier, qui ne se retrouve chez les hélicoïdes que dans le premier groupe des hélicogènes et chez quelques hélicigones. Nous en avons tiré leur dénomination, d'Helix et de Στυλα, *hélices à colonne ou à columelle.*

(2) Nous avions d'abord placé les espèces de ce groupe avec les hélicodontes lamellées. La considération de la so-

licité de la columelle des helix Epistylium et epistylioides , nous a engagé ensuite à les placer parmi les hélicostyles. Mais la nouvelle espèce que nous devons à Mr Rafinesque, et à laquelle nous donnons le nom de ce zélé naturaliste , nous forcera à rétablir notre premier arrangement, cette espèce ayant une columelle creuse et un petit ombilic bien visible.

N° 315. *UNIDENTATA*, Chemnitz, t. XI, tab. 208, fig. 2049, 2050.
Habit. Cayenne ?

Observation. Les espèces de ce groupe ont une columelle fort analogue à celle des coquilles du groupe des cochlogènes hélictères.

4) *Columelle aplatie, sans dents ni lames, formant une sorte de gouttière à son intersection avec l'avant-dernier tour; péristome réfléchi.*

QUATRIÈME GROUPE. LES MARGINÉES, *Marginatæ.*

N° 316. *STUDERIANA*, nobis, pl. CIII, fig. 6.
Habit. ? Muséum, n° 163.

N° 317. *STROBILUS*, nobis, pl. CIII, fig. 1.
Habit. ?

N° 318. *AVELLANEA*, nob., pl. CIII, fig. 4, 5.
Habit. ?

N° 319. *ALAUDA*, nobis, pl. CIII, fig. 2, 3.
Habit. ?

N°. 320. *MIRABILIS*, nobis, pl. XXXI, fig. 4, 5, 6.
α) unifasciata.
Habit. ?

N° 321. *CONIFORMIS*, nobis, pl. CVIII, fig. n° 1.
Habit. ?

---

†† *EVOLUTATÆ.*

COCHLOÏDES, *COCHLOIDES.*

(*) *Bouche généralement sans dents,*

1) *Une columelle solide.*

α) *En filet, non tronquée à sa base.*

HUITIÈME SOUS-GENRE. COCHLOSTYLE, *COCHLOSTYLA* (1), nobis.

Coquille alongée et ventrue, volute développée dans le sens vertical; spire élevée, tours croissant fortement, bord intérieur du cône spiral formant une columelle solide, torse, non tronquée; bouche plus ou moins verticale par rapport à l'axe; bord extérieur plus ou moins avancé; péristome simple ou réfléchi.

1) *Péristome réfléchi.*

PREMIER GROUPE. LES LOMASTOMES, *Lomastomæ.*

N° 322. *HELIX* (*cochlostyla*) *METAFORMIS*, nobis, pl. CVIII, fig. n° 2.
Habit. L'Amérique ?

N° 323. *SARCINOSA*, nobis.
α) Spira conica.
Habit. L'Amérique ? *Comm.* D'ORBIGNY.

N° 324. *PITHOGASTER*, nobis, pl. CVIII, fig. n° 3.
Habit. L'Amérique ? Muséum, n° 165.

N°. 325. *VENTRICOSA*, Chemnitz.
Bulla ventricosa, CHEMNITZ, *Conch.* IX, tab. 117, fig. 1007, 1008.

---

(1) Les espèces de ce sous-genre forment la liaison des *vo-lutæ* aux *evolutatæ*; elles sont réunies par une grande analogie, quoique les unes se rapprochent des *hélicoides*, tandis que les autres sont des *cochloides*. Leur columelle non tronquée les distingue des sous-genres suivants.

Bulimus ventricosus, BRUG. ?
Bulla fasciata, GMELIN, DILLWYN.
α) Testa brevi. *an Spec. dist.* ?
Habit. Les grandes Indes? α) *Collect.* D. DU-
FRESNE.

N° 326. *FRATER,* nobis, pl. CXII, fig. 1, 2.
Habit.? Collect. D. DE LA TOUCHE.

N° 327. *DECORATA,* nobis, pl. CXII, fig. 3, 4.
α) minor.
Habit. ? α) *Collect.* D. LAMARCK.

N° 328. *OVOIDEA,* nobis, pl. CXII, fig. 5, 6.
Bulimus ovoideus, BRUG.
Habit. ?

N° 329. *OBTUSA,* nobis.
Pupa obtusa, DRAPARNAUD, *Hist.,* pl. III,
fig. 44.
Habit. Les montagnes de la Carinthie ?

2) *Péristome simple.*

DEUXIÈME GROUPE. LES APLOSTOMES, *Aplotosmæ.*

N° 330. *DUFRESNII,* LEACH.
Miscell. zool., t. II, p. 153 à 154, pl. CXX.
α) major.
Habit. La Terre de Diémen, Nouvelle-Hollande; PÉRON.

N° 331. *TAUNAISII,* nobis.
Habit. Le Brésil, dans les Bois Vierges; *Comm.*
TAUNAY.

N° 332. *PARDALIS,* nobis, pl. CXII, fig. 7, 8.
Habit.? Collect. D. SOLLIER DE LA TOUCHE.

N° 333. *PULLATA,* nobis.
Habit. Le Brésil? Muséum, n° 167.

N° 334. *PERUVIANA,* BRUGUIÈRE ; nobis,
pl. CXIV, fig. 1 à 4.
Bulimus Peruvianus, BRUGUIÈRE, n° 37.
α) Nobis, fig. 3.
β) Nobis, fig. 4.
Habit. Le Pérou, DOMBEY.

† N° 335. *FUNERALIS,* BRUGUIÈRE.
Bulimus funeralis, *Encycl. méth.,* n° 39.
Habit. L'intérieur de l'Amérique méridionale;
LEBLOND.

N° 336. *PHASIANELLA,* HUMBOLT.
Bulimus phasianellus, HUMBOLT, *Obs. zool.*
Habit. La Nouvelle-Espagne, HUMBOLT.

N° 337. *UNDATA,* nobis, pl. CXIV, fig. 5 à 8;
et pl. CXV.
Buccinum Zebra, MULLER; variet.
Bulla Zebra, GMELIN, DILLWYN.
Bulimus undatus, BRUG., n° 38.
Habit. Les Antilles, la Trinité, etc.; la Nou-
velle-Espagne, HUMBOLT.

N° 338. *SULTANA,* DILLWYN.
La Poule Sultane, FAVANNE, *Cat. rais.,* n° 47.
Helix Gallina Sultana, CHEMN., XI, tab. 210.
Habit. Cayenne, forêts de Rouza ; *Comm.*
HOWE. Cette superbe coquille fut vendue
560 fr. à la vente du Cte de Latour-d'Auver-
gne. Elle est toujours très rare.

ε *Culumelle solide aplatie et tronquée à sa base.*

† *Coquille conique ou très ventrue; ouverture élargie.*

NEUVIÈME SOUS-GENRE. COCHLITOME, *COCHLITOMA* (1), nobis; *Bulla,* LINNÉ, GMELIN ;
Buccinum, MULLER; *Achatina,* LAMARCK; *Bulimus,* BRUGUIÈRE et PERRY ; *Achatina , Liguus,*
MONTFORT.

Coquille conique ou très ventrue, solide, peu
transparente, volute croissant plus ou moins fortement; spire plus ou moins élevée; bord intérieur du cône spiral, formant une colomelle plate,
torse, solide, repliée en dedans, et plus ou moins
tronquée à sa base; ouverture plus ou moins

(1) De Κοχλός et de Τόμος, coupé.

courte ou longue, et droite, c'est-à-dire, dans la direction de l'axe, mais élargie; bord extérieur plus ou moins dans la verticale; péristome simple.

1) *Coquille conique, bouche courte, bord extérieur avancé.*

PREMIER GROUPE. LES RUBANS, *Liguus.*

GENRES. *Chersina*, HUMPHREY; *Liguus*, MONTFORT.

N° 339. *HELIX (cochlitoma) EXARATA,* MULLER; nobis, pl. CXVIII, fig. 1, 2.
Buccinum exaratum, MULLER.
Bulla exarata, GMELIN, DILLWYN.
Bulimus exaratus, BRUGUIÈRE.
Habit. La côte de Guinée?

N° 340. *CANTHERIATA,* nobis.
An Buonanni, *Mus. Kirch.*, cl. 3, f. 178, jun.?
Habit. ?

N° 341. *FLAMMIGERA,* nobis, pl. CXVIII, fig. 5 à 7.
LISTER, *Synops.*, tab. 9, fig. 4.
Habit. Saint-Domingue.

N° 342. *REGINA,* nobis, pl. CXIX.
α) Muséum, n° 175*.
β) minor.
Monstrum.
α) sinistra.
Habit. L'Amérique? β) Cayenne, hauteurs de Rouza; *Comm.* HOWE.

N° 343. *VEXILLUM,* HUMPHREY; nobis, pl. CXXI. Diverses variétés.
Chersina Vexillum, HUMPHREY, *Mus. Calonn.*
Buccinum fasciatum, MULLER.
Bulla fasciata, GMELIN, CHEMNITZ.
Bulimus Vexillum, BRUGUIÈRE.
Habit. Les grandes Indes?

N° 344. *VIRGINEA,* LINNÉ; nob., pl. CXVIII, fig. 3, 4; et pl. CXX. Diverses variétés.
Bulla virginea, LINNÉ, CHEMNITZ.
Buccinum virgineum, MULLER.
Bulimus virgineus, BRUGUIÈRE.
Chersina vittata, HUMPHREY, *Mus. Calonn.*

Liguus virgineus, MONTFORT.
Monstrum.
α) Sinistra, nobis, pl. CXX, fig. 8.
Habit. Cayenne? la Barbade, la Jamaïque. Cette espèce est fort commune chez les marchands et dans les collections; mais nous n'avons pu encore nous la procurer directement de son pays natal, ni recevoir aucun renseignement sur l'animal qui l'habite.

2) *Coquille ventrue, bouche très grande, bord extérieur dans la verticale.*

DEUXIÈME GROUPE. LES AGATHINES, *Achatinœ.*

GENRES. *Chersina*, HUMPHREY; *Achatina*, MONTFORT et LAMARCK.

N° 345. *HELIX FULVESCENS,* nobis.
Bulimus fulvus, BRUGUIÈRE, n° 191*.
LISTER, *Synops.*, tab. 582, fig. 35, litt. α.
Habit. ?

N° 346. *BORBONICA,* nobis.
Habit. L'île de Bourbon. Muséum, n° 178.

N° 347. *FULICA,* nobis.
LISTER, *Synops.*, tab. 578, fig. 33?
α) Muséum, n° 179.
β) Nobis, n° 6.
γ) Muséum, n° 180.
Habit. L'Ile de France.

N° 348. *ZEBRINA,* nobis.
Habit. ?

N° 349. *PANTHERA,* nobis.
Habit. ?

N° 350. *BICARINATA,* BRUGUIÈRE.
Bulimus bicarinatus, *Enc. mét.*, n° 102.
Bulla achatina sinistrorsa, CHEMNITZ, IX, tab. 103, fig. 875, 876.
Bulla bicarinata, DILLWYN.
Habit. L'Afrique.

N° 351. *PURPUREA,* GMELIN.
Bulla purpurea, GMELIN, DILLWYN.
Id., CHEMNITZ, IX, tab. 118, fig. 1017, 1018.
Bulimus purpurascens, BRUGUIÈRE.
Habit. L'Afrique.

50   TABLEAU SYSTÉMATIQUE

N° 352. *AMPHORA*, nobis.
Habit. ?

N° 353. *ACHATINA*, Linné.
Bulla achatina, Linné, Gmelin, Dillwyn ;
Chemnitz, IX, tab. 118, fig. 1012, 1013.
Buccinum achatinum, Muller.
Chersina Tigrina, Humphrey, *Mus. Calonn.*
Achatina variegata, Lamarck, Roissy.
Bulimus achatinus, Bruguière.
Habit. Madagascar, l'Afrique.

N° 354. *ZEBRA*, Chemnitz.
Buccinum achatinum, ε, Muller.
Bulla Zebra, Chemn., IX, tab. 118, fig. 1014.
Chersina Zebra, Humphrey, *Mus. Calonn.*
Bulimus Zebra, Bruguière.
Achatina Zebra, Montfort.
α) Bulla achatina. β) Von Born, tab. 10, fig. 1.
Bulimus Zebra, Perry.
Habit. Madagascar. α) La Cafrerie, le pays
des Hottentots, sous les buissons des mon-
tagnes de sables, Delalande.

†† *Coquille ovoïde ou turriculée, bouche alongée et étroite.*

Dixième sous-genre. COCHLICOPE, *COCHLICOPA*, nobis; *Bulla*, *Voluta*, Gmelin, Dillwyn ;
Bulimus, Bruguière; *Polyphemus*, Montfort; *Achatina*, *Limneus*, Lamarck; *Columna*, Perry.

Coquille ovoïde ou turriculée, mince, transparente, généralement unicolor; volute croissant
plus ou moins fortement; spire courte ou très
alongée; bord intérieur du cône spiral, formant
une columelle plate, torse, solide, repliée en dedans, et plus ou moins arquée et tronquée à sa
base; ouverture plus ou moins courte ou alongée,
et droite, mais généralement étroite; péristome
simple.

1) *Coquille ovoïde, bouche longue, bord extérieur dans
la verticale.*

Premier groupe. LES POLYPHÈMES, *Polyphemæ*,
Montfort.

N° 355. *HELIX (cochlicopa) PRIAMUS*, Gro-
novius.
Helix Priamus, Gronovius, *Zoophyl.*
Helix Priapus, Gmelin.
Buccinum Stercus pulicum, Chemnitz, IX,
tab. 120, fig. 1026, 1027.
Bulla Stercus pulicum, Gmelin.
Bulla Priamus, Dillwin.
α) Fossilis, *Bulla hélicoides*, Brocchi, *Con-
chyl.*, t. II, pl.   fig.
Habit. La côte de Guinée? α) Le Plaisantin,
en Italie.

N° 356. *ROSEA*, nobis.
Buccinum striatum, Chemnitz, IX, tab. 120,
fig. 1028, 1029.
Bulla truncata, Gmelin, Dillwyn.
Polyphemus Glans, Say.
α) Elongata.
Habit. Les Florides; *Comm.* Say.

N° 357. *MULLERI*, nobis.
Buccinum striatum, Muller.
Id.', Chemnitz, var. α) Tab. 120, fig. 1030.
Strombus striatus, Gmelin.
Helix tenera, Gmelin.
Helix incumbens, Dillwyn.
Bulimus striatus, Bruguière, n° 113.
Habit. Cayenne, sur les monts Serpent et Sy-
neri; *Comm.* Howe.

N° 358. *POIRETI*, nobis.
Bulimus Algirus, Bruguière, *Encycl. méth.*,
n° 110.
Habit. L'Italie, *Comm.* Moricand ; l'île de
Zante, *Comm.* le Cte Mercati ; Alger, Poi-
ret.

N° 359. *BRUGUIEREUS*, nobis.
Habit. Les Antilles? Muséum, n° 190.

N° 360. *OLEACEA*, nobis.
Habit. Les Antilles?

N° 361. *GLANDULA*, nobis.
Habit. Les Antilles?

N° 362. *GLANS*, Bruguière, *Encyclop. méth.*,
n° 111.
Bulla voluta, Chemnitz, IX, tab. 117, fig.
1009, 1010.
Id., Gmelin, Dillwyn.
Polyphemus Glans, Montfort.
Habit. Saint-Domingue.

N° 363. *LEUCOZONIAS*, Walch.
Naturf., 4 st., t. I, fig. 4 et 5, p. 40.
Martin, *Conch.* 4, p. 220, pl. CXLVIII, fig.
1371, 1372.
Voluta leucozonias, Gmelin, Dillwyn.
Habit. La Martinique.

N° 364. *DOMINICENSIS*, Gmelin.
Bulla Dominicensis, Gmelin, Dillwyn.
Bulla turrita et maculata, Chemnitz, IX, tab.
117, fig. 1011.
Bulimus maculatus, Bruguière.
Habit. Les grandes Antilles.

N° 365. *TIARELLA*, nobis.
Habit.? Comm. Dufresne.

2) *Coquille turriculée, bouche courte, bord extérieur
un peu avancé.*

Deuxième groupe. LES STYLOÏDES, *Styloides.*

Genre. *Columna*, Perry.

N° 366. *FULMINEA*, nobis.
Habit. L'Amérique?

N° 367. *COLUMNA*, Muller.
Buccinum Columna, Muller.
Helix Columna, Chemnitz, IX, tab. 112, fig.
954, 955 ; et XI, tab. 213, fig. 3020, 3021.
Helix Pyrum et Helix Columna, Gmelin.
Bulimus Columna, Bruguière.
Limneus Columna, Lamarck.
α) Columna grisea, Perry.
Habit. Les Antilles? le Brésil?

† N° 368. *MARMOREA*, Perry, *Conch.*, pl. LI,
fig. 2.
Habit.?

N° 369. *OCTONA*, Chemnitz.
Helix octona, Gmelin, var. β).
Helix octona, Chemnitz, IX, tab. 136, fig.
1264.
Id., Maton et Rackett, *Cat.*, pl. V, fig. 10.
Habit. Les Antilles.

N° 370. *TEREBRASTER*, nobis.
Habit. Les Antilles.

N° 371. *ACICULA*, Muller.
L'Aiguillette, Geoffroy.
Buccinum Acicula, Dillwyn.
Buccinum Acicula, Muller.
Buccinum terrestre, Montagu.
Buccinum longuisculum, Adans., *Microsc.*
Bulimus Acicula, Bruguière.
Id., Draparnaud, *Hist.*, pl. IV, fig. 25, 26.
Helix octona, Schröter, Gmelin.
Habit. Presque toute l'Europe.

N° 372. *LUBRICOIDES*, nobis.
Habit. Les environs de Rimini.

N° 373. *FOLLICULUS*, Gronovius.
Helix folliculus, Gronovius, *Zoophyl.*, fasc. 3,
p. 296, pl. XIX, fig. 15, 16.
Id., Gmelin.
Habit. L'Italie; Nice, Naples, Malte, Zante :
l'Andalousie.

N° 374. *LUBRICA*, Muller.
La Brillante, Geoffroy.
Helix lubrica, Gmelin.
Helix stagnorum, Pulteney.
Turbo muscorum, Pennant.
Turbo glaber, Da Costa.
Bulimus lubricus, Bruguière. Id., Draparn.,
Hist., pl. IV, fig. 24.
Helix subcylindrica, Dillwyn.
Id., Linné, Gmelin, Chemnitz ???
Habit. L'Europe.

Observations. Les espèces de ce dernier groupe
réunies dans un même sous-genre aux vrais polyphèmes, par la grande analogie de leurs coquilles,
n'offrent cependant point toutes dans leurs animaux une similitude de conformation. L'*H. fulminea* et l'*H. Acicula* sont peut-être les seules espèces
qui puissent entrer avec les polyphèmes érigés en
genre distinct. L'*H. Columna* et l'*H. marmorea*
dont on ne connoît pas l'animal, appartiennent
peut-être à un autre groupe. L'*H. lubricoides*, si
voisine de l'*acicula*, est elle-même fort analogue
à l'*H. folliculus*, et celle-ci à l'*H. lubrica*. Cependant ces espèces n'offrent point les caractères de
l'animal de l'*H. Poireti*. Il faut encore de nouveaux renseignements pour prendre un parti à
l'égard de toutes ces coquilles.

2) Coquille perforée ou ombiliquée, ombilic masqué ou découvert; péristome simple.

α) Tours de spire égalisés, le dernier moins long que les autres réunis.

ONZIÈME SOUS-GENRE. **COCHLICELLE,** *COCHLICELLA,* nobis; *Bulimus,* BRUGUIÈRE et DRAPARNAUD.

Coquille conique ou turriculée, perforée; tours de spire égalisés, nombreux, étroits, le dernier moins long que les autres réunis ; ouverture courte, columelle torse et creuse.

GROUPE UNIQUE. LES TOURELLES, *Turritæ.*

No 375. *HELIX* (*cochlicella*) *CONOIDEA,*
 DRAPARNAUD, *Hist.,* pl. V, fig. 7, 8.
 α) fasciata.
 Habit. Les plages sablonneuses de la Méditerranée en Provence, à Naples, dans l'île de Zante et en Sicile.

† N° 276. *TROCHOIDES,* BRUGUIÈRE.
 Bulimus trochoides, *Encycl. méth.,* n° 8.
 Habit. Les rochers de l'île Marosse, au fond de la baie d'Antongil de l'île de Madagascar.

N° 377. *VENTROSUS,* nobis.
 Bulimus ventricosus, DRAP., *Hist.,* pl. IV, fig. 31, 32.
 Helix acuta, MULLER.
 GUALTIERI, *Test.,* tab. 4, fig. L, N.
 Habit. La Provence, la Syrie, l'Italie, l'Andalousie.

N° 378. *ACUTA,* MULLER.
 LISTER, *Synops.,* tab. 19, fig. 14.
 Helix bifasciata, PULTENEY, MATON.
 Turbo fasciatus, PENNANT, DA COSTA, DONOVAN, MONTAGU.
 Bulimus acutus, BRUGUIÈRE; DRAPARNAUD, *Hist.,* pl. IV, fig. 29, 30.
 Helix acuta, DILLWYN.
 Habit. L'Angleterre, l'Europe méridionale, l'Archipel, la Syrie, l'Égypte. Les États-Unis; *Comm.* LESUEUR.

† N° 379. *BARBARA,* LINNÉ, GMELIN, DILLWIN ?
 Habit. Alger, LINNÉ. Rien ne prouve que cette espèce soit la précédente.

N° 380. *ORYZA,* BRUGUIÈRE.
 Bulimus oryza, *Encyclop. méthod.,* p. 333, n° *.
 Habit. La Guadeloupe; *Comm.* MAYOL.

N° 381. *CLAVULUS,* nobis.
 α) Muséum, n° 200*, de l'île de France??
 Habit.? La Guadeloupe; *Comm.* MAYOL.

N° 382. *CALCAREA,* CHEMNITZ, *Conch.* IX, tab. 135, fig. 1226.
 Helix calcarea, VON BORN, DILLWYN.
 Helix obtusata et Helix decollata, β; GMELIN.
 Bulimus calcareus, BRUGUIÈRE.
 Habit. Les grandes Indes ?

N° 383. *DECOLLATA,* LINNÉ.
 Helix decollata, MULLER, GMELIN, DILLWYN, CHEMNITZ.
 Bulimus decollatus, BRUGUIÈRE; DRAPARN., *Hist.,* pl. IV, fig. 27, 28.
 α) major.
 β) minor.
 Habit. L'Europe méridionale, l'Égypte ; les Canaries, *Comm.* RUDOLPHI. β) Scio, OLIVIER.

† N° 384. *SEPTENARIA,* BRUGUIÈRE.
 Bulimus septenarius, *Encyclop. méthod.,* n° 46.
 PETIVER, *Gazophyl.,* p. 26, n° 4, tab. 17, fig. 4.
 Habit. La Perse, PETIVER? L'Amérique méridionale, BRUGUIÈRE?

β) *Dernier tour de spire généralement plus gros et plus long que les autres réunis.*

DOUZIÈME SOUS-GENRE. COCHLOGÈNE, *COCHLOGENA*, nobis; *Bulimus,* SCOPOLI, BRUGUIÈRE, LAMARCK, MONTFORT; *Chersina, Otis,* HUMPHREY; *Bulimulus,* LEACH; *Pythia,* OCKEN; *Melania,* PERRY; *Bulinus, Pupa,* STUDER; *Odostomia,* FLEMMING; *Bulla, Voluta, Buccinum,* GMELIN, CHEMNITZ, DILLWYN; *Helix, Buccinum,* MULLER; *Auricula,* LAMARCK.

Coquille oblongue ou ovoïde; dernier tour de spire généralement plus gros et plus long que les autres réunis; bord intérieur du cône spiral replié en dehors, et portant presqu'à angle droit sur la convexité de l'avant-dernier tour, de manière à former une columelle creuse, torse ou droite, perforée ou ombiliquée; ouverture généralement alongée et en croissant.

† *Péristome simple ou épaissi, mais à bords tranchants.*

α) *Coquille ombiliquée, columelle droite.*

PREMIER GROUPE. LES OMBILIQUÉES, *Umbilicatæ.* *Bulla,* GMELIN, CHEMNITZ; *Buccinum,* MULLER.

N° 385. *HELIX (cochlogena) FLAMMATA,* nobis.
Buccinum strigatum, MULLER.
Bulla strigata, GMELIN, DILLWYN.
Bulimus strigatus, BRUGUIÈRE.
Helix undata, GMELIN, DILLWYN?
Habit. L'Afrique.

N° 386. *BABEL,* nobis.
α) Muséum, n° 215**.
Habit. L'Afrique? Muséum, n° 215*.

N° 387. *STRIATULA,* MULLER.
Buccinum striatulum, MULLER, n° 335.
Bulla striatula, GMELIN, DILLWYN.
Bulimus striatulus, BRUGUIÈRE.
Habit. L'Afrique.

N° 388. *KAMBEUL,* ADANSON, voyage au Sénégal, G. V., tab. 1.
Bulimus Kambeul, BRUGUIÈRE.
Helix Kambeul, DILLWYN.
Habit. Le Sénégal, ADANSON.

N° 389. *FLAMMEA,* MULLER.
Helix flammea, GMELIN, DILLWYN.
Bulla flammea, CHEMNITZ, IX, tab. 119, fig. 1024, 1025.
α) Bulimus flammeus, BRUGUIÈRE.
Habit. L'Afrique.

N° 390. *ÆDILIS,* nobis.
Habit. Le royaume de Galam, en Afrique. Muséum, n° 214.

β) *Coquille perforée, columelle torse.*

DEUXIÈME GROUPE. LES PERFORÉES, *Perforatæ.* *Bulimus,* BRUG., DRAPARN.; *Bulimulus,* LEACH.

* *Coquille oblongue.*

N° 391. *FASCIOLATA,* OLIVIER.
Bulimus fasciolatus, *voyage au Levant,* pl. XVII, fig. 5.
α) alba.
β) major.
Habit. L'île de Rhodes, Lataquie; β) la côte de Caramanie; *Comm.* OLIVIER.

N° 392. *RADIATA,* BRUGUIÈRE.
Helix detrita, MULLER, CHEMNITZ, GMELIN, DILLWIN.
Helix sepium, GMELIN.
Bulimus radiatus, DRAPARN., *Hist.,* tab. 4, fig. 21.
Buccinum leucozonias, GMELIN.
α) Muséum, n° 204*.
β) major.
γ) minor.
Habit. L'Angleterre, la France; α) l'île Saint-Thomas, MAUGÉ; β) Nicée, OLIVIER; γ) le Vallais, *Comm.* CHARPENTIER.

N° 393. *LIMNOIDES,* nobis.
Habit. La Guadeloupe, *Comm.* KRAUSS; l'île Saint-Vincent, LESUEUR.

N° 394. *GUADALUPENSIS*, Bruguière.
Helix acuta, Chemn., IX, tab. 134, fig. 1124,
n°ˢ 1, 2.
Bulimus Guadalupensis, Bruguière.
Helix Guadalupensis, Dillwyn.
Bulimulus trifasciatus, Leach. *Misc.*, t. I, p. 41.
Id., acutus, Leach, id.
Helix exilis, Gmelin, *Syst. nat.*, p. 3668.
Habit. La Guadeloupe, la Martinique, l'île
St.-Barthélemy, Porto-Rico, sur les caféiers
et autres arbrisseaux. Cette espéce varie
beaucoup pour les couleurs et les bandes.

N° 395. *FRATERCULUS*, nobis.
Habit. La Guadeloupe ; *Comm.* Krauss et
Mayol.

N° 396. *VIRGULATA*, nobis.
Lister, *Synops.*, tab. 8, fig. 2.
α) Helix detrita, Chemnitz, IX, tab. 134, fig.
1225, litt. *a*, *b*.
Helix exilis, Gmelin, var. γ) *Syst. nat.*,
p. 3669.
β) immaculata.
γ) fasciata.
δ) Muséum, n° 209.
Habit. Le Brésil? les Antilles, Porto-Rico ;
β) γ) l'île Saint-Barthélemy, sur les arbustes
dans les parties les plus élevées; *Comm.* Lesueur. δ) Saint-Domingue.

N° 397. *VITTATA*, Humbolt.
Habit. La Nouvelle-Espagne; *Comm.* D. Humbolt.

N° 398. *SCHRÖTERI*, nobis.
α) major.
Habit. La côte de Coromandel, *Comm.* Schröter. α) Dans les bois à la base des montagnes de l'intérieur de la presqu'île en-deçà
du Gange; *Comm.* Leschenault.

N° 399. *ANGULATILIS*, nobis.
Muséum, n° 213 *bis*.
Habit. Le cap de Bonne-Espér., Delalande.

N° 400. *PICTURATA*, nobis.
Habit. La Trinité ; Cayenne, sur le mont Serpent, *Comm.* Howe; la Guadeloupe, *Comm.*
Krauss; la Martinique, sur les haies, Thounens.

N° 401. *LILIACEA*, nobis.
α) flavescens.
Habit. Les Antilles, Porto-Rico, Maugé.

N° 402. *ANGULOSA*, nobis.
Habit. Le Brésil ; *Comm.* Bosc.

N° 403. *LITA*, nobis.
Habit. Les îles Sandwich ? *Comm.* Gaudicho.
Le Brésil ?

† N° 404. *BONTIA*, Chemnitz, IX, tab. 134,
fig. 1216, 1217.
Helix Bontia, Gmelin.
Habit. Le Bengale.

** *Coquille ovoïde.*

N° 405. *COSTULATA*, nobis.
Habit. Le port du Roi George, dans la Nou-
velle-Hollande, Péron ; la baie des Chiens-
Marins, Gaudicho.

N° 406. *MELONES*, nobis.
Habit. La Nouvelle-Hollande.

N° 407. *RUBICUNDA*, nobis.
Habit. Les grandes Indes ?

†† *Péristome réfléchi ou denté.*

1) *Bouche en croissant, sans dents ni plis; péristome
réfléchi et régulier; columelle torse, perforée; dernier
tour de spire quelquefois plus court que les autres
réunis.*

Troisième groupe. LES LOMASTOMES, *Lomastomæ.*

Genre BULIME, *Bulimus*, Lamarck, Montfort.

* *Dernier tour de spire plus gros et plus long que les autres
réunis; coquille ornée de couleurs vives.*

N° 408. *FAVANNII*, nobis.
Habit. ?

N° 409. *OVUM*, nobis.
Habit. ?

N° 410. *OVATA*, Muller.
Helix ovalis, Gmelin.
Bulla ovata, Chemn., IX, t. 119, f. 1020, 1021.
Bulimus ovatus, Bruguière.
Habit. Le Brésil, dans les Bois Vierges; *Comm.*
Taunay.

N° 411. *OBLONGA*, Muller.
Bulla oblonga, Chemnitz, IX, tab. 119, fig.
1022, 1023.
Helix oblonga, Gmelin, Dillwyn.
Bulimus oblongus, Bruguière.
Helix ovipara, *Port. cat.*, p. 87.
Bulimus hæmastomus, Scopoli, Lamarck et
Leach.
Turbo hæmastomus, Gmelin, p. 3597.
Melania carnatis, Perry, *Conch.*, pl. 29, fig. 3.
Habit. Cayenne, *Comm.* Howe; la Trinité,
Comm. Thounens; le Brésil, *Comm.* Langs-
dorf; S.-Domingue, la Jamaïque? Chemn.;
l'île Saint-Thomas, sur la côte d'Afrique,
Bruguière.

† N° 412. *COLUMBA*, Bruguière.
Bulimus Columba, *Encycl. mét.*, n° 35.
Seba, *Thes.*, tab. 71, fig. 6, p. 169.
Habit.?

N° 413. *AUREA*, Dillwyn.
Bulimus citrinus, Bruguière.
Helix perversa, Linné, Gmelin, Von Born.
Id., Chemnitz, IX, tab. 110, fig. 928 à 931;
et tab. 111, fig. 934, 935.
Helix sinistra, Muller.
Limax aureus, Martyn.
Chersina perversa, Humphrey, *Mus. Calonn.*
Monstrum.
α) dextra.
Helix dextra, Muller, Gmelin; Chemnitz,
IX, tab. 134, fig. 1210, 1212.
Bulimus citrinus, D, Bruguière.
Habit. Les grandes Indes.

N° 414. *INVERSA*, Muller.
Bulimus Inversus, Bruguière.
Helix recta, Dillwyn.
Helix inversa, Muller, Gmelin; Chemnitz,
Conch. IX, tab. 110, fig. 925, 926.
an Helix trochoides? Chemnitz, *Conch.* X,
tab. 173, fig. 1686; junior?
Helix perversa. γ) Von Born.
α) Helix flammea sinistrorsa, Chemnitz, IX,
tab. 110, fig. 927.
β) pallescens striata. Muséum, n° 223.
Monstrum.
α) Helix recta, Muller, Gmelin.
Habit. Les grandes Indes α) et β) Java, par Leschenault. Cette espèce ne me paroît être
qu'une variété de la précédente.

N° 415. *INTERRUPTA*, Muller.
Bulimus interruptus, Bruguière.
Helix interrupta, Dillwyn.
Helix interrupta, Muller; Chemnitz, IX,
tab. 134, fig. 1213, 1214.
Monstrum.
α) Helix contraria, Muller, Gmelin.
Helix interrupta sinistrorsa, Chemnitz, IX,
tab. 111, fig. 938, 939.
Habit. Les grandes Indes, Timor; Maugé.

N° 416. *LÆVA*, Muller.
Helix læva, Gmelin; Chemnitz, IX, tab. 111,
fig. 940 à 949.
Bulimus lævus, Bruguière.
α) Muséum, n° 225*.
β) Muséum, n° 225**.
Habit. Les grandes Indes, Timor; Maugé.
Cette espèce et la précédente doivent, sans
doute, être réunies.

N° 417. *TRIZONALIS*, nobis.
Helix trifasciata, Chemn., IX, t. 134, fig. 1215.
Bulimus trifasciatus, Bruguière.
Habit. Les grandes Indes.

N° 418. *ALEPI*, nobis.
Habit. Alep, côte de Syrie, au lieu dit *la Coupe*,
à une demi-lieue de la ville; *Comm.* Olivier.

N° 419. *LABROSA*, Olivier.
Bulimus labrosus, Olivier, *voy. au Lev.*, 2,
p. 222, pl. XXI, fig. 10.
Habit. La côte de Syrie; Baruth, sur les mu-
railles, dans les vignes et dans les jardins,
Olivier. Sur les rochers des environs de
Seyde; *Comm.* D. Martin.

N° 420. *LABIOSA*, Muller.
Helix labiosa, Gmelin, Dillwyn.
Helix cylindracea acuta, Chemn., *Conch.* IX,
tab. 135, fig. 1234?
Habit. Les grandes Indes?

N° 421. *FRAGOSA*, nobis.
Habit. Les grandes Indes?

** *Dernier tour moins long et moins gros que les autres*
réunis; coquille unicolore.

N° 422. *BETICATA*, nobis.
Habit. Saint-Thomas; Maugé.

N° 423. *BADIOSA*, nobis.
Habit. Saint-Thomas; Maugé. Muséum, n°
226 *bis.*

N° 424. *OBSCURA*, Muller.
Le Grain d'orge, Geoffroy.
Helix obscura, Gmelin, Montagu, Maton,
Dillwyn.
Bulimus obscurus, Draparn., *Hist.*, pl. IV,
fig. 23.
Bulimus hordeaceus, Bruguière, Poiret.
Turbo rupium, Da Costa.
Habit. Presque toute l'Europe.

N° 425. *MONTANA*, Draparn., *Hist.*, pl. IV,
fig. 22. Bulimus montanus.
Helix Lackhamensis, Montagu, Maton, Dillwyn.
Helix buccinata, Alten, *Syst. abhandl.*, tab.
12, fig. 12.
Habit. La France, l'Angleterre, l'Allemagne,
la Suisse.

N° 426. *SIDONIENSIS*, nobis.
Habit. Seyde; *Comm.* D. Martin.

N° 427. *CYLINDRICA*, Péron.
Habit. Les îles Saint-Pierre et Saint-François,
Péron. Muséum, n° 230.

N° 428. *OSCILLUM*, nobis.
Habit. Le Bengale, dans les bois de l'intérieur;
Leschenault. Muséum, n° 229.

2) *Bouche courte en croissant; péristome simple ou
épaissi et régulier; columelle torse plus ou moins saillante et arquée, ou munie d'un pli qui tourne sur elle,
et la fait paroître subtronquée; ombilic masqué ou
exactement clos; dernier tour de spire quelquefois plus
court que les autres réunis.*

QUATRIÈME GROUPE. LES HÉLICTÈRES, *Helicteres;
Turbo*, Chemnitz.

* *Coquille coniforme.*

N° 429. *VULPINA*, nobis.
Habit. Les îles Sandwich? Expédition de M^r le
capitaine Freycinet.

N° 430. *DECORA*, nobis.
Turbo lugubris sinistrorsus, Chemn., t. XI,
tab. 213, fig. 3014, 3015.
Habit. Les îles Sandwich.

N° 431. *LUGUBRIS*, Chemnitz.
Turbo lugubris, Chemnitz, t. XI, p. 278,
tab. 209, fig. 2059, 2060.
Dixon, *a voyage round the world; App.*, p.
354, fig. 1. Turbo apex fulva.
Habit. Les îles Sandwich.

N° 432. *LORATA*, nobis.
Habit. Les îles Sandwich; *Comm.* Gaudicho.

N° 433. *SPIRIZONA*, nobis.
Habit. Les îles Sandwich?

** *Coquille turriculée.*

N° 434. *TURRITELLA*, nobis.
Habit. Les îles Sandwich. Expédition de M^r le
capitaine Freycinet.

*** *Coquille ovoïde.*

N° 435. *TRISTIS*, nobis.
Habit. Les îles Sandwich. Expédition de M^r le
capitaine Freycinet.

N° 436. *TEXTILIS*, nobis.
Habit. Les îles Sandwich; *Comm.* Gaudicho.

N° 437. *VENTULUS*, nobis.
Habit. L'île Gouham, l'une des Mariannes;
Comm. Gaudicho.

Observation. Les animaux des espèces de ce
groupe, nouvelles ou peu connues, méritent d'être
examinés avec soin, peut-être offriront-ils des caractères génériques dans leur organisation.

3) *Bouche alongée, anguleuse à ses extrémités, ou versante supérieurement, souvent rétrécie par les sinuo-
sités du bord extérieur; columelle grosse, plus ou
moins spirale, et formant un pli plus ou moins saillant dans l'ouverture. Péristome épaissi et réfléchi;
dernier tour de spire plus long et plus renflé que les
autres réunis.*

CINQUIÈME GROUPE. LES STOMOTOÏDES, *Stomotoï-
des. Voluta*, Gmelin, Dillwyn; *Otis*, Humphrey;
Auricula, Lamarck; *Bulimus*, Brug.; *Melania*,
Perry.

N° 438. *AURIS LEPORIS*, Bruguière.
Bulimus Auris Leporis, Bruguière, n° 82.
Maw, *Trav. of Brasil*, pl. de coquilles, n°s 1, 2.

Monstrum? An Species?
α) subtus plana, apertura lateralis. Muséum,
n° 236*.
Habit. Madagascar, dans une forêt de Bam-
bous, à 9 lieues du Port de Foulepointe,
BRUGUIÈRE. Le Brésil, dans les lieux culti-
vés; *Comm.* TAUNAY. α) Le Brésil, au cap
Saint-Esprit; expédition de M.ʳ le capitaine
FREYCINET. Selon M.ʳ Taunay, l'animal de
cette espéce a les tentacules inférieurs palmés.

N° 439. *AURIS SILENI,* VON BORN.
Voluta Auris Sileni, VON BORN, *Mus.,* tab. IX,
fig. 3, 4.
Id., GMELIN, CHEMNITZ, DILLWYN.
Bulimus Auris Sileni, BRUGUIÈRE.
Carychium undulatum, LEACH, *Miscell.*
Buonanni, cl. 3, fig. 8 ?
Habit. Partie Espagnole de Saint-Domingue?

† N° 440. *AURIS CERVINA,* nobis.
MAW, *Trav. of Brasil,* pl. de coq., fig. 4.
Habit. Le Brésil; MAW. Cette espéce paroît
bien distincte de la suivante.

N° 441. *GONIOSTOMA,* nobis.
LISTER, *Synops.,* tab. 1059, fig. 4?
MAW, *Trav.,* pl. de coq., fig. 3.
Habit. Le Brésil, près Rio-Janeiro, à l'aque-
duc de Corcovado.

N° 442. *AURIS CAPRINUS,* nobis.
Voluta glabra, GMELIN, DILLWYN.
Voluta Auris Judæ, GRONOVIUS, *Zoophyl.,*
p. 296, t. 18, fig. 12.
Id., β) GMELIN, p. 3437.
Bulimus Auris Sileni, BRUGUIÈRE.
Auricula Auris Sileni, LAMARCK, *Enc. méth.,*
pl. 460, fig. 4, *a, b.*
Habit. La Trinité, Saint-Domingue, etc.

N° 443. *DISTORTA,* CHEMNITZ, X, tab. 149,
fig. 1395, 1396. Auris Midæ distorta.
Voluta australis, DILLWYN.
Bulimus distortus, BRUGUIÈRE.
Habit. ?

† N° 444. *JOHNII,* CHEMNITZ, XI, tab. 210,
fig. 2076, 2077.
Habit. Les grandes Indes. Espéce incertaine
pour le genre.

† N° 445. *AURIS VULPINA,* CHEMN., XI,
tab. 210, fig. 2086, 2087. Voluta.
Melania nonpareil, PERRY, *Conch.,* pl. XXIX,
fig. 4.
Habit. Sainte-Hélène, CHEMNITZ; la Chine,
PERRY.

† N° 446. *AURIS MALCHI,* MULLER.
Voluta, GMELIN, DILLWYN; CHEMNITZ, IX,
tab. 121, fig. 1037, 1038.
Bulimus Auris Malchi, BRUGUIÈRE.
Habit. Le Brésil, où cette curieuse espéce a
été trouvée par S. A. S. le prince Maximi-
lien de Neuwied.

4) *Bouche en croissant, un peu anguleuse à ses extrémités, munie le plus souvent de dents courtes au péristome, qui est bordé et un peu évasé ou réfléchi; jamais
de lames. Columelle torse, creuse, aplatie à sa base,
ou formant une protubérance saillante; généralement
perforée.*

SIXIÈME GROUPE. LES DONTOSTOMES, *Dontostomæ.*

*) *Dernier tour de spire plus gros et plus long que les autres
réunis.*

N° 447. *AURIS BOVINUS,* BRUGUIÈRE; nobis,
pl. CLIX.
Auris Midæ terræ australis, CHEMNITZ, IX,
tab. 121, fig. 1039, 1040.
Auris Malchi β), GMELIN.
Limax Fibratus, MARTYN.
Voluta australis, DILLWYN.
α) Nobis, fig. 4.
β) Nobis, fig. 1, 2, 3.
Monstrum.
α) Apertura deformis; incrassata, contracta.
Habit. Les îles de la mer du Sud ?

† N° 448. *MELANIA,* nobis.
Melania striata, PERRY, *Conch.,* tab. 29, fig. 5.
Habit. La Nouvelle-Californie. Ne paroît pas
différer de la précédente?

† N° 449. *AURANTIA,* PERRY, *Conchyl.,* pl.
XXIX, fig. 1. Melania.
Habit. La Nouvelle-Zélande.

**) *Tours de spire égalisés, souvent pressés et étroits.*
GENRES. *Turbo,* GMELIN, DILLWYN; *Pupa,* DRAP., STUDER.

N° 450. *TURGENS,* nobis.
Habit. Le Portugal? *Comm.* LEACH.

H

No 451. *OBESATA*, nobis.
Habit. Seyde, *Comm.* D. MARTIN. Baruth,
OLIVIER.

N° 452. *PUPA*, LINNÉ.
Bulimus Pupa, BRUGUIÈRE.
Helix Pupa, DILLWYN.
α) medius.
β) major.
Hab. Gemleck en Syrie, Alexandrie d'Égypte,
les Dardanelles, Sestos, Scio, Standié, OLI-
VIER. L'île de Zante, *Comm.* le Cte MERCATI,
α) Standié, Zante. β) La Sicile, par Mr LUCAS.

N° 453. *TRIDENS*, MULLER.
Turbo tridens, GMELIN.
Turbo quadridens, ALTEN.
Pupa tridentata, BRARD.
Bulimus tridens, BRUGUIÈRE; DRAPARNAUD,
Hist., tab. 3, fig. 57.
Habit. Presque toute l'Europe.

N° 454. *QUADRIDENS*, MULLER.
L'anti-Barillet, GEOFFROY.
Turbo quadridens, GMELIN, DILLWIN.
Turbo Uva terrestris, CHEMNITZ.

Turbo Uva, var. γ) GMELIN.
Bulimus 4 dens, BRUGUIÈRE.
Pupa 4 dens, DRAPARN., *Hist.*, pl. IV, fig. 3.
α) major.
β) bidens.
γ) 5 dens.
Habit. Presque toute l'Europe. α) Montfalcon. β) Les Dardanelles, Naxie; OLIVIER.
γ) Les Dardanelles, OLIVIER.

N° 455. *ZEBRIOLA*, nobis.
Pupa Zebra, OLIVIER. *Voy. au Lev.*, pl. XVII,
fig. 10, *a*, *b*.
Habit. Gemleck, les Dardanelles; OLIVIER.

N° 456. *CLAUSILIÆFORMIS*, nobis.
Habit. Constantinople, Belgrade, Gemleck;
OLIVIER.

N° 457. *TOURNEFORTIA*, nobis.
TOURNEFORT, *voyage au Levant*, tome III,
lett. 21, p. 308.
Habit. La Natolie, près du village d'Emar-
Pacha, sur les Tithymales, TOURNEFORT; depuis Krahissar jusqu'à quatre journées au-
delà de Cutaye, OLIVIER.

(**) *Bouche généralement garnie de dents ou de lames.*

1) *Sans gouttières; péristome généralement non continu.*

TREIZIÈME SOUS-GENRE. COCHLODONTE, *COCHLODONTA*, nobis; *Turbo*, LINNÉ, GMELIN,
DILLWYN; *Bulimus*, BRUGUIÈRE; *Pupa*, LAMARCK, DRAPARNAUD; *Odostomia*, FLEMMING.

Coquille cylindracée ou fusiforme; tours de
spire nombreux, égalisés, pressés, étroits; columelle généralement solide, en filet spiral, rarement creuse, alors conico-cylindrique et ombiliquée; bouche courte, presque aussi large que
haute, droite, c'est-à-dire placée dans la direction
de l'axe, presque toujours garnie intérieurement
de dents alongées ou de lames minces; ses deux
bords sur le même plan vertical, et tombant presqu'à la même hauteur sur la convexité de l'avant-
dernier tour; péristome réfléchi, généralement
non continu.

1) *Coquille cylindrique.*

PREMIER GROUPE. LES MAILLOTS, *Pupæ*;
genre *Pupa*, LAMARCK, STUDER.

N° 458. *UVA*, LINNÉ.
Turbo Uva, LINNÉ, GMELIN, DILLWYN.

Turbo fusus, GMELIN.
Helix fusus, MULLER.
Bulimus Uva, BRUGUIÈRE.
Pupa Uva, LAMARCK, *Syst.*
GUALTIERI, *Test.*, tab. 58, fig. D.
α) minor.
An Helix fusulus, MULLER?
Turbo fusulus, GMELIN?
Habit. Les Antilles. Muséum, n° 248.

N° 459. *MUMIA*, BRUGUIÈRE.
Bulimus Mumia, BRUGUIÈRE.
Turbo Mumia, DILLWYN.
LISTER, *Synops.*, tab. 588, fig. 48.
α) intermedia, *an Spec.?*
Habit. Les Antilles. Muséum, n° 249.

N° 460. *ALVEARIA*, DILLWYN.
Turbo Alvearia, DILLWYN, *Desc. cat.*, p. 862.

Bulimus fusus, Bruguière?
Lister, *Synops.*, tab. 588, fig. 49.
α) Muséum, n° 251.
β) *an Spec. distincta?* Muséum, n° 252.
Habit. Les Antilles. Muséum, 250.

N° 461. *CANCELLATA*, nobis.
Habit.?

N° 462. *DECUMANUS*, nobis.
α) Lister, *Synops.*, tab. 588, fig. 47.
Habit.?

N° 463. *CINEROSA*, nobis.
Habit.?

N° 464. *PALANGA*, nobis.
α) major.
β) elata. Muséum, n° 254*.
γ) brevis.
Habit. L'Ile de France.

N° 465. *RAWACENSIS*, nobis?
Habit. L'île de Rawak, l'une des Moluques.
Expédition de M^r le capitaine Freycinet.

N° 466. *MODIOLUS*, nobis.
α) Unidentata.
Habit. L'Ile de France? Muséum, n° 255.

N° 467. *PALANGULA*, nobis.
Habit. L'Ile de France. Muséum, n° 256.

N° 468. *VERSIPOLIS*, nobis.
α) minor. Muséum, n° 257*.
β) cylindracea.
γ) subconica.
Habit. L'Ile de France. Muséum, n° 257.

N° 469. *MODIOLINUS*, nobis.
Habit. L'Ile de France. Muséum, n° 258.

N° 470. *PAGODA*, nobis.
Habit. L'Ile de France.

N° 471. *SULCATA*, Muller.
Helix sulcata, Chemnitz, IX, tab. 135, fig.
1231, 1232.
Turbo sulcatus, Gmelin.
Bulimus sulcatus, Bruguière.
Habit. L'Ile de France? Ceylan.

N° 472. *LYONETIANA*, Pallas, *Spic. zool.*,
fasc. 10, tab. 3, fig. 7, 8.
Trochus monstruosus Lyonetianus, Chemn.,
V, tab. 160, fig. 1513, *a, b.*
Trochus distortus, Gmelin.
Bulimus Lyonetianus, Bruguière.
Helix distortus, Burrow, *Elem. conch.*
Gibbus Lyonetianus, Montfort.
Habit. L'Ile de France.

N° 473. *DOLIOLUM*, Bruguière.
Le grand Barillet, Geoffroy.
Bulimus Doliolum, Bruguière.
Pupa Doliolum, Draparn., *Hist.*, tab. 111,
fig. 41, 42.
Habit. L'Europe tempérée.

N° 474. *UMBILICATA*, Draparnaud.
Pupa Umbilicata, Draparn., *Hist.*, tab. 111,
fig. 39, 40.
Turbo muscorum des Anglois, Montagu, Do-
novan, Maton, Dillwyn.
Turbo cylindraceus, Da Costa.
Bulimus muscorum, Bruguière et Poiret.
Turbo dolioliforme, *Port. Catal.?*
Habit. Presque-toute l'Europe.

N° 475. *MUSCORUM*, Linné.
Le petit Barillet, Geoffroy?
Turbo Muscorum, Linné, Gmelin, Chem-
nitz.
Helix Muscorum, Muller.
Turbo dolioliforme, *Port. Cat.?*
Pupa marginata, Draparn., *Hist.*, tab. 111,
fig. 36-38.
Habit. Presque toute l'Europe.

N° 476. *TRIPLICATA*, Studer, *Catal.*
Habit. La Suisse; *Comm.* Studer.

N° 477. *DOLIUM*, Draparnaud.
Pupa Dolium, Draparnaud, *Hist.*, pl. III,
fig. 43.
Habit. La France, l'Allemagne.

N° 478. *DUFOURII*, nobis.
Habit. L'Espagne; *Comm.* Léon Dufour.

N° 479. *PERTURBATA*, nobis.
Habit. L'Italie? l'Archipel?

2°) *Coquille fusiforme.*

DEUXIÈME GROUPE. LES GRENAILLES, *Cereales*, nob.;
Turbo, LINNÉ, GMELIN, DILLWYN; *Pupa*, DRAP.;
Bulimus, BRUGUIÈRE; *Odostomia*, FLEMMING; *Chondrus*, CUVIER; *Torquilla*, STUDER.

N° 480. *MORICANDI*, nobis.
   Habit. L'Italie, *Comm.* STEPHANO MORICAND.

† N° 481. *GIBBERULA*, BURROW.
   Elemen. conch., p. 188, pl. XXVII, fig. 3.
   Habit. Fernambouc.

N° 482. *ACINA*, nobis.
   Habit. ?

N° 483. *GRANUM*, DRAPARNAUD; Pupa Granum, *Hist.*, tab. III, fig. 45, 46.
   Habit. La France, la Suisse.

N° 484. *CINEREA*, DRAPARN.; Pupa Cinerea, *Hist.*, pl. III, fig. 53, 54.
   L'Antinonpareille, GEOFFROY.
   Bulimus similis, BRUGUIÈRE.
   Turbo quinquedentatus, DILLWYN.
   α) major.
   β) minor.
   Habit. L'Europe tempérée et méridionale; les petites Antilles, MAUGÉ. α) La Provence, Nice, Florence.

N° 485. *AVENA*, DRAPARNAUD, *Hist.*, pl. III, fig. 47, 48.
   Le Grain d'avoine, GEOFFROY.
   Bulimus avenaceus, BRUGUIÈRE, POIRET.
   Turbo Juniperi, MONTAGU, MATON, DILLWYN.

Turbo multidentatus, OLIVI?
Helix granum avenaceum referens, CHEMN.?
Habit. Presque toute l'Europe.

N° 486. *HORDEUM*, STUDER, *Catal.*
   Habit. La Suisse; *Comm.* STUDER.

N° 487. *FRUMENTUM*, DRAPARNAUD, *Hist.*, pl. III, fig. 51, 52.
   Habit. La France, l'Italie, etc.

N° 488. *SECALE*, DRAPARNAUD, *Hist.*, pl. III, fig. 49, 50.
   Pupa Frumentum, GAERTNER.
   Habit. La France, l'Allemagne, l'Espagne.

N° 489. *MUTABILIS*, nobis.
   Pupa variabilis, DRAPARNAUD, *Hist.*, tab. III, fig. 55, 56.
   α) Muséum, n° 265. De Florence.
   β) Pineta, nobis; *an Spec. dist.?*
   Habit. L'Europe méridionale; le Vallais, *Comm.* CHARPENTIER.

N° 490. *POLYODON*, DRAPARN., *Hist.*, tab. IV, fig. 1, 2.
   α) exilis, elongata.
   Habit. Les environs de Montpellier. α) Gironne, Barcelonne; *Comm.* LÉON DUFOUR.

N° 491. *LISTERI*, nobis.
   LISTER, *Synops.*, tab. 31, fig. 29.
   α) Muséum, n° 267 *ter.*
   Habit.? Museo-Regio, n° 267. An Carychium?

† N° 492. *BRASILIENSIS*, nobis.
   MAW, *Trav. of Brasil*, pl. des coq., fig. 6.
   Habit. Le Brésil. An Vertigo? vel Carychium?

1) Une ou deux gouttières; péristome généralement continu.

QUATORZIÈME SOUS-GENRE. COCHLODINE, *COCHLODINA* (1), nobis; *Turbo*, LINNÉ, GMELIN, DILLWYN; *Clausilia*, DRAPARNAUD; *Volvulus*, OCKEN; *Odostomia*, FLEMMING.

Coquille cylindracée ou fusiforme; tours de spire nombreux, pressés, égalisés, étroits; columelle solide, en filet spiral, souvent garnie de lames, tournant avec elle, et d'une sorte d'opercule pédunculé et élastique; bouche garnie le plus souvent de lames élevées, et toujours d'une ou deux gouttières, la supérieure formée par une carène dorsale; péristome presque toujours continu.

(*) *Coquille dextre.*

† *Bouche sans dents ni lames.*

1) *Péristome non continu.*

PREMIER GROUPE. LES PUPOIDES, *Pupoides.*

N° 493. *CARINULA*, GMELIN.
Helix cretacea, CHEMNITZ, IX, tab. 136, fig. 1263, n°ˢ 1-4.
Bulimus lineatus, BRUGUIÈRE, n° 43.
α) minor.
Habit. Les Antilles.

N° 494. *NEBULOSA*, nobis.
Habit. Les Antilles.

N° 495. *IGNIFERA*, nobis.
α) fasciata.
Habit. La Martinique.

2) *Péristome continu.*

DEUXIÈME GROUPE. LES TRACHÉLOIDES, *Tracheloides; Turbo*, DILLWYN; *Cyclostoma*, LAMARCK.

N° 496. *SLOANII*, nobis.
Habit. Les Antilles.

N° 497. *DRAPARNALDI*, nobis.
Habit. Les Antilles.

† N° 498. *PETIVERIANA*, nobis.
PETIVER, *Pterigr.*; tab. 12, fig. 9.
LISTER, *Synops.*, tab. 21, fig. 18.
FAVANNE, *Conch.*, tab. 65, fig. B⁶.
Habit. Les Antilles.

N° 499. *BLAINVILLIANA*, nobis.
α) aff.; Muséum, n° 270?
Habit. Les Antilles.

N° 500. *CYLINDRUS*, CHEMNITZ, turbo Cylindrus, XI, tab. 209, fig. 2061, 2062.
LISTER, *Synops.*, tab. 21, fig. 17.
Turbo Cylindrus; DILLWYN.
Habit. Les Antilles; la Jamaïque.

N° 501. *ROSATA*, nobis.
Habit. Les Antilles.

N° 502. *TRUNCATA*, DILLWYN.
Helix decollata et fasciata, CHEMNITZ, IX tab. 136, fig. 1256, 1257.
Helix truncata, DILLWYN.
FAVANNE, *Conch.*, tab. 65, fig. B¹⁰.
Habit. Les Antilles.

N° 503. *FASCIATA*, LAMARCK, *Encycl. méth.*, Cyclost., pl. 461, fig. 7.
Habit. Les Antilles.

† N°ˢ 504. *TORTUOSA*, CHEMNITZ?
Turbo Tortuosus, CHEMNITZ, XI, tab. 195 A, fig. 1882, 1883.
Habit. Les Antilles.

N° 505. *GRACILICOLLIS*, nobis.
Habit. L'île Saint-Thomas; MAUGÉ.

N° 506. *PERPLICATA*, nobis.
Habit. Les Antilles.

N° 507. *COLLARIS*, nobis.
PETIVER, *Gazoph.*, tab. 153, n° 4.
LISTER, *Synops.*, tab. 20, fig. 16.
Habit. Les Antilles; Porto-Rico, MAUGÉ.

N° 508. *SUBULA*, nobis.
Habit. ?

N° 509. *ANTIPERVERSA*, nobis.
Habit. La Guadeloupe, la Martinique; *Comm.* KRAUSS.

<hr>

(1) De δῖνα, dina, *tourbillon.*

†† *Bouche armée de gros plis ou dents alongées.*

N° 510. *GARGANTUA,* nobis.
 Habit. Cabinet de M͏ʳ DE LA TOUCHE. Coquille
  aussi rare que singulière, de plus de deux
  pouces de longueur.

(**) *Coquille sénestre.*

1) *Bouche sans lames.*

TROISIÈME GROUPE. LES ANOMALES, *Anomales;*
 Pupa, DRAPARNAUD.

N° 511. *PERVERSA,* LINNÉ.
 Turbo perversus, LINNÉ, *Fn. succ.,* n° 2172.
 Id., CHEMNITZ, MONTAGU, MATON, DILLWYN.
 Pupa fragilis, DRAPARN., *Hist.,* pl. IV, fig. 4.
 Habit. Presque toute l'Europe.

N° 512. *CHEMNITZIANA,* nobis.
 Turbo elongatus, CHEMNITZ, IX, tab. 112,
  fig. 956.
 Habit.?

2) *Bouche armée (des lames, dont une en opercule
 élastique).*

QUATRIÈME GROUPE. LES CLAUSILIES, *Clausiliæ;*
 genre *Clausilie,* DRAPARNAUD.

N° 513. *TORTICOLLIS,* OLIVIER.
 Voy. au Lev., tome I, pl. XVII, fig. 4, *a, b.*
 Habit. Standié, l'île de Crète, OLIVIER.

N° 514. *RÉTUSA,* OLIVIER.
 Voyage au Levant, tome I, p. 416, pl. XVII,
  fig. 2, *a, b.*
 Habit. Standié, l'île de Crète, OLIVIER.

N° 515. *LEROSIENSIS,* nobis.
 Hab. L'île de Léros, dans l'Archipel; OLIVIER.

N° 516. *STRANGULATA,* nobis.
 Habit. Scyde, *Comm.* D. MARTIN. Baruth,
 OLIVIER.

N° 517. *TERES,* OLIVIER.
 Voy. au Lev., tome I, pl. XVII, fig. 6, *a, b.*
 Habit. L'île de Crète.

N° 518. *SIONESTANA,* FAURE BIGUET.
 æ) ventricosa.
 Habit. L'île de Candie, près Palaïo-Castro;
 OLIVIER.

N° 519. *CORRUGATA,* CHEMN., IX, tab. 112,
  fig. 961, 962. Turbo corrugatus.
 Clausilia corrugata, DRAPARN., *Hist.,* pl. IV,
  fig. 11, 12.
 Bulimus corrugatus, BRUGUIÈRE.
 Turbo corrugatus, DILLWYN.
 Habit. L'Archipel, OLIVIER. Le Languedoc,
  la Provence? l'Espagne, BRUGUIÈRE.

N° 520. *CÆRULEA,* nobis.
 Habit. L'Archipel, Santorin, Naxie, Scio; OLIV.

N° 521. *INFLATA,* OLIVIER.
 Bulimus inflatus, OLIVIER, *voy. au Levant,*
  tome I, pl. XVII, fig. 3, *a, b.*
 α) Muséum, n° 280.
 Habit. L'île de Candie, sur les rochers; OLIV.

N° 522. *MAUGEI,* nobis.
 Habit. L'île Saint-Thomas; MAUGÉ. Muséum,
  n° 282.

N° 523. *BICANALICULATA,* nobis.
 Turbo tridens, CHEMN., IX, tab. 112, fig. 957.
 Habit. Porto-Rico; MAUGÉ.

N° 524. *OSCITANS,* nobis.
 Habit. L'île de Malte; *Comm.* M͏ʳ le chevalier
  DE BUTET, consul de France.

N° 525. *PAPILLATA,* nobis.
 Habit. Sur les rochers calcaires et schisteux,
  du chemin de Pérouse à Citta di Castello,
  après le Ponte Lanella; États Romains
  Comm. MÉNARD DE LA GROIE.

N° 526. *CRENATA,* nobis.
 Hab. Les environs de Vicence; par M͏ʳ BRON-
  GNIARD fils. C'est la plus grande des clausi-
  lies d'Europe.

N° 527. *NÆVOSA,* nobis.
 Habit. L'île de Zante; *Comm.* le C͏ᵗᵉ MERCATI.

N° 528. *PAPILLARIS,* MULLER.
 Turbo bidens, LINNÉ, MATON, DILLWYN.
 Turbo Papillaris, CHEMNITZ.

Bulimus Papillaris, Bruguière.
Clausilia Papillaris, Draparn., *Hist.*, pl. IV,
fig. 13.
Habit. L'Italie, l'Archipel, Malte.

Nº 529. *DERUGATA,* nobis.
Helix bidens, Muller.
Turbo bidens, Chemnitz.
Bulimus bidens, Bruguière.
Turbo laminatus, des Anglois.
Clausilia bidens, Draparnaud, *Hist.*, pl. IV,
fig. 5 à 7.
α) minor.
Habit. Toute l'Europe. α) Montfalcon, près
Trieste.

Nº 530. *DIODON,* Studer, *Catal.*
Habit. Le Vallais, Mʳ Venetz; le Piémont,
Mʳ Thomas; sur les montagnes granitiques.

Nº 531. *VENTRICULOSA,* nobis.
Clausilia ventricosa, Draparn., *Hist.*, tab. IV,
fig. 14.
Helix perversa, Sturm.
α) Turbo biplicatus, des Anglois; Montagu,
Test. Brit., t. 11, fig. 5.
Habit. La France, la Suisse, l'Allemagne.
α) L'Angleterre; *Comm.* Goodall.

Nº 532. *INTERLAPSA,* nobis.
Habit. Les petites Antilles, Maugé. Muséum,
nº 287.

Nº 533. *SIMILIS,* Charpentier.
Habit. Königsbruck en Lusace; *Comm.* Charpentier.

Nº 534. *FOLIACEA,* Faure Biguet.
Habit. La France.

Nº 535. *SOLIDA,* Draparnaud, *Hist.*, pl. IV,
fig. 8, 9.
Turbo labiatus, des Anglois.
Habit. La France, l'Angleterre.

Nº 536. *PLICOSA,* nobis.
Clausilia plicata, Draparnaud, *Hist.*, pl. IV,
fig. 15, 16.
Habit. La France septentrionale, la Suisse.

Nº 537. *VICINA,* nobis.
Habit. La Syrie, Olivier. Muséum, nº 286.

Nº 538. *DENTICULATA,* Olivier.
Bulimus denticulatus, Olivier, *voy. au Lev.*,
pl. XVII, fig. 9, *a, b.*
Habit. Gemleck, Scio, Baruth; Olivier.

Nº 539. *MÆSTA,* nobis.
Habit. Seyde; *Comm.* D. Martin, vice-consul.

Nº 540. *PLICATULA,* Draparnaud, *Hist.*,
pl. IV, fig. 17, 18.
Habit. La France septentrionale, la Suisse.

Nº 541. *DUBIA,* Drap., *Hist.*, pl. IV, fig. 10.
Clausilia roscida, Studer? *Catal.*
Habit. La France, la Suisse.

Nº 542. *CRUCIATA,* Venetz; Studer, *Catal.*
Habit. Leuckerbad dans le Vallais; les forêts
des Alpes, le Jura; *Comm.* Venetz, Studer et Charpentier.

Nº 543. *RUGOSA,* Draparnaud, *Hist.*, pl. IV,
fig. 19, 20.
an turbo conversus, Alten?
Clausilia corrugata, Gaertner.
Turbo nigricans, Pulteney, Maton, Dillwyn.
Turbo perversus, Pennant.
Turbo bidens, Montagu.
Helix perversa, Muller.
La Nonpareille, Geoffroy.
Helix elongata, Razoumowsky?
Bulimus perversus, Bruguière.
Habit. Toute l'Europe.

Nº 544. *PARVULA,* Studer, *Catal.*
Turbo crustatus, Hartmann.
Habit. La France, la Suisse.

†† DICÈRES.

A. Deux tentacules obconiques et rétractiles (animaux ovipares).

GENRE QUATRIÈME. **VERTIGO**, *VERTIGO*, MULLER. *Helix*, GMELIN; *Turbo*, MONTAGU, MATON et RACKETT, DILLWYN; *Odostomia*, FLEMMING; *Pupa*, DRAPARNAUD.

ANIMAL. *Couverture* et *orifice respiratoire:* comme dans l'hélix. *Tentacules:* longs, obconiques, l'extrémité arrondie.

Organes de la génération: réunis...? *Orifice...?*

TEST: cylindrique, très spiral; volute croissant lentement; quatre et demi à six tours, très peu différents après ceux du sommet. *Cône spiral:* incomplet. *Ouverture:* droite, dans la direction de l'axe, courte, souvent dentée; péristome souvent sinueux et réfléchi.

ESPÈCES.

1) *Bouche sans dents,* LES ÉDENTÉES, *Edentulæ.*

N° 1. *NITIDA,* nobis.
Pupa edentula, DRAPARNAUD, *Hist.,* pl. III, fig. 28, 29.
Vertigo edentula, STUDER, *Catal.*
Habit. La France, la Suisse; sur l'écorce des arbres.

N° 2. *CYLINDRICA,* nobis.
Pupa muscorum, DRAPARNAUD, *Hist.,* pl. III, fig. 26, 27.
Id., BRARD, pl. III, fig. 17, 18.
Pupa minuta, STUDER, *Catal.*
α) Apertura sub unidentata; major?
Habit. La France, la Suisse; sous les pierres, la mousse, dans les terrains secs et sablonneux. α) Sion, *Comm.* CHARPENTIER.

2) *Bouche dentée,* LES ARMÉES, *Munitæ.*

α) *Coquille dextre,* dextrorsæ.

† N° 3. *UNIDENTATA,* STUDER, *Catal.?*
Hab. La Suisse. *an variet.* α) *Spec. preced.?*

N° 4. *SIMILIS,* nobis (4 dentata).
Vertigo 4 à 5 dentata, STUDER, *Catal.*
Habit. La Silésie, la Souabe, la Suisse, la France.

N° 5. *PYGMÆA,* DRAPARNAUD, *Hist.,* Pupa pygmæa, pl. III, fig. 30, 31.
Vertigo 4 à 5 dentata, STUDER, *Catal.*
Habit. La France, la Suisse, l'Italie; l'Angleterre, *Comm.* GOODALL.

N° 6. *GUADALUPENSIS,* nobis (4 dentata).
Habit. La Guadeloupe, *Comm.* KRAUSS.

N° 7. *SEPTEMDENTATA,* nobis (7 à 8 dentata).
Pupa antivertigo, DRAPARNAUD, *Hist.,* pl. III, fig. 32, 33.
Vertigo 8 dentata, STUDER, *Catal.*
Turbo sex dentatus, MONTAGU, *Test. Brit.,* tab. 12, fig. 8.
Habit. La Suisse, la Souabe, la France, l'Angleterre.

N° 8. *ANGLICA,* nobis.
Turbo sexdentatus, MATON et RACKET, *Cat.* 55?
Habit. Les environs de Scarboroug, dans le Yorckshire, en Angleterre; *Comm.* D. BEAN. Cette curieuse espèce pourroit bien être un *pupa;* elle est de la grosseur du *cochlodonta muscorum.* C'est par conséquent le plus gros vertigo d'Europe, s'il appartient à ce genre. La figure de Montagu et la description de Maton et Rackett semblent prouver qu'ils ont parlé de deux espèces différentes.

N° 9. *OVULARIS*, Olivier, *voyage au Levant*, pl. XVII, fig. 12, *a, b*. Bulimus ovularis.

α) minor.

Habit. Gemlek ; α) Mossul : Olivier.

Cette espèce est le géant du genre, étant presque de la grosseur d'un pois ; son ouverture est garnie de six dents.

β) *Coquille sénestre,* sinistrorsæ.

N° 10. *PUSILLA*, Muller.

Pupa vertigo, Draparnaud, *Hist.*, pl. III, fig. 34, 35.

Vertigo pusilla, Studer, *Catal.*

Habit. La Souabe, la Suisse, la France.

N° 11. *VENETZII*, Charpentier.

Hab. Le Vallais, par M' Venetz; *Comm.* Charp.

B) *Deux tentacules cylindriques, oculés à leur sommet (ovo-vivipares).*

GENRE CINQUIÈME. **PARTULE**, *PARTULA*, nobis. Helix, Linné, Muller ; *Otis*, Humphrey ; *Auris*, Chemnitz ; *Bulimus*, Bruguière ; *Voluta*, Dillwin.

Animal. *Couverture, collier* et *pied :* comme dans l'helix. *Orifice respiratoire :* sur le collier à l'angle extérieur de l'ouverture.

Tentacules : deux, cylindriques et rétractiles, oculés à leur sommet.

* *Organes de la génération :* réunis ? orifice près du tentacule droit. La matrice très ample est située derrière le collier ; elle occupe une partie considérable de l'emplacement ordinaire de la cavité pulmonaire chez les hélices. L'individu que nous avons observé contenoit trois petites coquilles bien formées, quoiqu'elles ne fussent pas toutes trois parvenues au même degré d'accroissement, et trois ou quatre œufs plus ou moins développés. Le développement des uns et des autres étoit en raison de leur proximité de l'orifice des organes de la génération, et tous étoient rangés les uns à la file des autres.

Test : ovale pointu, spire conique ; dernier tour renflé et plus long que les autres réunis ; quatre à six tours de spire. *Cône spiral :* incomplet. *Ouverture :* droite dans la direction de l'axe, courte, quelquefois dentée ou munie de lames élevées. Péristome communément fort réfléchi, bords dans le même plan vertical ; côté columellaire calleux à sa base.

Observations. Depuis long-temps nous étions embarrassés pour placer convenablement dans le système, un petit nombre d'espèces fort rares, peu connues ou non décrites, et qui se refusoient à un classement facile, par une physionomie toute particulière, plutôt que par des caractères bien distincts ; une de ces espèces étoit même décrite comme étant fluviatile, le *Bulimus Otaheitanus* de Bruguière, malgré le large rebord de son ouverture, et son analogie avec des espèces données

pour terrestres ; le *Bulimus australis* du même auteur, et l'*Helix pudica* de Muller. Heureusement qu'une de ces coquilles nous a été communiquée avec son animal conservé dans la liqueur, et que, malgré qu'il fût en assez mauvais état, nous avons cru y reconnoître assez distinctement les caractères principaux du genre Vertigo, dans lequel nous eussions placé les espèces dont il est question, si en même temps nous n'eussions reconnu, dans le mollusque que nous examinions, une organisation intérieure toute particulière, et analogue à celle qui a valu à la Paludine vivipare cette dénomination, c-est-à-dire, que sa matrice étoit remplie de coquilles toutes formées, ayant deux et demi à trois tours, et d'œufs dans lesquels on voyoit déja un commencement d'organisation. Ce fait, entièrement nouveau chez les mollusques terrestres, nous porte à présumer quelques autres différences notables dans le système de génération des espèces dont il s'agit, différences que le mauvais état de l'individu qui nous a été communiqué ne nous a pas permis d'observer complètement.

Il nous a semblé qu'une particularité aussi remarquable pouvoit mériter aux espèces chez lesquelles on l'observe, une distinction générique, d'autant mieux que leurs coquilles offrent, comme nous l'avons observé, une physionomie toute particulière, et qui se refuse jusqu'à un certain point à tous rapprochements avec les autres coupes. Nous avons cependant beaucoup hésité à les séparer des Vertigos, malgré ces diverses considérations : du reste, le temps nous éclairera sur la détermination que nous avons prise, et fera connoître les autres caractères organiques qui les en distinguent ; en attendant nous lui donnons le

1

nom de Partule, *Partula,* déesse qui présidoit aux accouchements chez les Latins.

α) *Coquille dextre.*

N° 1. *PARTULA PUDICA,* nobis.
Helix pudica, Muller, *Verm. hist.,* n° 195.
Auris Virginea, Chemnitz, *Conch.,* tab. 121, fig. 1042.
Otis rosaceus, Humphr., *Mus. Calonn.,* p. 62.
Helix erubescens, *Port. Catal.,* p. 187.
Bulimus Virgineus, Bruguière, n° 29.
Voluta Auris Virginis, Dillwyn, *Descript. Catal.,* p. 502.
Habit. Les grandes Indes? L'analogie de sa coquille avec celles des espéces suivantes nous a porté à les réunir.

N° 2. *P. AUSTRALIS,* nobis.
Limax Faba, Martyn, *Univ. Conchol.,* tom. II, pl. 67.
Auris midæ fasciata terræ australis, Chemn., *Conch.,* tab. 121, fig. 1041.
Helix Faba, Gmelin, *Syst. nat.* Id., Voluta Auris Malchi, γ) p. 3437.
Bulimus australis, Bruguière, n° 83.
Voluta faciata, Dillwyn, *Descr. Cat.,* p. 502.
Id., Helix Faba, p. 906.
Habit. La Nouvelle-Hollande.

N° 3. *P. GIBBA,* nobis.
Testa, conico-ovata, perforata, solidiuscula, striatula, pelluceus, lineis longitudinaliter æqualibus cælata; alba vel carneo colore. Spira acuta, roseo-rubra, suturis lacteis. Epidermide tenui rufescente. *Anfractibus* 4 ½, ultimo ventricoso, gibbo, reliquis majore. *Apertura* avato-elongata subquadrangulari. Peristomate reflexo, largo dilatato, albo.
α) Rubro-nigra.
Habit. Les îles Mariannes, communiquée par Mr Gaudicho, l'un des zélés naturalistes de l'expédition de M^r le capitaine Freycinet.

N° 4. *P. FRAGILIS,* nobis.
Testa ovato-elongata, perforata, fragilis, striatula, pellucida, rufescens; spira obtusa, suturis valde notatis. *Anfractibus* 4, ultimo ventricoso, subcarinato, reliquis majore. *Apertura* ovata; peristomate subreflexo.
Habit. Les îles Mariannes : communiquée par Mr Gaudicho.

β) *Coquille sénestre.*

N° 5. *P. OTAHEITANA,* nobis.
Helix perversa, in rivulis insulæ australis Otaheite reperta, Chemn., IX, fig. 950 et 951.
Helix perversa? Gmelin, p. 3643.
Bulimus Otaheitanus, Bruguière, n° 347.
Helix Otaheitana, Dillwyn, p. 935.
α) Bifasciata.
Monstrum.
α) Dextrorsa.
Habit. L'île d'Otaïti. C'est vraisemblablement à tort qu'elle est donnée comme étant fluviatile. *Monstr. α*) *Comm.* Sowerby.

N° 6. *P. AURICULA,* nobis.
Testa ovato-acuta, imperforata, crassiuscula, striatula, flavescens; spira conica, apice obtuso. *Anfractibus* 5 contiguis, ultimo ventricoso, subcarinato. *Apertura* subquadrangulari; peristomate acuto, intus incrassato, latere exteriore flexo; columella unidentata. In fundo aperturæ, lamella elevata valde notata, munita.
Long. 3 lin. lat. 1 ¾ lin.
Habit. Sans doute les îles de la mer du Sud? Notre collection. Peut-être cette espéce appartient-elle aux Auricules; cependant nous en doutons.
Observat. Ce nouveau genre mérite de fixer l'attention des voyageurs qui auront occasion de l'observer vivant, et des naturalistes qui pourront faire l'anatomie d'une des grosses espéces sur des individus en bon état.

CORRECTIONS ET ADDITIONS.

Des négligences involontaires, des observations, des acquisitions nouvelles, nous forcent à présenter ici les corrections indispensables à faire à notre Prodrome, et les espéces nouvelles dont nous avons eu connoissance pendant sa publication. Nous terminerons ce travail par un Résumé du nombre des espéces de chaque sous-genre.

Page 23. Tableau synoptique, premier genre: *HÉLIXARION*, *Helixarion*; lisez *HÉLICARION*, *Helicarion*.

Page 24. Même observation.

Page 27, troisième sous-genre: *HÉLICOGÈNE*, quatrième groupe, les Surbaissées, *Depressæ*; lisez les Imperforées, *Imperforatæ* (*Depressæ*).

Page 28, septième sous-genre: *HÉLICOSTYLE*; supprimez le deuxième groupe des Lamellées, *Lamellatæ*.

Page 30, n° 9: *PUTRIS*, var. s); *Comm.* Godichon; lisez Gaudicho, ainsi que partout où ce mot est mal écrit.

Page 32, deuxième colonne, n° 22: *LISTERI*, mettez *ZONULATA* (nous avons par inadvertance donné le nom de Lister à deux espéces du même genre; nous le laissons au *Cochlodonta*, n° 491), et ajoutez-y la synonymie suivante:

Lister, *Synops.*, tab. 1055, fig. 4.

Page 34, après le n° 38: *ARGILACEA*, ajoutez.

N° 38 bis· *ADDITA*, nobis.
Habit.?

Idem, n° 41: *CONTUNDATA*, lisez *CONTUSA*.

Idem, n° 43: *PAPILLA*, Muller.

Nous avions des doutes au sujet de l'identité de l'espéce que nous avons figurée sous ce nom. Nous avons reconnu aujourd'hui le véritable *Papilla* de Muller, dans la belle collection de Mr de Lamarck; corrigez ainsi notre erreur:

Page 34, n° 43. *PAPILLA*, Muller, nobis, pl. fig.
Trochus Papilla, Chemnitz.
Habit.? Cabinet de Mr de Lamarck.

N° 43 bis. *MAMILLA*, nobis, pl. XXV, fig. 1, 2.
Habit.? Cabinet de Mr Dufresne.

Idem, n° 46: *NICEENSIS*, lisez *NICÆENSIS*.

Idem, après le n° 48, *CÆLATURA*, ajoutez:

N° 48 bis. *SIMPLEX*, Lamarck communicavit.
Habit.? Cabinet de Mr de Lamarck. *an Var. preced.?*

Idem, n° 49: *OTAHIETANA*, lisez *OTAHEITANA*.

Page 36, n° 67: *CARSOLIANA*, lisez *CARSEOLANA*.

Idem, n° 83: *LENOCINIA*, mettez *FORMOSA*.

Page 37, n° 90: *AUREOLA*, ajoutez la synonymie suivante.

Brown, *Jamaica*, *Hist.*, p. 401, n° 12, pl. XL, fig. 2?

Idem, n° 93, *NUX DENTICULA*, lisez *NUX DENTICULATA*.

Page 38, deuxième colonne, rétablissez le deuxième groupe ainsi qu'il suit (1):

(1) Nous réunissons dans ce groupe les Hélicostyles lamellées; par conséquent les n°s 309, *Epistylium*; 310, *Epistylioides*; 311, *Rafinesquia*, devront suivre le n° 111 bis, *Duclosia*, dans l'ordre que nous indiquons ici.

DEUXIÈME GROUPE. **LES LAMELLÉES**, *Lamellatæ.*

** Plusieurs lames (planiformes).*

Nº 109. *CARABINATA*, nobis, pl. LI B (au lieu de CI), fig. 3.
Habit.?... Cabinet de Mᵣ SOLLIER DE LA TOU-CHE.

Nº 110. *LAMELLOSA*, nobis.
Habit. Les îles de la mer du Sud; *Comm.* GAUDICHO.

*** Une seule lame.*

Nº 111. *LABYRINTHICA*, SAY; nobis, pl. LI B (au lieu de CI), fig. 1.
SAY, *Journ. acad. nat. sc.,* tom. I, p. 124.
Habit. Les États-Unis; *Comm.* SAY.

Nº 111 bis. *DUCLOSIANA*, nobis.
Habit. La Nouvelle-Hollande; *Comm.* DUCLOS.

(Nº 113.) *RAFINESQUIA*, nob. (voyez nº 311), lisez *RAFINESQUEA*.
Mesomphix, *nova spec.,* RAFINESQUE.
Habit. Le Kentucky; *Comm.* RAFINESQUE.

(Nº 114.) *EPISTYLIOIDES*, nobis, pl. LI B (au lieu de CI), fig. 2 (voyez nº 310).
Habit. Les Antilles.

(Nº 115.) *EPISTYLIUM*, MULLER; nobis, pl. LI B (au lieu de CI), fig. 4 (voyez nº 309).
Helix Epistylium, GMELIN, DILLWYN.
Trochus australis, CHEMNITZ.
Helix Cookiana, GMELIN.
Helix alvcaris, HUMPHREY, *Museum Calonn.?*
Trochus alveolatus, *Port. Catal.*
Habit. La Jamaïque.

Page 39, nº 118: *SORORA*, lisez *SOROR*, et ajoutez la synonymie suivante:

BROWN, *Hist. Jam.,* p. 400, nº 9?

Idem,   nº 127: *JULIA*, nobis; ajoutez la synonymie suivante:

LISTER, *Synops.,* tab. 83, nº 87?
An Angl. app., tab. 3, fig. 1?

PETIVER, *Gazoph.,* dec. III, p. 34, nº 6, tab. 21, fig. 6?
1ᵉʳ et 2ᵉ *Catal.,* nº 576.
Mem. cur., an 1708, nº 13.
SLOANE, *of Jam.,* tom. II, p. 227, nº 2.
BROWN, *Hist. Jam.,* p. 400, nº 5.

Page 39, nº 129: *LAMARCKII*, nobis; rétablissez de cette manière la synonymie de cette espèce:

1) *bidentata*, nobis, pl. LVII, fig. 3.
Helix acuta, LAMARCK, *Enc. méth.,* pl. 492, fig. 1.
SLOANE, *of Jam.,* tom. II, p. 228, nº 4.
α) Nobis, pl. LVII, fig. 1.
β) Nobis, pl. LVII, fig. 3; *an Spec. dist.?*
2) *unidentata.*
Helix carocolla, KNORR, *Vergn.,* tom. IV, tab. 4, fig. 2, 3.
Helix carocolla, GMELIN, DILLWYN.
SLOANE, *of Jam.,* tom. II, p. 227, nº 1, tab. 240, fig. 6, 7.
BROWN, *Hist. Jam.,* p. 400, nº 7?
PETIVER, *Mem. cur.,* an. 1708, p. 98, nº 12, *Cochlea Jamaiscensis major compressa unidens.*
Habit. La Jamaïque; *Comm.* LEACH et SOWERBY.

Page 41, après le nº 140, ajoutez:

Nº 140 bis. *SCABROSA*, nobis.
Habit.? Cabinet de Mᵣ DE LAMARCK.

Page 42, nº 162: *STRIGATA*, MULLER, var. β; ajoutez à cette variété la synonymie suivante, prise sur l'espèce même de Mᵣ de Lamarck:
Helix planorbella, LAMARCK, *Ency. mét.,* pl. 462, fig. 5, *a, b.*

Idem,   nº 166: *NAXIENTIA*, lis. *NAXIANA.*

Page 43, nº 174: *RICHARDII*, lisez *RICHARDI.*

Idem, après le nº 180: *RUGINOSA*, mettez:

Nº 180 bis. *MADECASSINA*, nobis.
Helix Madagascariensis, LAMARCK, *communicavit.*
Habit. Madagascar.

a ge 43, n° 134 : *ZODIACA*, lisez N° 184.

Idem,   n° 185 : *PELLIS SERPENTIS*, ajoutez la synonymie suivante après celle
du *Port. Catal.* :

Lucerna Colubrina, *Mus. Calon.*, n° 1124?
Helix Colubrina, Perry ? ?

Idem,   Après le n° 187, *COLLAPSA*, Perry,
ajoutez :

N° 187 bis. *PLANULATA*, Lamarck.
Helix auriculata, Swainson, *Zool. illustr.*,
fasc. n° 2, pl. IX.
Habit.? Cabinet de M' de Lamarck à Paris,
et celui de M' Ch. Dubois à Londres.
Peut-être ne diffère-t-elle pas du *Collapsa ?*

Page 44, n° 200 : *PYGMEA*, lisez *PYGMÆA*.

Page 47, n° 256 : *OBSTRUSA*, lisez *OBS-
TRUCTA*.

Idem,   n° 258 : *CARTHUSIANA*.
De beaux exemplaires de l'*helix Cantiana*
de Montagu, citée sous le n° 264, et que
nous devons à l'amitié de M' le D' Goodall, nous ont convaincus que cette espèce ne diffère point de l'*helix Carthusiana :* en conséquence la synonymie de
l'*helix Cantiana*, qu'il faut supprimer,
doit se rapporter à la variété α) de la
Carthusiana.

Page 49, † n° 286 : *VARIEGATA*.
(Synonymie.) Helix nivea, Gmelin ; lisez
Helix nævia.

Idem.   Après le n° 293, *CARNICOLOR*, nobis, ajoutez :

† N° 293 bis : *TROCHUS*, Muller, *Verm.
Hist.*, n° 275.
Trochus hortensis, Chemnitz, *Conch.* IX,
p. 52, tab. 122, fig. 1055, 1056.
Id. Gmelin, *Syst. nat.*, p. 3587. Id. Dillw.
Hab.? Terrarum calidiorum hortis, Mull.

Page 50 : septième sous-genre, HÉLICOSTYLE.
Voyez la deuxième note, et supprimez
toute la deuxième subdivision, portée
plus haut dans les hélicodontes.

Page 51, n° 315 : *UNIDENTATA*, Chemnitz,
t. XI, tab. 208, fig. 2049, 2050 ; ajoutez :

Favanne, *Catal.*, p. 7, art. 24, et p. 8, art.
25 et 29. L'échancrée de Magellan.
Monstrum.
† α) Sinistrorsa.
Portland Catal., n° 562.
Habit. Cayenne? Chemnitz ; Otaïti? Favanne. Nous devons à ce dernier naturaliste un dessin de la monstruosité
gauche de cette espèce, qui fut achetée
à la vente de la duchesse de Portland
pour la collection de M' de Calonne.

Idem,   Après le n° 319, *ALAUDA*, mettez :

N° 319 bis. *DIAPHANA*, Lamarck,
communicavit.
Habit. ? Cabinet de M. de Lamarck.

N° 319 ter. : *ROISSIANA*, nobis.
Habit.? Notre cabinet.

Idem,   n° 320 : *MIRABILIS*, ajoutez après
la var. α) :

Monstrum.
α) Elongata, Lamarck, *communicavit.*

Page 53, n° 342 : *REGINA*, nobis, ajoutez après
Monstrum, α) sinistra, la synonymie suivante :

Achatina perversa, Swainson, *Zool. ill.*,
fasc. 6, pl. XXXVI.
Hab. Les environs de Bahia dans le Brésil.

Idem,   n° 343 : *VEXILLUM*, Humphrey, lisez
Bruguière, et ajoutez à sa synonymie :

Achatina pallida, Swainson, *Zool. illustr.*,
fasc. 7, pl. XLI. Ce n'est qu'une belle variété du Vexillum : nous en possédons
plusieurs individus diversement colo-
rés, avec une columelle linéaire ou cal-
leuse.
Habit. Les grandes Indes, lisez les Indes
occidentales.

Idem,   Après le n° 349, *PANTHERA*, ajoutez :

N° 346 bis : *IMMACULATA*, Lamarck,
communicavit.
Habit. ? Cabinet de M' de Lamarck.

Page 54, n° 352 : *AMPHORA*, nobis, ajoutez la variété suivante :

α) Achatina marginata, SWAINSON, *Zool. illust.*, fasc. 5, pl. XXX.
Habit. La côte de Guinée ; SWAINSON.

Idem,　　Après le n° 354, *ZEBRA*, ajoutez :

N° 354 bis. *USTULATA*, LAMARCK, *communicavit.*
Habit.? Cabinet de Mr DE LAMARCK. Cette précieuse coquille se rapproche beaucoup des espèces du sous-genre suivant.

Idem,　　n° 355 : *HELIX* (*cochlicopa*) *PRIAMUS*, GRONOVIUS ; rétablissez ainsi la synonymie de l'analogue fossile :

α) Fossilis, Bulime de Fiorenzola, BRARD, *quatrième Mém.* ; *Journ. de phys.*, tom. LXXIV, avril 1812, pl.　　fig. 1, 2.
Bulla helicoides, BROCCHI, *Conchyl.*, t. II, pl.　　fig.

Idem, n° 359 : *BRUGUIEREUS*, lisez *BRUGUIERI*.

Idem,　　Après le n° 362, *GLANS*, ajoutez l'espèce suivante :

N° 362 bis. *PRECIOSA*, nobis.
Achatina Peruviana, LAMARCK, *communic.*
Hab. Le Pérou. Cabinet de Mr DE LAMARCK.

Page 55, † n° 368 : *MARMOREA*, PERRY, *Conchyl.*, pl. LI, fig. 2 ; lisez fig. 7.

Idem,　　n° 370 : *TEREBRASTER*, nobis, ajoutez :

LISTER, *Synops.*, t. 20, fig. 15.

Page 56, n° 276 : *TROCHOIDES*, lisez 376.

Idem,　　n° 377 : *VENTROSUS*, lisez *VENTROSA*.

Page 57. Après le n° 393, *LIMNOIDES*, ajoutez :
N° 390 bis. *FRAGILIS*, LAMARCK, *comm.*
α) Fulvescens, nobis.
Habit. Les Antilles. α) Cayenne.

Page 58. Après le n° 398, *SCHOTERI*, ajoutez :
N° 398 bis. *BENGALENSIS*, LAMARCK, *communicavit.*
Habit. Le Bengale. Cabinet de M. DE LAM.

Page 59, n° 417 : *TRIZONALIS*, nobis, ajoutez la synonymie suivante :

Bulimus zonatus, SWAINSON, *Zool. illustr.*, fasc. 3, pl. XVII.

Idem, n° 422 : *BETIGATA*, lisez *BÆTICATA*.

Page 61, n° 442 : *AURIS CAPRINUS*, lisez *CAPRINA*.

Idem,　　Après le n° 445, ajoutez l'espèce suivante :

† N° 445 bis : *MELASTOMA*, SWAINSON.
Bulimus melastomus, SWAINSON, *Zool. illustr.*, fasc. 1, pl. IV.
Habit. Les forêts de la province de Bahia, Brésil, où cette belle et nouvelle espèce a été découverte par Mr Swainson. Nous la plaçons avec doute dans ce groupe, peut-être devra-t-on la laisser dans les lomastomes, près du *cochlogena aurea* ?

Idem,　　n° 447 : *AURIS BOVINUS*, lisez *BOVINA*.

Page 62, n° 451 : *OBESATA*, lisez *OBESA*.

Idem,　　n° 455 : *ZEBRIOLA*, lisez *ZEBRULA*.

Idem,　　n° 457 : *TOURNEFORTIA*, lisez *TOURNEFORTIANA*.

Page 64, n° 482 : *ACINA*, lisez *ACINUS*.
Idem,　　Après le n° 942, *BRASILIENSIS*, ajoutez :

N° 492 bis. *SOWERBIANA*, nobis.
Habit.?

Cette espèce est un peu plus grande que la précédente, qui ne nous est connue que par la figure de Mr Mawe, et dont elle paroît différer par les dents de sa bouche.

Nous la devons à l'obligeance de Mr Sowerby, auquel nous sommes redevables de plusieurs autres espèces intéressantes ; il ignore sa patrie.

Nous sommes fort incertains sur le genre de cette espèce, comme sur celui des deux espèces qui la précèdent, *cochlodonta Listeri* et *Brasiliensis* ; l'observation de leurs animaux pourra seule fixer les incertitudes, et décider si elles appartiennent aux genres *Helix*, *Vertigo* ou *Carychium*.

N° 492 ter. *GOODALLI*, nobis.

Turbo tridens, Pulteney, *Cat. Dorset*, p. 46, tab. 19, fig. 12.

Montagu, *Brit. shells*, tom. II, p. 38, t. 11, fig. 2; et tom. III, p. 125.

Maton et Rackett, *Linn. Trans.* VIII, p. 181, n° 52.

Dillwyn, *Descript. cat.*, p. 877.

Habit. L'Angleterre et l'Écosse? Rare, et seulement dans quelques localités.

Sur la foi des auteurs anglois, nous avons rapporté leur *Turbo tridens* à celui de Linné (*helix tridens*, Muller; *pupa tridens*, Draparn.) dans notre *Concordance systématique pour les mollusques terrestres et fluviatiles de la Grande-Bretagne* (voyez *Journal de phys.*, mars et avril 1820): mais ayant reçu cette espèce de Mᴿ le Dᴿ Goodall, nous reconnûmes une coquille entièrement nouvelle pour nous, et des plus intéressantes par les rapports de conformation de son ouverture avec celle de l'*Auricula Scarabœus*. Nous crûmes dèslors que son animal nous montreroit enfin les caractères de ce dernier genre qui nous étoit encore inconnu, et nous nous empressâmes de solliciter de l'amitié de Mᴿ Goodall quelques exemplaires vivants de cette curieuse espèce; malheureusement ceux qu'il a bien voulu nous adresser sont arrivés morts: mais Mᴿ Goodall et Mᴿ Sowerby, qui les ont observés, ont reconnu qu'ils avoient quatre tentacules, dont les deux supérieurs sont oculés à leur sommet.

Nous lui donnons le nom du savant respectable auquel nous la devons, de Mᴿ le Dᴿ Goodall, prévôt du collége d'Éton, chanoine de Windsor, à qui nous sommes redevable de la collection des mollusques de l'Angleterre, qu'il connoît si bien, et d'une foule de renseignements et d'observations précieuses.

Page 65. Avant le n° 493, *CARINULA*, Gmelin, ajoutez:

N° 492 quart. *PUPIFORMIS*, nobis.

Habit. Buliodinero, île de Saint-Domingue; *Comm.* D. Lafont, de Lyon.

Récapitulation des espéces mentionnées dans le Tableau de la famille des limaçons.

Genre Iᵉʳ. *HELICARION* . . 2 espéces.
Genre IIᵉ. *HELICOLIMAX* . . 10
Genre IIIᵉ. *HELIX* 562
Genre IVᵉ. *VERTIGO* 10
Genre V. *PARTULA* 6

Total . . . . 590 espéces.

Détail du genre HELIX.

N° 1 à 5.	1ᵉʳ sous-genre.	HELICOPHANTA	5
N° 6 à 14.	2ᵉ	COCLHOHYDRA .	9
N° 15 à 87.	3ᵉ	HELICOGENA . .	73
N° 88 à 129.	4ᵉ	HELICODONTA .	45
N° 130 à 157.	5ᵉ	HELICIGONA . .	28
N° 158 à 305.	6ᵉ	HELICELLA. . .	148
N° 306 à 321.	7ᵉ	HELICOSTYLA . .	13
N° 322 à 338.	8ᵉ	COCHLOSTYLA .	17
N° 339 à 354.	9ᵉ	COCHLITOMA . .	16
N° 355 à 374.	10ᵉ	COCHLICOPA . .	20
N° 375 à 384.	11ᵉ	COCHLICELLA .	10
N° 385 à 457.	12ᵉ	COCHLOGENA . .	73
N° 458 à 492.	13ᵉ	COCHLODONTA .	95
N° 493 à 544.	14ᵉ	COCHLODINA . .	52

Total. 544
Dont il faut retrancher l'*helix Cantiana*. . . 1

543

Il faut ajouter à ce nombre de . . . . . 543 les espéces portées dans les additions, savoir:

N° 38 bis. Addita.
N° 43 bis. Mamilla.
N° 48 bis. Simplex.
N° 111 bis. Duclosiana.
N° 140 bis. Scabbosa.
N° 180 bis. Madecassina.
N° 187 bis. Planulata.
N° 193 bis. Trochus.
N° 319 bis. Diaphana.
N° 319 ter. Roissiana.
N° 349 bis. Immaculata.
N° 354 bis. Ustulata.
N° 362 bis. Preciosa.
N° 393 bis. Fragilis.
N° 398 bis. Bengalensis.
N° 445 bis. Melastoma.
N° 492 bis. Sowerbiana.
N° 492 ter. Goodalli.
N° 492 quart. Pupiformis.

. . . . 19

Total général 562

Nombre des espèces qui n'ont été ni figurées ni décrites, et que nous avons les premiers indiqués dans ce Tableau, ou fait connoître ailleurs.

HELICARION, nobis 2
HELICOLIMAX, nobis . . . 7
HELIX, Muller 257
VERTIGO, Muller 1
PARTULA, nobis 3

. . 270

LISTE DES ESPÈCES, marquées d'une croix (†), que nous n'avons pas vues, mais qui ont été admises dans notre Tableau, comme paroissant suffisamment constatées par les figures ou les descriptions des auteurs. (Cette liste forme par conséquent un *desiderata :* nous proposons en échange de ces espèces, celles portées dans notre travail dont il nous sera possible de disposer.)

HELICOLIMAX,   n° 10. *FASCIATA*, D'ORBIGNY.
HELIX (*helicodonta*), n° 99. *LABYRINTHUS*, CHEMNITZ.
      (*Helicigona*), n° 135. *ACUTANGULA*, BURROW.
        (Idem),   n° 143. *BIFASCIATA*, BURROW.
      (*Helicella*), n° 182. *PERNOBILIS*, MARTYN.
        (Idem),   n° 186. *DILATA*, PERRY.
        (Idem),   n° 187. *COLLAPSA*, idem.
        (Idem),   n° 188. *DIVARICATA*, idem.
        (Idem),   n° 190. *TRIFASCIATA*, CHEMNITZ.
        (Idem),   n° 193 bis. *TROCHUS*, MULLER.
        (Idem),   n° 194. *POLYGYRATA*, VON BORN.
        (Idem),   n° 210. *GLAPHYRA*, SAY.
        (Idem),   n° 230. *LEUCAS*, LINNÉ.
        (Idem),   n° 231. *CICATRICOSA*, MULLER.
      (*Helicella*), n° 232. *NEMORENSIS*, MULLER.
        (Idem),   n° 241. *RAPA*, idem.
        (Idem),   n° 252. *FASCIOLA*, DRAPARNAUD.
        (Idem),   n° 285. *SCABRA*, CHEMNITZ.
        (Idem),   n° 286. *VARIEGATA*, idem.
    (*Cochlostyla*), n° 335. *FUNERALIS*, BRUGUIÈRE.
    (*Cochlicopa*), n° 368. *MARMOREA*, PERRY.
    (*Cochlicella*), n° 376. *TROCHOIDES*, BRUGUIÈRE.
        (Idem),   n° 379. *BARBARA*, LINNÉ.
        (Idem),   n° 304. *SEPTENARIA*, BRUGUIÈRE.
    (*Cochlogena*), n° 404. *BONTIA*, CHEMNIT.
        (Idem),   n° 412. *COLUMBA*, BRUGUIÈRE.
        (Idem),   n° 440. *AURIS CERVINA*, MAW.
        (Idem),   n° 444. *JOHNII*, CHEMNITZ.
        (Idem),   n° 445. *AURIS VULPINA*, idem.
        (Idem),   n° 445 bis. *MELASTOMA*, SWAINSON.
        (Idem),   n° 446. *AURIS MALCHI*, MULLER.
        (Idem),   n° 448. *MELANIA*, PERRY.
        (Idem),   n° 449. *AURANTIA*, idem.
    (*Cochlodonta*), n° 481. *GIBBERULA*, BURROW.
        (Idem),   n° 492. *BRASILIENSIS*, MAW.
    (*Cochlodina*), n° 498. *PETIVERIANA*, nobis.
        (Idem),   n° 504. *TORTUOSA*, CHEMNITZ.
VERTIGO, n° 3, *UNIDENTATA*, STUDER.

CATALOGUE

DES ESPÉCES SIGNALÉES, FIGURÉES OU DÉCRITES PAR LES DIVERS AUTEURS,

Qui paroissent appartenir au Genre Hélice ; mais qui nous sont inconnues, ou sur la synonymie et les rapports desquelles nous ne sommes pas fixés.

Nous prions les naturalistes de nous aider de leurs lumières au sujet des espéces que nous allons leur indiquer. Plusieurs, sans doute, se rapportent à quelques unes de celles que nous avons mentionnées dans notre Tableau ; mais un plus grand nombre sont incontestablement des espéces différentes. Les naturalistes qui pourront les reconnoître rendront certainement un plus grand service à la science qu'en décrivant des coquilles absolument nouvelles. Outre qu'on peut les considérer ainsi, ils auront levé, à leur sujet, une indécision qui nuit à ses progrès, puisque cette quantité d'espéces, indiquées par les auteurs, laisse les naturalistes dans l'incertitude sur les découvertes qu'ils peuvent avoir faites. Nous recevrons avec gratitude les renseignements qu'on voudra bien nous communiquer à leur égard, et nous nous efforcerons de reconnoître, par des doubles de notre Collection, les échanges qui nous seront offerts.

Liste des auteurs dont nous signalons les espèces à l'examen critique des amateurs de la science.

ARGENVILLE.
AUBENTON.
BORN. (Sa collection fait partie du Musée Impérial de Vienne.)
BROWN (Patrice). (Sur les espéces de la Jamaïque.)
BROWN (Thomas).
BRUGUIÈRE.
BUONANNI. (Description de la collection du Vatican à Rome.)
CALONNE, *Catal.* (Ce cabinet a été vendu à Londres.)
CHEMNITZ.
DAVILA. (Sa collection est au cabinet royal de Madrid.)
FAVANNE.
FEUILLÉ. (Chili.)
GINANNI. (Italie.)
GMELIN.
GRONOVIUS.

GUALTIERI.
HÜBNER. (Espéces des environs d'Augsbourg.)
LINNÉ.
LISTER.
MARSILI. (Espéces du Danube.)
MOLINA. (Chili.)
MONTAGU. (Espéces d'Angleterre.)
MULLER.
NICHOLSON (Espéces de Saint-Domingue.)
PALLAS.
PERRY.
PETIVER.
RUMPHIUS. (Son cabinet est à Amsterdam.)
SCHRANCK. (Espéces de la Bavière.)
SCHRÖTER. (Son cabinet a été acheté par M^r le Baron de Schlotheim et par Mr Schmidt de Gotha.
SEBA. (Son cabinet est à Amsterdam.)
SLOANE. (Espéces de la Jamaïque.
TURTON.

K

ARGENVILLE (D'). *Conch.*, PL. VIII ou XI, FIG. E.

Cette figure est citée par Linné, *Syst. nat.*, 12ᵉ édit., pour son *helix Oculus Capri* (voyez cette espèce à l'article LINNÉ); Gmelin a répété cette citation.

Il est à remarquer que Favanne ne reproduit pas cette figure.

Nous présumons qu'elle appartient à l'*helix unguicula*, nobis, n° 191.

AUBENTON (D'), Planches des coquilles de l'*Encyclop.*, *par ordre de matières*, de Diderot et de d'Alembert, tom. VI des planches. PL. LXIV, FIG. 3.

Cette figure, qui ressemble à un Cyclostome, ne seroit-elle pas la monstruosité *scalaris* de l'*helix nemoralis* ?

BORN (VON), *Mus. Caes. Vind.*

1. *TURBO QUINQUEDENTATUS*, pag. 359, tab. 13, fig. 9.

BORN, *Index*, p. 370; GMELIN, p. 3612.
SCHRÖTER, *Einleit.*, Turbo 169.

Dillwyn en fait son *Turbo quinquedentatus*, auquel il rapporte le *Pupa cinerea* de Draparnaud. Est-ce bien cette coquille?

2. *HELIX LAPICIDA*, pag. 365, tab. 13, fig. 1, 2.

Helix affinis, GMELIN, p. 3621.
SCHRÖTER, *Einleit.*, 2, n° 198, p. 233.

Nous avons rapporté cette espéce, avec Dillwyn, au *lapicida*; mais cette synonymie laisse du doute.

Nota. Voyez aussi l'*helix polygyrata* de cet auteur, n° 194, à la liste pag. 76.

BROWN (Patrice), *Hist. of Jamaica.*

Il est remarquable que cet auteur, qui a écrit en 1756, long-temps après Sloane, lui soit bien inférieur, et qu'il n'ait pas cherché à vérifier ses espéces dont il ne cite aucune.

1. *COCHLEA subfusca et subrotunda major, fascia longitudinali albida, ore ampliori libero, umbilico clauso*, pag. 400, n° 2.

Le grand limaçon brun avec une bande blanche longitudinale.

Brown cite LISTER, *Synops.*, tab. 51, fig. 49.

Il reste à savoir si son espèce se rapporte bien à la figure de Lister, et quelle est celle-ci, qui n'est pas reconnue encore? (Voyez l'article LISTER.) En supposant la citation exacte, c'est une hélicogène voisine du *cognata* ou du *lactea*, nobis, n° 76 et 78.

2. *COCHLEA compressa ore integro, umbilico clauso*, pag. 400, n° 3. (Point de synonymie.)

La Lampe antique de moyenne grandeur.
Impossible de la déterminer.

3. *COCHLEA subcompressa, ore unidentato, umbilico subperforato*, pag. 400, n° 4.

Il cite LISTER, *Synops.*, 95; et D'ARGENVILLE, t. II, lettre D.

La Lampe antique avec une dent.

La citation que Brown fait de Lister se rapporte, soit au n° 95 de la pl. XCVI de ce dernier; alors ce seroit notre *helix aspera*, var. α), ce qui ne paroît pas probable : ou bien à la pl. XCV elle-même qui, sous le n° 96, donne le *lactea*, qui convient mieux à la phrase. Muller cite, en effet, cette figure de Lister pour sa var. ε) du *lactea*. Quant à la figure citée de d'Argenville, c'est notre *helix angystoma*, n° 130.

4. *COCHLEA subcompressa ad marginem rotundior, umbilico clauso; ore bidentato*, pag. 400, n° 5.

La Lampe antique avec deux dents. (Sans synonymie.)

Je crois qu'on peut y rapporter SLOANE, *of Jam.*, p. 227, Cochlea, n° 2; et nous pensons qu'on peut rapporter l'une et l'autre à notre *helix Julia*, n° 127.

5. *COCHLEA subcompressa, margine acuto, umbilico perforato, ore bidentato*, p. 400, n° 6.

L'antique à bords minces avec un ombilic.

Brown cite Lister, citation évidemment fausse, du moins pour l'édition d'Oxford. Nous croyons qu'on peut y rapporter la synonymie de SLOANE, *of Jam.*, pag. 228, n° 3; et nous présumons que ces auteurs ont voulu parler de l'*helix Lucerna*, nobis, n° 128, dont l'ombilic est quelquefois découvert.

6. *COCHLEA subcompressa tenuior, margine
acuto, umbilico perforato,* pag. 400, n° 7,
pl. XL, fig. B.

> LISTER, *Synops.,* tab. 80, fig. 81. (Cit. fausse.)
> L'antique mince avec un bord très tranchant
> et un ombilic ouvert.—Coquille jeune, ap-
> paremment la même dont parle SLOANE,
> *of Jam.,* p. 227, n° 1, qu'il figure tab. 240,
> fig. 6, 7, laquelle est notre *helix Lamar-
> kii, var. unidens,* n° 129.

7. *COCHLEA subtumida minor fusca, ore cre-
nato,* pag. 400, n° 11, tab. 40, fig. 1.

> La petite Lampe antique.

8. *COCHLEA oblonga minima subdiaphana,
ore in extremo crenata,* pag. 400, n° 13,
tab. 40, fig. 13.

> Le petit limaçon aplati et oblong.

9. *COCHLEA subcompressa minima tenuis;
fauce utrinque lira longitudinali notata,*
pag. 400, n° 14, tab. 400, fig. 4.

> Le petit limaçon vert à bandes.

10. *COCHLEA subrotunda tenuior, ore mem-
branaceo ampliore,* pag. 400, n° 15.

> Ces quatre dernières espèces ne peuvent se
> reconnoître; peut-être même appartien-
> nent-elles, du moins en partie, au genre
> Hélicine. C'est aux naturalistes qui habi-
> tent la Jamaïque, ou qui auront occasion
> d'y séjourner, à reconnoître les espéces de
> Brown, ainsi que celles de Sloane, et à nous
> éclairer à leur sujet.

BROWN, *Wern. soc.,* tom. II, part. 2.

1. *HELIX ELEGANS,* n°   , pl. XXIV,
fig. 9.

> Helix disjuncta, TURTON, *Dict.,* pag. 61,
> n° 44, pl.   , fig. 63.
> C'est à ce qu'il paroît une monstruosité *sca-
> laris* de l'*helix arbustorum.*
> Trouvée aux environs de Dublin.

2. *HELIX COCHLEA,* n°   , pl. XXIV,
fig. 10.

> Helix terebra, TURTON, *Dict.,* pag. 62, n° 45,
> pl.   , fig. 55.
> Trouvée dans le jardin du collège de la
> Trinité à Dublin. Il paroît que c'est la
> monstruosité *scalaris* d'un *Pl. umbilicatus?*

BRUGUIÈRE, *Enc. mét.,* Genre Bulime.

BULIMUS LABIOSUS, n° 85.

> GUALTIERI, *Test.,* tab. 4, fig. R.
> SCHRÖTER, *Einleit.,* tom. II, pag. 114.
> La description de Bruguière nous fait douter
> que son espèce soit la même que celle in-
> diquée sous ce nom dans notre Tableau,
> n° 419. Nous avons cru reconnoître, dans
> la nôtre, l'espéce de Muller et celle citée
> de Chemnitz; mais la description de Bru-
> guière donnant une dent à sa coquille, qui,
> selon lui, se rapporte très bien à la figure
> de Gualtieri, nous présumons que son es-
> péce nous est inconnue.
> DILLWIN, *Descript. Catal.,* pag. 934, réunit
> tous les synonymes de Bruguière.
> *Nota.* Voyez aussi à la liste de la page 76 les
> *helix funeralis,* n° 335; *trochoïdes,* n° 376;
> *septenaria,* n° 304; et *Columba,* n° 411.

BUONANNI, *Recreat.* et *Mus. kircher.,*
classe IIIe.

1. *CHIOCCHIOLA,* fig. 8, *Recreat.,* p. 176.

> SCHRÖTER, *Einleit.,* tom. II, Nerita, 38,
> pag. 317.
> Nous rapportons avec doute cette figure à
> l'*helix (cochlogena) Auris Sileni,* n° 439,
> que Von Born a très bien figurée. C'est à
> tort que Schröter en a fait une Nérite.

2. *STROMBUS,* fig. 116, *Recreat.,* p. 198.

> SCHRÖT., *Einleit.,* t. II, p. 153, n° XXXIV, rap-
> porte cette figure à l'*helix perversa* de
> Linné (*cochlogena aurea,* nobis, n° 413),
> dont elle est certainement très distincte.

3. *BUCCINA PICCOLA,* etc., fig. 148, *Recreat.,* p. 203.

> SCHRÖT., *Einleit.,* t. II, p. 207, helix, n° 104.
> L'espéce représentée nous paroît inconnue,
> et doit appartenir au cinquième groupe
> de nos cochlogènes.

4. *NERITA,* fig. 208, *Recreat.,* p. 218.

5. *NERITA,* fig. 209, *Recreat.,* p. 218.

6. *NERITA,* fig. 210, *Recreat.,* p. 218; *Mus.
kircher.,* fig. 211.

> Ces trois figures qui paroissent représenter

l'*helix Pellis Serpentis* avec des variétés ou des détériorations, sont citées assurément fort mal à propos, par Schröter, pour le *Trochus vestiarius* de Linné. Voyez *Einleit.*, t. I, p. 665.

Il y réunit aussi les figures 355 et 356 des *Récreat.*, numérotées 248 et 249 dans le *Mus. kircher.*, sans plus de raison. La collection que Buonanni a décrite existant encore, les naturalistes qui seront à même de la visiter pourront nous éclairer sur les trois espéces ou variétés que nous venons d'indiquer.

7. *NERITA*, fig. 211, *Recreat.*, p. 219; *Mus. kircher.*, fig. 210.
SCHRÖTER, *Einleit.*, I, trochus, n° 139, p. 732. Si c'est une hélice, elle paroît nouvelle.

8. *NERITA*, fig. 212, *Recreat.*, p. 219.
SCHRÖTER, *Einleit.*, I, trochus, n° 40, p. 695. Il cite Buonanni comme synonyme de la fig. 1602, tab. 166, de CHEMNITZ, *Conchyl.*, tom. V, qui réprésente une *Nasse*.

9. *Suppl. Recreat.*, fig. 135; *Mus. kircher.*, fig. 348. Paroît être un jeune individu de la fig. 395 du *Mus. kircher.?*

10. *Suppl. Recreat.*, fig. 356; *Mus. kircher.*, fig. 349.
PETIVER, *Gazophyl.*, tab. 156, fig. 1. Copiée de Buonanni.
Celle-ci paroît être aussi le *Pellis Serpentis*, ainsi que les fig. 208, 209 et 210, citées plus haut. Comme nous l'avons dit, Schröter les réunit toutes; et les donne pour synonymes du *Trochus vestiarius*.

11. *Suppl. Recreat.*, fig. 258; *Mus. kircher.*, fig. 351.
SCHRÖTER, *Einleit.*, helix, n° 106, p. 207. Cette espéce nous est inconnue.

12. *Suppl. Recreat.*, fig. 371; *Mus. kircher.*, fig. 364.
PETIVER, *Gazophyl.*, tab. 156, fig. 3. Copie de Buonanni.
Berlin. Magaz., th. IV, tab. 8, fig. 32. (Selon SCHRÖTER.)
SCHRÖTER, *Einleit.*, t. II, p. 208, helix, n° 107. Cette belle espéce paroît absolument distincte de tout ce que nous connoissons.

13. *Mus. kircher.*, fig. 378.
SCHRÖTER, *Einleit.*, II, p. 208, helix, n° 108.

14. *Mus. kircher.*, fig. 393 et 395; *Suppl. Recreat.*, pl. VIII, fig. 33, 34.
SCHRÖTER, *Einleit.*, II, p. 257 et 258, helix, n° 277 et 278.
Cette belle et grosse espéce d'hélicelle *lomastome* est la même, sans doute, que celle de la fig. 348, qui n'est pas parvenue à son accroissement. Nous ne connoissons aucune coquille qu'on puisse lui rapporter; et, selon toutes les apparences, c'est une espéce nouvelle et fort rare.

15. *Mus. kircher.*, fig. 401.
Cette espéce paroît voisine de notre *Helix aurea*, n° 413; *Bulimus citrinus*, BRUG. : peut-être aussi de l'*Auris Bovina*, n° 447.

16. *Mus. kircher.*, fig. 404, p. 475; et *Suppl. Recreat.*, tab. 4, fig. 14.
C'est avec doute que nous avons rapporté cette figure à notre *Helix magnifica*, n° 5. Peut-être même ce rapprochement n'est-il pas fondé.

CALONNE, *Museum Calonnianum*, etc.
London, mai 1797, in-° de 83 pages.

Ce curieux catalogue mérite d'être plus connu et plus étudié. L'auteur ne s'est point fait connoître; mais l'on sait qu'il est dû à Mr *Georges Humphrey*, marchand d'histoire naturelle, de Londres, l'un des hommes qui, sans doute, connoissent le mieux les coquilles, et qui a le plus étudié leur classification artificielle. Il est très remarquable de voir dans cet ouvrage, dès l'an 1797, tous les genres que Bruguière a publiés en 1789 et 1792, adoptés par un savant Anglois; mais ce qui l'est davantage, c'est d'y trouver une foule d'autres genres qui ont été établis en France simultanément ou postérieurement, souvent avec des noms analogues ou semblables, par l'illustre auteur du *Système des animaux sans vertèbres*. Il se présente naturellement à l'esprit plusieurs questions intéressantes pour l'histoire de la science. 1° La collection de Mr de Calonne partit-elle de France tout étiquetée et arrangée dans l'ordre systématique que reproduit son catalogue? alors on pourroit croire que Bruguière, quoiqu'il soit parti peu après

1792, auroit coopéré à son arrangement, et y auroit introduit des genres qu'il n'avoit pas encore publiés. 2° Ou bien cette belle collection a-t-elle été arrangée uniquement par Mr G. Humphrey? alors ce catalogue seroit d'autant plus intéressant puisqu'il montreroit un accord, du reste facile à concevoir, puisque les genres de Mr de Lamarck, comme ceux de Mr Humphrey, sont établis pour certains types remarquables, autour desquels viennent se grouper les espèces analogues.

La méthode de Mr Humphrey est d'ailleurs celle de Favanne; ce n'est que par le groupement des espèces en une série de genres fort notables, à cette époque où la méthode Linnéenne étoit si respectée, que l'ouvrage de Mr Humphrey est remarquable. Il l'est beaucoup aussi par les espèces qu'il signale. Malheureusement il n'y a presque aucune synonymie, et certains genres ne peuvent se reconnoître, parceque les noms spécifiques, souvent nouveaux, ne peuvent indiquer ce que contient le groupe dont il s'agit. Il seroit intéressant que Mr Humphrey lui-même, ou un autre naturaliste en état de le faire, voulût bien nous donner la clef de ce travail, en publiant un appendice synonymique; alors il pourroit être cité et étudié avec fruit.

Dans ce but, et pour parvenir à éclairer la partie dont nous nous occupons, nous allons donner la série des genres et des espèces terrestres, en appelant à ce sujet le zèle et l'intérêt des savants anglois, et les priant de nous aider des lumières locales qu'eux seuls peuvent répandre sur nous. Quant à ceux qui n'ont point de synonymie, les traditions des noms vulgaires que nous rapportons et les noms latins conservés dans les collections de Londres, peuvent donner les moyens que nous réclamons.

Ordre III. *Coquilles terrestres.*

Genus I. *SYLVICOLA,* page 60.

1092. Vittata, le Ruban, *Ribbon.* Grenada.
1093. Fasciata, le Bandeau. *Banded?*

Genus II. *HELIX,* page 60.

1096. Alutacia, la Tannée, *Tanned.* Pulo Condore.
1097. Contraria, la Contraire, *Contrary.* China.

Genus III. *COCHLEA,* page 60.

1098. Virescens, la Verdâtre, *Greenish.* Indes orientales.
1100. Orbiculata, l'Orbiculaire. *Orbicular.* Coromandel.
1103. Paludosa, le Marais, *Marsh.* France.
1107. Carinata, la Quille de vaisseau, *Keeled.* Indes orientales.
1108. Capillacea, le Capillaire, *Hair Streaked.* Idem.
1109. Castanea, la Châtaigne, *Chesnut.* Jamaïq.
1110. Grandis, le Grand, *Great.* Indes occident.
1111. Gagatis, le Jayet ou les Lèvres noires, *Jetty, or Black Lips.* Hab.?
1112. Rubicunda, la Brunette ou la Lèvre rouge, *Red Lips or Brunette.* Ceylan.
1113. Elevata; a. *brown;* b. *white, with a brown lineal band;* l'Élevée ou la Longue pointe, *Elevated, or stigh spired.* Le Brésil? le Pérou?
1114. Globosa, le Rond ou le Globuleux, *Globose.* Madagascar.

Genus IV. *LUCERNA,* Lampe, *Lamp.*

1115. Striata, la Striée, *Striated.* Chine.
1116. Compta, les Cheveux peignés, *Combed Hair.* Hab.?
1117. Fasciata, la Bande, *Banded.* Coromandel.
1118. Zonata, la Zone, *Zoned.* Indes occident.
1119. Onyx, l'Onyx, *Onyx.* Idem.
1120. Lævigata, l'Unie, *Smooth brown.* Jamaïq.
1122. Zingiberis, le Pain d'épice, *Gingerbread Cake.* ?
1123. Rubida, la Bouche rouge, *Red Mouth.* ?
1125. Dentex, la Dentée, *Great Toothed.* ?
1126. Distorta, a. *Young;* b. *Full grown,* la Bouche de travers, *Wry Mouth.* Hab.?

Genus V. *LITUUS,* Cor de chasse, *Bugle horn.*
Ce genre paroît être composé de Cyclostomes?

1129. Canaliculatus, le Canelé, *Channelled.* Hab.?
1130. Heliciformis, Forme d'helix, *Helix-like.* Le Pérou.
1131. Nitidus, le Propre, *Neat.* Hab.?
1132. Striatus, le Strié, *Striated.* Hab.?
1134. Variegatus, a. *Small kind;* b. *Large kind,* le Bariolé, *Variegated.* La Chine.

Genus VI. *CISTULA*, Tabatière, *Casket, or Mull.*

1135. Rubescens, la Rougeâtre, *Reddish.* Indes occidentales.
1136. Fimbriata, la Frangée, *Ruffled, or Bordered.* La Jamaïque.
1137. Lineata, la Lignée, *Lineated.* Indes orient.
1138. Decussata, la Striée en sautoir, *Cross Striated.* Idem.

Genus VII. *BOMBYX*, Coque de soie, *Bombyx or Silk worm's case.*

1139. Virgatus, la Rayée, *Striped.* Hab. ?
1140. Notatus, la Bigarrée, *Brown Streaked.* ?
1141. Labiatus, la Lippue, *Many Lipped.* Indes occidentales.

Genus VIII. *OTIS*, Oreille, *Ear-Snail.*

Obs. Paroît être le genre *Auricula* de Mr de Lamarck. Il y place en effet le *Scarabæus*, l'*Oreille de Judas* et celle *de Midas.*

1143. Fluctuosus, l'Ondulée, *Waved.* Le Pérou. *This is the only one we remember to have seen of this curious and pretty kind.*
1144. Zebra, le Zèbre, *Zebra.* Le Brésil.

Genus IX. *CHERSINA*, Escargot, *Chersin.*

Obs. Paroît composé d'*Agathines* et de *Bulimes.*

1150. Leucophæa, le Gris brunâtre, *Russet Gray.* Le Pérou.
1151. Venosa, la Veinée, *Black Veined.* Mexico.
1152. Monile, le Collier, *Necklace.* Le Brésil. Helix monile, *Mus. Portl.*, n° 3925.
1153. Ventricosa, le Ventru, *Bellied.* Le Brésil.
1154. Tigrina minor, le Petit tigre, *Little Tiger.* La Guinée.
1155. Fuliginosa, le Fumé, *Smoky.* Hab.?
1156. Assata, le Rôti, *Roasted.* Hab.?
1157. Cæsia, le Gris, *Gray.* Indes orientales.
1158. Nebulosa, le Nébuleux, *Clouded.* Idem.
1159. Erubescens, a. *Native state;* b. *Partly uncoated;* c. *Wholly uncoated;* le Rouge, *Blush, or Pink Mouth.* La Guinée. *Mus. Portl.*, n° 823.
    Marginata, bordée, *Marginated.*
1162. Abreviata, la Courte flèche, *Blunt Spired.*

Helix unifasciata, *Mus. Port.*, n° 826. Voyez Lister. Hab. Leuconia.
1163. Fulva, a A, *Dwarf kind.* Hab. China; *Pale yellow, with one brown stripe, and a white fillet round the spire.* Hab. Prince's Island. Le jaune, *Yellow.*
1165. Monachus, le carmélite, *Carmelite Friar. This is the only specimen we recollect to have seen of this extremely rare species.* Hab. ?
1166. Ovata, l'OEuf ou l'Ovale, *Egg Shaped.* Surinam.

Genus X. *LENDIX*, Chenille, *Maggot.*

1167. Ovum formicæ, l'OEuf de fourmi, *Ant's Egg.* Indes orientales.
1168. Multi convolutio, la Vis sans fin, *Many Whirled.*
1169. Cincta, la Ceinte, *Girdled.* La Guinée.
1170. Candida, la Blanche, *White.* Indes orient.
1171. Tigrina, le Tigre, *Tiger.* Brésil. *This is a reverse shell, the convolutions winding to the left.*

Genus XI. *PUPA*, Poupée, *Puppet.*

Obs. Paroît être le genre *Pupa*, Lamarck?

1172. Striatella, la Striée, *Striated.*
1173. Rubra, la Rouge, *Red.* Indes occidentales.
1174. Clathrata, les Balustrades, *Balustrades.* Indes occidentales.
1175. Pinguis, la Grasse, *Fat.* Hab. ?

CHEMNITZ, *Conchyl.*, t. IX. *Abhandl. von den Linkschnecken.*

1. *TURBO CONTRARIUS MAROCCANUS*, etc., p. 115, tab. 112, fig. 158, litt. α, β.
    Gmelin, p. 3610, Turbo perversus δ).
    Habit. Près de Maroc. Est-ce bien une Cochlodine?

2. *TURBO PERVERSUS LINNÆI*, etc., p. 116, tab. 112, fig. 959, litt. *a* et *b.*
    Ces deux figures appartiennent-elles au véritable *Turbo perversus* de Linné, nobis, n° 511 ? Elles paroissent représenter deux espèces différentes. La fig. *a* seule pourroit à la rigueur s'y rapporter.

CHEMNITZ, idem. *Abhandl. von den Lands-und Flusschnecken.*

3. *HELIX POMATIA LINNÆI,* etc., pag. 111, tab. 128, fig. 1138, litt *b, c.*

Il est difficile de reconnoître le *pomatia* dans ces deux figures, qui certainement appartiennent à une autre espèce?

4. *HELIX INCISA,* pag. 129, tab. 130, fig. 1166.

Chemnitz cite FAVANNE, *Conchyl.,* tab. 64, lit. *s,* figure copiée de SEBA, *Thes.,* tab. 40, n° 15, et fort altérée. L'original n'en est pas déterminable, et tout porte à croire que la synonymie de Chemnitz est fausse : du reste l'*helix incisa* a été décrite et figurée d'après un individu du cabinet de Spengler. Personne, depuis, n'a reconnu cette espèce.

5. *HELIX ERICETORUM,* pag. 143, tab. 132, fig. 1194 et 1195.

Ces deux figures n'appartiennent certainement point à cette espèce, et ressemblent plutôt à notre *helix cingulata,* n° 164, quoique avec peu d'exactitude.

7. *TURBO TURRICULA MARROCCA-NA,* t. XI, pag. 280, tab. 200, fig. 2063, 2064.

Habit. Les environs de Mogador. *Ex Museo Spengleriano.* Est-ce une cochlodine ou un cyclostome ?

8. *HELIX CORALLINA,* tom. XI, p. 286, tab. 210, fig. 2084, 2085.

Habit. Les Indes orientales. *Museo Chemnitzii.* Est-elle terrestre ou marine ?

Nota. Voyez en outre à la liste de la page 76 les *helix trifasciata,* n° 190; *scabra,* n° 285; *variegata,* n° 286; *bontia,* n° 404; *Johnii,* n° 444; *Auris Vulpina,* n° 445; et *tortuosa,* n° 504.

DAVILA, *Catal. syst. et rais.,* t. I, p. 436.

Il est difficile de pouvoir signaler toutes les espèces de ce catalogue, qui ne sont pas reconnoissables, parceque la plupart d'entre elles sont réunies sous un même numéro, et forment un seul article. Mais comme elles sont, en général, assez bien décrites pour qu'on puisse les reconnoître à la vue des objets, nous croyons devoir nous contenter d'engager les naturalistes de Madrid, ou ceux qui auront occasion de visiter cette capitale, où se trouve le cabinet de Davila acheté par S. M. C., à établir sur notre ouvrage, la synonymie des espèces indiquées dans ce catalogue. Le cabinet de Davila étoit riche en espèces précieuses et rares ; ce seroit donc un service à rendre à la science que d'établir cette synonymie.

FAVANNE, *Conchyl.*

Les figures de la conchyliologie de MM. de Favanne, du moins quant aux espèces terrestres et fluviatiles, les seules que nous ayons étudiées jusqu'à présent, sont, pour la presque généralité, des copies horriblement défigurées de celles données par les divers auteurs. Nous avons eu le bonheur d'obtenir de Mr de Favanne lui-même la note concordante de ses figures, sans laquelle ni nous, ni personne n'aurions pu rétablir la synonymie. Cependant dans le nombre de ses figures, il en est quelques unes d'originales, faites sur les coquilles de sa collection, ou sur celles des principaux cabinets du temps : comme plusieurs de celles-ci nous sont inconnues et paroissent évidemment nouvelles et curieuses, nous allons les signaler aux naturalistes, afin d'obtenir quelques nouveaux renseignements.

1. *LA LAMPE DENTÉE HÉTÉROSTROPHE,* pl. LXIII, fig. F 5.

Habit. Les îles Philippines ? Cabinet de Mr de Calonne : achetée à la vente du cabinet de Portland, n° 2548.

2. *LA LAMPE A RUBAN,* pl. LXIII, fig. F 8.

Habit. Les îles Moluques, selon Mr de Favanne. Il la possédoit dans son cabinet. Ses caractères sont assez particuliers pour qu'on la reconnoisse si elle existe.

3. *LA LAMPE ANTIQUE LAPINNÉE HÉTÉROCLITE,* pl. LXIII, fig. F 9.

Cette figure est copiée sur celle de LISTER,

Synops., tab. 99, fig. 100. Nous les avons citées toutes deux, comme appartenant à une variété notable de *l'helix ringens*, n° 113, ou formant peut-être une espéce distincte? Mr de Favanne m'a assuré que cette coquille existoit dans le cabinet de Mr de Calonne, qui l'avoit achetée à la vente du cabinet de la Duchesse de Portland. Voyez *Cat. de ce cabinet*, n° 4080.

4. *LA PEAU DE VIPÈRE*, pl. LXIII, fig. G 1.

    Habit. Les îles Moluques? Cabinet de Mr Solerac, capitaine des gardes de Monsieur. Ce cabinet fut vendu et acheté par un italien.

5. *LA PEAU DE COULEUVRE*, pl. LXIII, fig. G 2.

    Habit. Les îles Philippines? Cabinet de Mr Blondel d'Azincourt.

6. *LE DOUVIER* ou *LA BARRIQUE DE VIN ROUGE*, pl. LXIV, fig. A 1, A 1.

    Habit. L'île d'Amboine? Cabinet de M^r le Mis de Gouffier.

7. *LA GRINOTTE RISSOLÉE* ou *LE PRUNEAU DE SAINTE-CATHERINE*, pl. LXIV, fig. E 2.

    Habit.? Du cabinet de Mme la présidente de Bandeville.

8. *LA PRUNE DE BRIGNOLE*, pl. LXIV, fig. F.

    Habit. La Chine? Cabinet de Mme la présidente de Bandeville.

9. *LE PETIT BUCCIN, dit L'ÉTOFFE DE SIAMOISE*, pl. LLV, fig. B 1.

    Habit. L'Amérique? Du cabinet de Mr de Nanteuil.

10. *LE BUCCIN, nommé LA SATINÉE ROSE RUBANNEÉ*, pl. LV, fig. B 2.

    Habit. L'Amérique? Cabinet de Mr de Favanne.

11. *LA VIS MAILLOTÉE A BANDELETTES*, pl. LXV, fig. B, 3.

    Habit.? Cabinet de Mr de Favanne et de Mme de Baudeville.

12. *L'ENFANT AU MAILLOT PAPYRACÉ, A CANELURES*, pl. LXV, fig. B 11.

    Habit.? Cabinet de Mr de Favanne.

FAVANNE, *Catal.* du cabinet de M^r le Cte DE LATOUR D'AUVERGNE.

1. *UNE LAMPE ANTIQUE ORDINAIRE*, etc., p. 6, n° 19, pl. I, fig. 19.

2. *LA POMME DE TERRE*, p. 9, n° 33, pl. I, fig. 33.

3. *LE LIMAÇON RETICULÉ*, pag. 11, n° 44, pl. I, fig. n° 44.

4 *L'OREILLE BLANCHE DE CHEVAL*, p. 18, n° 77, pl. I, fig. 77.

5. *LE PIED D'ÉLAN*, p. 20, n° 82, pl. II, fig. 20.

    Nous ne pouvons reconnoître ces espéces qui, sans doute, sont la plupart nouvelles pour nous.

FEUILLÉ (le père Louis), *Suite du Journal d'observ.*, 1725, in-4°.

Description d'une limace, ou *cochlea turbinata terrestris*, p. 64.

Nous avons trouvé la figure de ce limaçon gravée au trait et enluminée au bistre, avec celle de son animal, dans le recueil original des dessins du père Feuillé, que possède Mr Huzard, dans sa riche bibliothèque. Il paroît que cette planche n'a pas été publiée; la description de cette espèce feroit présumer qu'il s'agit de *l'helix oblonga*, n° 411 : mais la figure indique une coquille gauche. Nous savons du reste qu'il existe une monstruosité ainsi tournée de cette espèce; d'ailleurs la figure n'a peut-être point été gravée au miroir. Son animal offrant des particularités remarquables dans les franges très ramifiées de sa tête et des parties latérales du cou, nous signalons cette figure avec le désir que les voyageurs puissent vérifier cette coquille et dessiner de nouveau son animal. C'est de cette coquille dont Molina parle dans son *Hist. nat. du Chili*, trad.

franç., tom. IV, p. 169, sous le nom d'*helix serpentina*. Il est vraisemblable qu'il l'a empruntée du père *Feuillé*; l'un et l'autre la citent aux environs de la Conception.

Si l'on avoit une bonne figure de l'animal de l'*helix oblonga*, on s'assureroit de l'identité ou de la différence de ces deux mollusques.

GINNANI, *Op. post.* et *Hist. delle Pinete Raven.*

Les figures du premier de ces ouvrages sont si mauvaises et ses descriptions si peu précises, qu'il seroit à desirer que quelque naturaliste fût à même de les vérifier sur les lieux et de nous en donner une synonymie exacte: nous croyons cependant être parvenus à les reconnoître presque toutes. Quant aux espéces indiquées dans le second, il est de toute impossibilité de les reconnoître, la synonymie en étant détestable, et peu juste même pour les citations du premier de ces ouvrages.

GMELIN, *Syst. nat.*

Cet auteur n'offrant qu'une vaste compilation, les espéces qu'il donne, et sur lesquelles nous ne sommes pas fixés, se trouvent appartenir à Linné, Muller, Gualtieri, Schröter, Pallas, Chemnitz, etc., excepté la suivante qu'il a donnée de son chef et que nous ne connoissons pas.

HELIX SPLENDIDULA, p. 3655, n° 201. *Habit.* In Gallia et Thuringia.

GRONOVIUS, *Zoophyl.*, fasc. 3.

Le cabinet de Gronovius, sénateur de la ville de Leyde, devant exister encore, on peut reconnoître les espèces qu'il a décrites. La synonymie est extrêmement défectueuse dans cet ouvrage.

1537. *HELIX testa carinata imperforata, utrinque subconvexa; apertura marginata, labro postice biplicato.*
La citation de Lister, la seule qu'il donne,

est évidemment fausse, puisque la figure citée est le *carocolla*.

Habit. In hortis Indiæ orientalis.

1538. *HELIX testa crassiuscula subcarinata imperforata, convexiuscula; orificio subtus augustato-ovato; labiis revolutis, postico biplicato.*

Habit.?

1539. *HELIX testa carinata subumbilicata, subtus convexiore; apertura marginata, labio postice biplicato.*

LISTER, *Synops.*, tab. 83, fig. 87.

Habit. In Jamaica. La figure de Lister ne s'accorde pas avec la description de Gronovius.

1540. *HELIX testa subcarinata imperforata, subtus convexiore: apertura emarginata, labio postice biplicato.*

Habit.?

1544. *HELIX testa umbilicata, supra plana: orificio subrotundo: labro reflexo emarginato.*

SCHLOTTERB., *Act. Helv.*, vol. V, pag. 280, tab. 3, H, fig. 16.

LISTER, *Synops.*, tab. 74, fig. 74?

Habit.? Ces deux citations n'ont pas la moindre analogie: celle de Schlotterb. se rapporte à l'*helix Obvoluta*; celle de Lister peut-être à notre *helix Formosa*, n° 83?

1545. *HELIX testa umbilicata, supra depressa, plana, anfranctibus rotundatis; orificio emarginato oblongo ovato, labro reflexo; prominulo.*

Il cite LINNÉ, *Syst. nat.*, XII, n° 657, *helix Oculus Capri?* avec doute, et RUMPH, *Thes.*, tab. 27, fig. O.

Habit. In Sylvestribus Asiæ. L'*Oculus capri* de Linné est fort difficile à reconnoître, voyez LINNÉ; celle-ci l'est de même.

1549. *HELIX testa cornea tenui sub-umbilicata, subconvexa, lævi glabra; spira subdepressa.*

Habit. In Americâ. Toute la synonymie est disparate et comme prise au hasard.

1550. *HELIX testa umbilicata subrotunda, accuminata pellucida, labio subtus dilato.*
Habit. ? Point de synonymie.

1551. *HELIX testa umbilicata laevi subpellucida subrotunda, rima umbilicali, umbilico patentissimo; apertura ad apicem usque hiante.*
Habit. ?

1553. *HELIX GLAUCA*, Linné, *Syst. nat.*, XII, n° 678. Il cite pour sa phrase celle de Linné même.
En supposant que l'espèce de Gronovius soit bien celle de Linné, on ne seroit pas plus avancé. Voyez Linné ci-après.

1556. *HELIX testa globosa imperforata lœvi diaphana: apertura subrotundo-lunata; labro reflexo albido, ad columellam latiore.*
Il cite Petiver, *Gazoph.*, t. 52, fig. 11. *Helix vermiculata.*
Habit. In Americâ septentrionali et in Italiâ.

1569. *HELIX testa imperforata turrita ovata; fasciis tribus fuscis, media prominula; apertura ovata.*
Il cite Lister, *Synops.*, t. II, fig. 6. Un jeune de notre *Cochlogena flammigera*, n°
Habit. In mari Americano. Ou la citation ou l'habitation sont faux?

GUALTIERI, *Index Testar.*

Les espèces de cet auteur dont les figures suivent, sont, pour nous, méconnoissables. Plusieurs représentent, sans doute, des espèces nouvelles; mais la plupart, selon toutes les apparences, appartiennent à des espèces bien connues : c'est aux naturalistes des contrées où Gualtieri a observé, qu'il appartient de fixer leur détermination.

1. Tab. 1, fig. R. (La planche ne porte pas ce n° qui est oublié, mais il est indiqué par le texte.)

2. Tab. 2, fig. G.
Schröter, *Einleit.*, II, p. 212, helix, n° 126. Draparnaud cite cette figure à son *helix Nitida*, *Hist.*, pag. 117 (*helicella Cellaria*, nobis, n° 212); mais cette synonymie est au moins très douteuse.

3. Tab. 2, fig. R.
Schröter, *Einleit.*, II, p. 213, helix, n° 133. Draparnaud cite cette figure comme appartenant à *l'helix Algira* jeune : mais rien n'indique la justesse de cette citation.

4. Tab. 3, fig. H.
Schröter, *Einleit.*, II, p. 214, helix, n° 138. Cette espéce paroît évidemment distincte.

5. Tab. 3, fig. L.
Schröter, *Einleit.*, II, p. 215, helix, n° 139.

6. Tab. 3, fig. N.
Schröter, *Einleit.*, II, p. 259, helix, n° 281.

7. Tab. 4, fig. N.
Schröter, *Einleit.*, II, p. 114, turbo, n° 152. Favanne, *Conchyl.*, tab. 65, fig. N (évidée). Copie de Gualtieri.

8. Tab. 4, fig. R.
Schröter, *Einleit.*, II, p. 114, turbo, n° 150. Favanne, *Conchyl.*, tab. 65, fig. B (évidée) 2. Copie de Gualtieri.
Kæmmerer, *Cab. Rudolst.*, p. 149, n° 1. Bruguière cite cette figure pour son *Bulimus labiosus*, n° 85. Voyez plus haut l'article Bruguière.

9. Tab. 5, fig. Q.
Schröter, *Flussconch.*, tab. 10, min. B, fig. 2. Copie de Gualtieri.
Einleit., II, p. 229, n° 153.
Helix tumida, Gmelin, *Syst. nat.*, p. 3668. Cette espèce est donnée pour fluviatile? Seroit-ce alors une paludine ?

10. Tab. 5, fig. S. S.
Schröter, *Flussconch.*, tab. 10, min. A, fig. 6. *Einleit.*, II, p. 216, n° 145.
Helix substriata, Gmelin, *Syst. nat.*, p. 3667. Id., Dillwyn, *Descript. Catal.*, p. 958. Cette figure est citée par Bruguière pour le *Bulimus radiatus*, n° 25.
Cette synonymie qui paroît juste a besoin d'être confirmée.

HÜBNER (Jacob).

Cet auteur, académicien d'Ausbourg, qui a commencé en 1810 une monographie des testacées de la Bavière, dont il n'a paru que le genre *Cobresia* (helicolimax), a publié en même temps deux lettres dans lesquelles il donne quelques observations, et où il fait connoître une sorte d'arrangement pour les coquilles des environs de cette ville. Celles-ci étant désignées, dans cette espèce de catalogue, sous des noms tout-à-fait inconnus et inusités, nous croyons devoir prier Mr Hübner de vouloir bien nous donner la synonymie vulgaire de ses espèces; il rendra par-là service à la science, et mettra les naturalistes à portée de comprendre la langue dont lui seul a la clef; ou bien si ce sont autant d'espèces nouvelles, il seroit intéressant de les décrire et de les figurer. Voici les noms des coquilles qui nous sont inconnues rangées d'après l'ordre de Mr Hübner.

1. À coquilles plates.
Sinum, costulata, hyalina.

2. À coquilles rondes.
Sylvicola, herbarum, vertex, glomolus, spira, pusilla.

3. À coquilles alongées.
Ovula, alvear, tumuli, collis.

4. À coquilles fusiformes.
Aversa, conversa.

5. À coquilles enflées.
Buccinula.

CYLINDRODES utriculus. (Quel est ce genre?)

COLYMBETES buccinulum. (Idem.)

LINNÉ, *Syst. nat.*, édit. XII.

Il seroit intéressant de reconnoître au moins les espèces que l'auteur du *Syst. nat.* a décrites, et qui toutes ont été reproduites dans les ouvrages généraux sans qu'on ait eu connoissance de la plupart d'entre elles.

1. *HELIX OCULUS CAPRI,* n° 657.
Mus. Lud. ulr.., p. 664, n° 463.
GMELIN, *Syst. nat.*, p. 3615.
SCHRÖTER, *Einleit.*, II, p. 125, n° 111.
Linné cite trois synonymes pour cette espèce jusqu'à présent restée incertaine.

Le premier est celui de RUMPHIUS, *Mus.*, t. 27, fig. 0? (avec un point de doute), qui représente une coquille très voisine de notre *helix unguicula*, n° 191, dont elle n'est peut-être qu'une variété. Gmelin, qui la cite aussi, a ajouté à l'*Oculus Capri*, le synonyme de Klein, *Ostrac*, t. 1, fig. 10? Qui est la copie de la figure de Rumphius.

Le second synonyme de Linné est D'ARGENVILLE, *Conchyl.*, tab. 11, fig. F (ou tab. 8, nouv. édit.). Voyez ce que nous disons de cette figure à l'art. D'ARGENVILLE, figure qui se rapporte aussi, à ce qu'il paroît, à l'*helix unguicula* ou à l'*helix ungulina*, et qui par conséquent offre assez d'analogie avec celle de Rumphius.

Enfin, le troisième synonyme est celui de PETIVER, *Gazophyl.*, tab. 76, fig. 6, figure qui se rapporte évidemment au *Cyclostoma volvulus*, et n'a aucun rapport avec les deux premières citations. C'est sans doute cette dernière qui a porté DILLWYN, *Descrip. Cat.*, p. 889, à considérer cette espèce comme étant le véritable *Oculus Capri* de Linné, opinion qui ne nous paroît appuyée par aucun autre motif. Cette étrange bévue de Linné, ne pouvant guère se supposer, d'autant que la description du *Mus. Lud. Ulr.* ne porte point à croire qu'il ait eu en vue le *volvulus*, ne pourroit-on pas soupçonner qu'il a plutôt voulu citer PETIVER, *Aquat. an. Amb.*, tab. 12, fig. 11, figure qui n'est que la copie de celle de Rumphius? Alors l'*Oculus Capri* seroit, ou une variété de notre *unguicula*, ou une espèce très rapprochée.

Ce qui est assez particulier, c'est que Gmelin, tout en donnant les mêmes synonymes que Linné, ajoute comme variété à cette espèce la fig. 1, tab. 28 de MARTYN, *Univ. Conchol.*, figure qui représente aussi un cyclostome voisin du *volvulus*. Dillwyn a-t-il raison dans son rapprochement, ou

l'espéce de Linné est-elle encore incertaine, comme nous le croyons? nous attendrons de nouveaux renseignements pour
fixer notre opinion.

2. *HELIX ALBELLA*, n° 658.
   Fn. Suec., n° 2175; *It. Oel.*, n° 65.
   La description très détaillée de Linné se
   rapporte fort bien à des individus jeunes
   de l'*helix albella*; mais la synonymie
   qu'il donne de GUALTIERI, *Test.*, tab. 3,
   fig. Q, appartient à l'*helix conspurcata*.
   Reste à savoir si cette espèce se trouve
   véritablement en Suède? ou si Linné a été
   trompé par des témoignages inexacts ?

3. *HELIX STRIATULA*, n° 659.
   SCHRÖTER, *Einleit.*, II, p. 126, n° v.
   GMELIN, *Syst. nat.*, p. 3616.
   Habit. Algiriæ. Muller cite avec doute cette
   espèce comme synonyme de son *helix polita*, n° 235. Cependant la comparaison
   que Linné établit entre l'*algira* et le *striatula*, éloigne l'idée que celle-ci puisse être
   la même que l'espèce de Muller qui paroît
   fort petite.

4. *HELIX GOTHICA*, n° 669.
   SCHRÖTER, *Einleit.*, II, p. 135, n° XV.
   GMELIN, *Syst. nat.*, p. 3621.
   DILLWYN, *Descript. Catal.*, p. 904.
   Habit. Les forêts de la Suède.

5. *HELIX ITALA*, n° 683.
   SCHRÖTER, *Einleit.*, II, p. 150, n° XXIX.
   GMELIN, *Syst. nat.*, p. 3636.
   DILLWYN, *Descript. Catal.*, p. 929.
   Habit. L'Europe australe. C'est sans doute
   une variété de l'*helix variabilis?* Opinion
   qui est aussi celle de Mr Studer.

6 *HELIX HISPANA*, n° 686.
   SCHRÖTER, *Einleit.*, II, p. 152, n° XXXII.
   GMELIN, *Syst. nat.*, p. 3637.
   DILLWYN, *Descript. Catal.*, p. 930.
   Habit. L'Europe australe.

7. *HELIX LUTARIA*, n° 687, *Mus. Lud.*
   Ulr.; p. 669, n° 273*.
   SCHRÖTER, *Einleit.*, II, p. 153, n° XXXIII.
   GMELIN, *Syst. nat.*, p. 3637.
   DILLWYN, *Descript. Catal.*, p. 930.
   Habit. ?

8. *HELIX SUBCYLINDRICA*, n° 696.
   SCHRÖTER, *Einleit.*, II, p. 162, n° XLII.
   GMELIN, *Syst. nat.*, p. 3652.
   CHEMNITZ, *Conchyl.*, IX, p. 167, t. 125,
   fig. 1235?
   Habit. In aquis dulcibus, Europæ boreali.
   Chemnitz et Dillwyn ont cru pouvoir la con-
   fondre avec l'*helix lubrica;* reste à savoir
   si l'espèce de Linné est bien une hélice?
   si celle de Chemnitz est la même? et enfin
   si véritablement c'est le *lubrica?* Montagu
   d'après Pulteney donne aussi un *helix
   subcylindrica*, qu'il rapporte avec doute
   à l'espèce de Linné.

9. *HELIX OCTONA*, n° 698.
   Cette espèce est aussi fort embrouillée.
   Gmelin paroît avoir eu en vue l'*helix acicula;* mais il ajoute à cette espèce, comme
   en étant une variété, le *bulimus octonus*
   de Bruguière, donné par Chemnitz, IX,
   tab. 136, fig. 1264.
   Schröter, *Einleit.*, II, p. 163, n° XLIV, en
   fait l'*helix acicula* : il y est autorisé par
   la citation que fait Linné de la fig. BB,
   tab. 6 de Gualtieri, qui est bien l'*acicula;*
   mais à laquelle la description de Linné ne
   convient pas.
   Enfin, Dillwyn, *Descript. Catal.*, la considère comme le véritable Bulime octone de
   Bruguière, et par conséquent rejette le
   synonyme de Gualtieri donné par Linné.
   Tout cela prouve que nous ne connoissons
   pas la véritable espèce de Linné; dont la
   description ne convient ni à l'*acicula* ni à
   notre *octona*.

10. *HELIX PELLA*, n° 699.
    SCHRÖTER, *Einleit.*, II, p. 164. n° XLV.
    GMELIN, *Syst. nat.*, p. 3654.
    MULLER, *Zool. Dan. Prod.*, p. 2916.
    Habit. L'Islande.
    Nota. Voyez aussi à la liste de la page 76 les
    helix leucas, n° 230, et *barbara*, n° 379.

LISTER, *Synops.*

1. TAB. 14, FIG. 7.
   SCHRÖTER, *Einleit.*, II, p. 179, n° 6.
   Habit. ? E Museo Oxoniensi. On rapporte
   cette figure à l'*helix calcarea* : ce rapprochement est fort hasardé.

2. Tab. 29, fig. 27.
Cette espèce nous est inconnue.

3. Tab. 33, fig. 32.
Schröter, *Einleit.*, II, p. 182, n° 12.
Habit.? Est-ce l'*helix lucana sinistrorsa?*

4. Tab. 39, fig. 37 *b*.
Schröter, *Einleit.*, II, p. 182, n° 15.
Habit.? Paroît différente du *Columna.*

5. Tab. 44, fig. 41.
Schröter, *Einleit.*, II, p. 183, n° 17.
Habit.? L'Île de France.

6. Tab. 44, fig. 42.
Schröter, *Einleit.*, II, p. 183, n° 17.
Habit. L'Île de France.

7. Tab. 46, fig. 44.
Schröter, *Einleit.*, II, p. 183, n° 20.
Habit.?

8. Tab. 51, fig. 49.
Schröter, *Einleit.*, II, p. 184, n° 24.
Brown, *Hist. Jam.*, p. 400, n° 2.
Habit. La Jamaïque.

9. Tab. 60, fig. 57.
Habit.? Schröter rapporte, sans raison, cette
figure à l'*helix citrina*, *Einleit.*, II, p. 146.

10. Tab. 65, fig. 63.
Schröter, *Einleit.*, II, p. 186, n° 32.
Habit. La Jamaïque. Peut-être une coquille
jeune?

11. Tab. 66, fig. 64.
Schröter, *Einleit.*, II, p. 186, n° 33.
Habit.? Coquille jeune.

12. Tab. 72, fig. 70.
Schröter, *Einleit.*, II, p. 187, n° 39.
Habit. Gall. Narbonn.

13. Tab, 77, fig. 77.
Schröter, *Einleit.*, II, p. 189, n° 46.
Klein, *Ostr.*, tab. 1, fig. 17. Copie de Lister.

14. Tab. 79, fig. 80 *a*.
Habit.? 80 paroît être l'*algira?* mais celle-
ci est une espèce distincte.

15. Tab. 81, fig. 82.
Petiver, *Gazophyl.*, tab. 104, fig. 2.
Schröter, *Einleit.*, II, p. 190, 51.
Habit. La Virginie. Ne seroit-ce pas l'*helix
tridenta* jeune?

16. Tab. 84, fig. 84.
Schröter, *Einleit.*, II, p. 291, n° 54.
Habit. La Jamaïque.

17. Tab. 87, fig. 88.
Schröter, *Einleit.*, II, p. 192, fig. 57.
Habit. La Jamaïque. Seroit-ce l'*helix punc-
tata*, nobis, n° 89?

18. Tab. 90, fig. 90.
Schröter, *Einleit.*, II, p. 192, n° 59.
Sloane, *Jamaic.*, tom. II, p. 228, n° 5.
Habit. La Jamaïque.

19. Tab. 96, fig. 97.
Schröter, *Einleit.*, II, p. 195, n° 65.
Habit. Les Indes orientales. Cette figure a
du rapport avec l'*helix Lychnuchus*, mais
la localité est bien différente.

20. Tab. 101, fig. 1. *An. Angl. app.*, tab. 3,
fig. 5.
Schröter, *Einleit.*, II, p. 196, n° 68.
Martini, *Berlin. magaz.*, tom. IV, tab. 10,
fig. 46. Copie de Lister.
*Habit. È fluvio Rodano, propè Viennam
allobrogum.* Cette espèce ne peut être fluviatile; il y a sans doute erreur pour sa
localité.

21. Tab. 1055, fig. 3.
Schröter, *Einleit.*, II, p. 203, n° 93.
Habit.?

22. Tab. 1058, fig. 8.
Schröter, *Einleit.*, II, p. 104, n° 97.
Habit.? Cette figure est citée pour l'*helix
Auris Bovina* par quelques auteurs.

23. Tab. 1259, fig. 4.
Schröter, *Einleit.*, II, p. 204, n° 98.
Habit. Une rivière de la Caroline. Il est dou-
teux qu'elle soit fluviatile.

MARSILI (le Cte), *Danub.*, tom. IV, p. 89.

1. *COCHLEA TURBINE RECTO*, tab.
   31, fig. 1.
   Helix Danubialis, GMEL., *Syst. nat.,* p. 3668.
   SCHRÖTER, *Flussconchyl.*, tab. *min.* B, fig. 5.
         Einleit., II, p. 271, helix, n° 327.
   Helix turbinata, var. B, DILLWYN, *Descript.*
   Catal., p. 961.

2. *COCHLEA TURBINATA RECTA*,
   tab. 31, fig. 2.
   Helix turbinata, GMELIN, *Syst. nat.*, p. 3668.
   SCHRÖTER, *Flussconch.*, tab. *min.* B, fig. 1.
         Einleit., II, p. 272, helix, n° 328.
   Helix turbinata, DILLWYN, *Descript. Catal.*,
   p. 961.

3. *COCHLEA ALIA TURBINE CUR-*
   VATO, tab. 31, fig. 4.
   Helix curvata, GMELIN, *Syst. nat.,* p. 3668.
   SCHRÖTER, *Flussconch.*, tab. min. B, fig. 3.
         Einleit., II, p. 272, helix, n° 329.
   Helix turbinata, var. C, DILLWYN, *Descript.*
   Catal., p. 962.

Ces trois coquilles figurées par le Cte Marsili
comme étant du Danube, sont peut-être,
ainsi que Dillwyn les a considérées, des
variétés ou monstruosités d'une même espèce : mais quelle est cette espèce? est-elle
fluviatile réellement ou terrestre? Les espèces du Danube paroissent fort intéressantes; on les connoît très peu. Il est à
desirer que les naturalistes des contrées
que ce fleuve traverse nous les fasse connoître, et fixent les incertitudes sur celles
de Marsili.

MOLINA, *Hist. natur. du Chili*, trad. fr.
Paris, 1789.

Helix serpentina, liv. IV, p. 169.
Voyez l'art. FEUILLÉ, d'après lequel Molina
donne cette espèce quoique sans le citer.
C'est sans doute *l'helix oblonga* dont il
est question. Il lui donne le nom de ser-
pentine, à cause des écailles représentées
dans la figure de Feuillé sur le corps de ce
mollusque.

MONTAGU, *Test. Britan.*

1. *HELIX FUSCA*, tom. II, p. 424, n° 24,
   pl. XIII, fig. 1.
   MATON et RACKETT, *Linn. Trans.*, VIII,
   p. 209.
   DILLWYN, *Descript. Catal.*, p. 947.
   Cette espèce nous est inconnue.

MULLER, *Verm. hist.* (1).

1. *HELIX RADIATA*, n° 224.
   Id., GMELIN, p. 3634.
   Les synonymes de Muller sont évidemment
   faux; celui de Gualtieri se rapporte à *l'he-*
   lix conspurcata; ceux de Lister et de Petiver à *l'helix alternata.* Personne jusqu'à
   présent n'a reconnu cette espèce.
   Habit. In Gallia meridionali. MULLER.

2. *STRIATULA*, n° 225.
   Helix strigosula, GMELIN, *Syst. nat.*, p. 3634.
   Habit. In Gallia. Draparnaud la rapporte
   à son *helix fasciola.* Ni l'une ni l'autre
   n'ont été reconnues.

3. *ALBINA*, n° 226.
   GMELIN, *Syst. nat.*, p. 3615.
   DILLWYN, *Descript. Catal.*, p. 891.
   In Museis passim; MULL. Cet auteur donne
   avec doute, pour synonyme à cette espèce,
   la fig. 86 de la tab. 86 de Lister, qui n'est
   pas trop reconnoissable.

4. *MACULATA*, n° 227. GMELIN, p. 3615.
   Habit.? Dillwyn confond cette espèce dans
   l'helix albella.

5. *POLITA*, n° 235.
   Helix striatula, LINNÉ, *Syst. nat.*, 659 ?
   Idem, GMELIN, p. 3615 ?
   Idem, DILLWYN, *Descript. Catal.*, p. 892.
   Hab. In ripis torrentum Lombardiæ, MULL.
   Linné dit *in Algiriæ;* mais Muller ne rap-

---

(1) Nous signalerons aussi aux naturalistes les trois espèces
suivantes, qui n'ont été observées par aucun auteur depuis
Muller :
Buccinum glabrum, n° 328. *Habit.* Le Danemarck.
Planorbis similis, n° 352. *Habit.* Les environs de Berlin
Planorbis gelatinus, n° 355. *Habit.* Le Danemarck.

porte qu'avec doute son *polita* au *striatula*.

Draparnaud, *Prodrom.*, n°   , avoit cru retrouver cette coquille ; mais il paroît depuis lors avoir reconnu son erreur, car elle a été rejetée par Mr Clos, éditeur de son ouvrage général.

6. *STRIATA*, n° 238.

Schröter, *Erdconchyl.*, p. 183, n° 60, tab. 2, fig. 20. *Einleit.*, II, p. 241, helix, n° 228.
Gmelin, *Syst. nat.*, p. 3632.
Dillwyn, *Descript. Catal.*, p. 928.
Helix nivea, Gmelin, *Syst. nat.*, p. 3639.

Habit. In Saxoniá. Il est positif par le texte de Muller, qu'il la tenoit de Schröter ; celui-ci, dans les *Einleit.*, la compare au *fruticum*. Mr Studer croit que cette espèce est un exemplaire incomplet de l'*helix strigella.*

7. *EXTENSA*, n° 254.

Gmelin, *Syst. nat.*, p. 3631.
Dillwyn, *Descript. Catal.*, p. 922.

Habit.? In Museo Spengleriano. Est-ce bien l'espèce que nous avons figurée sous ce nom ?

8. *ROSACEA*, n° 272.

Gmelin, *Syst. nat.*, p. 3636.
Dillwyn, *Descript. Catal.*, p. 921.

Habit.? In Museo. Cette espèce n'est citée par personne depuis Muller.

9. *TROCHULUS*, n° 276.

Habit. In Daniæ. N'a pas été reconnue. Mr Studer la regarde comme un jeune de l'*helix obscura*. Dillwyn la réunit à l'*helix fulva.*

10. *VENTRICOSA*, n° 301.

Gmelin, *Syst. nat.*, p. 3661.
Idem, turbo pyramidalis, p. 3612.
Schrôt., *Erdconchyl.*, p. 141, n° 12, tom. I, fig. 8.
Idem, *Einleit.* II, p. 119, turbo, n° 172.

Habit. In Saxoniá? Schröter, *Misit.* Espèce très douteuse ; vraisemblablement une coquille jeune. *Vertigo edentula* jeune, selon Mr Studer ; *bulimus obscurus* jeune, selon Dillwyn.

11. *FUSULUS*, n° 309 ; Gmelin, n° 3610.

Turbo *mumia junior?* Dillwyn, *Descript. Catal.*, p. 861.

Nota. Voyez aussi à la liste de la page 76 les *helix trochus, cicatricosa, nemorensis, rapa* et *Auris Malchi.*

NICHOLSON, *Hist. nat. de Saint Domingue.*

LE CANNELÉ BLANC, p. 331, §. 3, pl. fig. 10.

Cette coquille nous est inconnue, où n'est pas reconnoissable dans l'auteur.

PALLAS, *Nov. act. Petrop.*

Helix coriacea, tom. II, p. 243, tab. VII, fig. 31, 33.
Gmelin, *Syst. nat.*, p. 3641.
Habit. In insulis Kurilibus.

PERRY, *Conchology*, etc.

1. *HELIX PICTORIA*, pl. XV, n° 1.
Habit.?

2. *HELIX CINCTA*, idem, n° 3.
Habit.?
Ces deux espèces paroissent être des variétés de l'*helix versicolor.*

3. *HELIX GRISEA*, pl. XV, fig. 2.
Habit.? Du Muséum britannique.

4. *HELIX COLUBRINA*, pl. XV, fig. 3.
Habit. La mer Méditerranée. Il est évident que l'*habitation* est donnée à tout hasard. Nous avons rapporté cette figure à l'*helix Pellis Serpentis ? ?*

5. *HELIX SUBVIRIDIS*, pl. XV, n° 5.
Habit. Les côtes de la Nouvelle-Zélande. Espèce inconnue, peut-être variété de l'*helix grisea*, n° 2. ?

6. *MELANIA ACUTA*, pl. XXIX, n° 2.
Habit. Les mers du Sud. Mr Perry dit cette espèce figurée dans Born. En effet, nous croyons fort que sa figure n'est qu'une copie dénaturée de celle que Von Born donne du *Limneus stagnalis.*

7. *BULIMUS CARINATUS*, pl. XXX, n° 1.
Habit. La Nouvelle-Hollande. Incertaine pour le genre, peut-être marine ?

8. *BULIMUS LINEATUS*, pl. XXX, n° 5.
Habit. Les Indes occidentales. *Cap. of good hoop.* Muséum de Mᵣ Bullok. Paroît appartenir au groupe des *agatines ?*
Nota. Voyez à la liste de la page 76 les *helix dilata, collapsa, divaricata, marmorea, Melania* et *aurantia.*

PETIVER, *Gazophyl.*

1. *LE BOUTON DU CAP*, Decas. VI, tab. 57. fig. 10. *Catal.* 413.

2. *LE PETIT LIMAÇON RABOTEUX*, Decas. VII, tab. 63, fig. 11. *Catal.* 562.
Habit. Les rivages de la Jamaïque et de la Barbade.

3. *LE LIMAÇON SUSU*, Decas. X, tab. 100, fig. 13. *Catal.* 223.
Kamel, *Phylos. trans.*, vol. XXV, an. 1707, n° 311, p. 2399, n° 15.

RUMPHIUS, *Mus. Amb.*

1. Tab. 27, fig. O.
Petiver, *Aquat. an. Amb.*, tab. 12, fig. 11.
Klein, *Ostrac.*, tab. 1, fig. 10.
Nous croyons que cette figure se rapporte à une variété de notre *helix unguicula.* Petiver et Klein l'ont copiée. Voyez d'Argenville et Linné à l'*helix Oculus Capri.*

2. Tab. 27, fig. P.
Petiver, *Aquat. an Amb.*, tab. 12, fig. 12.
Schröter, *Einleit.*, II, p. 258, helix, n° 279.
Muller rapporte cette figure, ainsi que la copie de Petiver, à son *helix Oculus Capri,* qui est l'*helix algira*, et qui, par conséquent, n'est pas celui de Linné. Il cite encore comme synonyme à cette espèce, d'Argenville, tab. 6, fig. E, qui sous cette lettre représente en effet l'*helix algira.*
Gmelin a fait, de l'*helix Oculus Capri* de Muller, son *OEgophtalmos.* Tout cela n'éclaircit pas la figure de Rumphius, qui n'est guère déterminable : elle ressemble davantage au *Planorbis contrarius.*

SCHRANCK, *Fauna Boica,* tom. III.

Cet auteur donne plusieurs espéces avec des citations qui nous font soupçonner qu'il ne les a pas toujours bien déterminées. En général la synonymie est jetée au hasard dans cet ouvrage. Nous indiquerons ces espéces par le synonyme le plus connu, avec le desir que quelqu'un nous apprenne quelles sont les véritables coquilles qu'il a eues en vue : d'autres sont indiquées comme nouvelles.

1. *HELIX EXPLANATA*, Muller, pag. 264, n° 3168.
Cette coquille ne se trouve probablement pas en Bavière.

2. *HELIX ZONARIA*, Muller, p. 266, n° 3173.
L'auteur porte comme synonyme le limaçon Laquais de Guettard, qui est l'*H. nemoralis*, espéce qu'il donne plus bas.
Ces deux citations n'ont aucun rapport entre elles. Quelle est son *helix zonaria ?* seroit-ce notre *helix zonata ?*

3. *HELIX BUCCINUM*, p. 271, n° 3182.
Habit. Près d'Ingolstadt, dans les mousses.

4. *HELIX TURBO*, p. 274, n° 3187.
Il cite d'Argenville, tab. 28, fig. 24, qui est méconnoissable.

5. *HELIX SULCATA*, Muller, p. 275, n° 3190.
On ne peut guère s'attendre à trouver cette coquille citée en Bavière.

6. *GALBA PUSILLA*, p. 285, n° 3203.
Voilà un nouveau genre que personne ne connoît et n'a pu retrouver ?
Observation. Outre ces coquilles terrestres qui prouvent que les autres espéces de Schranck ne sont guère certaines, dans leur détermination, cet auteur indique les coquilles suivantes, qui nous sont également inconnues.
Planorbis ovatus, n° 3291 ; *Buccinum Danubiale,* n° 3205 ; *Buccinum atrum,* n° 3208 ; *Buccinum lagotis,* n° 3210. Ces

trois derniers, avec la citation de Schröter : *nerita doliolum,* décrite *Phys. aufs.,*
319, tab. 5, fig. 6-8 ; *tellina tenera,* p. 294,
n° 3218.

SCHRÖTER, *Erdkonchyl.*

1. TAB. 1, FIG. 8. *Turbo pyramidalis,* GMELIN,
p. 3612. Voyez MULLER, *helix ventricosa.*

2. TAB. 1, FIG. 11. *Einleit.,* II, p. 240, helix,
n° 224.
Helix fucescens, GMELIN.
Jeune coquille. Espèce très douteuse que
nous avons rapportée, peut-être à tort,
avec Dillwyn, à l'*helicolimax pellucida.*

3. TAB. 1, FIG. 12. *Einleit.,* II, p. 240, helix,
n° 225.
Nous ne pouvons reconnoître cette figure.

4. TAB. 2, FIG. 20. Voyez MULLER, *helix striata.*

5. TAB. 2, FIG. 22 et 22 *a. Einleit.,* II, p. 241,
helix, n° 229, tab. IV, fig. 8.
Helix media, GMELIN, p. 3640.
Il la cite aussi à *helix pisana,* p. 3631.
Les figures de l'*Erdconchyl.* et des *Einleit.*
ne se ressemblent pas. Espèce indéterminable.

6. TAB. 2, FIG. 26. *Einleit.,* II, p. 241, helix,
n° 230.
Helix tenella, GMELIN.
Citée aussi à son *helix cellaria.*
N'est pas reconnoissable. Sans doute coquille
jeune ?

SCHRÖTER, *Flussconchyl.*

7. TAB. 5, FIG. 34.
Jeune, indéterminable ?

8. TAB. 5, FIG. 35. *Einleit.,* II, p. 244, helix,
n° 237.
Helix rufescens, GMELIN, p. 3640.
Paroît être une jeune hélice.

9. TAB. 5, FIG. 36. *Einleit.,* II, p. 246, helix,
n° 244.
Inconnue ; mais il paroît que c'est une jeune
coquille terrestre.

10. TAB. 6, FIG. 14. *Einleit.,* II, p. 246, helix,
n° 245.
Gmelin rapporte cette figure comme var. β
à son *helix fucescens.* Voyez plus haut,
n° 2 ; mais comme Schröter les distingue,
on doit croire qu'elles sont différentes. Elle
n'est pas reconnue par nous.

SEBA, *Thesaur.,* tome III.

TAB. 38, fig. 67. SCHRÖTER, *Einleit.,* II, p. 262,
helix, n° 292. (an helix ?)
Id., fig. 69. (an helix ?)
Id., fig. 70. (an helix ?)

TAB. 39, fig. 9. SCHRÖTER, *Einleit.,* II, p. 262,
helix, n° 293. (helix picta aff. ?)
Id., fig. 10. SCHRÖTER, id., helix, n° 294.
Id., fig. 11. Id., helix, n° 295.
Id., fig. 21, 22, 23, 24.
Id., fig. 35. SCHRÖTER, *Einleit.,* II, p. 224,
helix, n° 175.
Id., fig. 58, 59. Id., p. 226, helix, n° 181.

TAB. 40, fig. 8. SCHRÖTER, *Einleit.,* II, p. 263,
helix, n° 296.
Id., fig. 10. Id., helix, 298. (helicigona ?)
Id., fig. 26. Id., p. 228, helix, n° 185. (an
marina ?)
Id., fig. 27. (*Scalaris ?*)
Id., fig. 29. SCHRÖTER, *Einleit.,* II, p. 264,
helix, n° 301. (helix zonaria aff. ?)
Id., fig. 30, 31. Id., helix, n° 302. (helico-
donta ?)
Id., fig. 43. Id., p. 265, helix, n° 304. (an
marina ?)
Id., fig. 44, 45. Id., p. 97, turbo, n° 103.
Affinis, f. 13, tab. 100, Petiveri : *an
helix pileus ?*
Id., fig. 47.
Id., fig. 48.
Id., fig. 49.
Id., fig. 50. (an helix lactea ?)
Id., fig. 60. SCHRÖTER, *Einleit.,* II, p. 265,
helix, n° 305. (*hellicella : aplostomæ.*)
Id., fig. 61. Id., p. 229, helix, n° 190. (*he-
licella : lomastomæ.*)
Id., fig. 63. Id., helix, n° 191. (an proced.
spec. ?)
Id., fig. 67. Id., helix, n° 192. (*helicella : lo-
mastomæ.*)
Nous n'avons pu parvenir à rapporter, avec

M

quelque vraisemblance, ces figures à aucune des espéces connues. C'est aux naturalistes qui pourront étudier l'ancien cabinet de Seba, à fixer, s'il est possible, les
incertitudes au sujet de ces espéces.

SLOANE, *of Jamaica,* tom. II.

1. *COCHLEA terrestris maxima, compressa,
     fusca, ore unicodente donato,* p. 227,
     n° 1, tab. 240, fig. 6, 7.
   LISTER, *Synops.,* tab. 95, n° 96. (Cit. fausse.)
   PETIVER, *Mem. cur.,* an 1708, p. 98, n° 12.
   Nous croyons que cette espéce est notre he-
   lix Lamarkii, var. unidens, n° 129 (voyez
   Tabl. de la famille des limaçons, p. 72,
   2ᵉ colonne). C'est, sans doute, l'espéce de
   Brown. Voyez son art. n° 6.

2. *EADEM paulo minor alba, ore duobus
     dentibus donato,* p. 227, n° 2.
   LISTER, *Synops.,* tab. 83, fig. 87 ?
   PETIVER, *Gaz.,* dec. III, p. 34, n° 6, tab. 21,
   fig. 6.
   Mem. cur., an 1708, n° 13.
   Nous croyons qu'on peut la rapporter à l'espéce de Brown, n° 5 (voyez son art. n° 4);
   et toutes deux comme synonymes à notre
   helix Julia, n° 127.

3. *EADEM umbilicata depressior.,* p. 228,
     n 3.
   PETIVER, *Gaz.,* dec. 8, pl. 71, n° 10; *Catal.,*
   n° 563.
   Nous pensons que c'est la même coquille de
   Brown (voyez son art. n° 5), et qu'elle se
   rapporte à notre *helix lucerna,* n° 128.

4. *COCHLEA terrestris major, compressa, fus-
     ca, ore duobus dentibus donato,* p. 228,
     n° 4.
   Sans citation.

5. *COCHLEA terrestris mediæ magnitudinis,
     compressa, albida, ore duobus dentibus
     donato,* p. 228, n° 5.
   LISTER, *Synops.,* tab. 90, fig. 90.
   Id., tab. 96, fig. 97 ? (Celle-ci se rapporte à
   l'*helix Lychnuchus.*)

6. *COCHLEA fusca, terrestris major, com-
     pressa, fasciis albidis, non dentata,* p.
     229, n° IX, pl. 240, fig. 18, 19.
   Peut-être l'espéce de Brown. Voyez son art.
   n° 7 ?

7. Ibid., fig. 20, 21.
   Copiée par FAVANNE, *Conchyl.,* pl. LXIV,
   fig. B 3.
   Sloane réunit ces deux espèces. Il distingue
   celle-ci par un ombilic.

8. *COCHLEA terrestris, fusca, compressa,
     minor, clavicula parum elata, non den-
     tata,* p. 229, n° X, pl. 240, fig. 22, 23.
   Copiée par FAVANNE, *Conchyl.,* pl. LXIV,
   fig. B 2.

TURTON, *Diction.* Genre Helix.

1. *HELIX RHOMBEA,* n° 8.
   Trouvée après des étuis de Phryganes, près
   du jardin botanique de Dublin. Paroît être
   une monstruosité *scalaris* de l'*helix ericetorum ?*

TABLEAU SYSTÉMATIQUE

DES

PULMONÉS GÉHYDROPHILES.

OBSERVATIONS GÉNÉRALES·

SUR

LES PULMONÉS GÉHYDROPHILES.

———

Nous avons signalé depuis long-temps l'existence de véritables pulmonés marins parmi les gastéropodes pourvus d'une coquille. Aujourd'hui nous allons montrer que ces mollusques sont assez nombreux, qu'ils forment, sans doute, plusieurs genres distincts, et qu'ils font partie d'une famille bien caractérisée, remarquable, sur-tout, parceque les mollusques qui la composent sont, les uns terrestres ou fluviatiles, et les autres marins.

Déja M{^r} Cuvier, en décrivant l'onchidie de Péron, a fait connoître un mollusque analogue chez les gastéropodes nus. Peut-être le sormet d'Adanson est-il aussi dans le même cas. Nous aurons bientôt occasion de signaler des operculés marins qui ont toutes les habitudes des pulmonés terrestres.

Ces faits intéressent également la zoologie, par la rectification de la méthode naturelle, le rapprochement d'êtres analogues qu'ils déterminent, et la partie philosophique de cette science, en montrant que chez les mollusques comme chez les animaux des classes supérieures et chez les plantes, des espèces des mêmes genres vivent dans des milieux différents, dans des eaux marines ou dans des eaux douces.

Cependant, il ne faut pas croire que ces pulmonés marins habitent toute l'étendue des mers; leur organisation ne leur permet pas de s'éloigner des côtes, ce sont des espèces riveraines. Les eaux de diverses natures ont des mollusques doués des conditions nécessaires pour y vivre: ainsi de même que les pulmonés fluviatiles peuplent les mares et les eaux peu profondes, où ils sont souvent exposés à un desséchement complet qui causeroit leur mort s'ils ne pouvoient respirer l'air en nature, et attendre dans la vase encore humide le retour des pluies, tandis que les pectinibranches ou les acéphalés d'eau douce peuplent les grands réservoirs, ou les courants considérables; de même les pulmonés marins de la famille qui nous occupe sont destinés à peupler, avec certains pectinibranches, les parties basses des côtes, les étangs saumâtres qui ne conviennent, ni aux pulmonés fluviatiles, ni aux véritables pectinibranches marins, et où l'alternative des marées les expose souvent aux mêmes circonstances que les pulmonés fluviatiles. D'autres se tiennent contre les rochers au-dessus du niveau habituel des eaux de la mer; mais là où ils peuvent être continuellement rafraîchis et humectés par les vagues: ceux-ci ont un pied organisé de manière a pouvoir résister au choc violent de ces vagues. Ainsi l'on trouve des animaux pour toutes les circonstances, et la fécondité de la création a répandu par-tout l'animalisation modifiée, adaptée aux accidents du sol, aux climats, aux conditions de l'air et des eaux.

On conçoit que les observations précédentes rendent aussi les mollusques de la famille dont il s'agit, plus particulièrement intéressants pour la géologie; leurs dépouilles fossiles peuvent, dans bien des cas, lier les formations marines aux formations d'eau douce, et expliquer certaines anomalies qui se rencontrent souvent dans l'observation des unes et des autres : car c'est particulièrement avec les pulmonés marins des eaux saumâtres et certains pectinibranches presque amphibies, très rapprochés des cyclostomes terrestres, que se rencontrent les pectinibranches fluviatiles; on peut par conséquent les retrouver dans les mêmes couches.

Souvent aussi la mer, s'étendant sur les terres dans les hautes marées, entraîne beaucoup de ces coquilles terrestres, qu'on peut considérer comme maritimes, et en se retirant les laisse dans les flasques de ses rives où l'on retrouve tous les mollusques dont nous venons de parler, parceque ces lagunes perdent bientôt une partie de leur salure par le mélange des eaux pluviales.

Ces considérations nous ont portés à comprendre, dans notre travail, l'ensemble des espèces vivantes et fossiles qui paroissent appartenir à la famille dont nous nous occupons.

Malheureusement les mollusques de cette famille ont été plus particulièrement négligés que tous les autres. Les espèces marines de nos côtes, en général fort petites, sont inconnues, à l'exception de quelques unes décrites par les auteurs anglois. Celles des pays étrangers ne sont connues que par leurs coquilles; de sorte que l'on est réduit à très peu de secours pour baser leur classification sur les caractères des animaux. Cependant nous avons pu comprendre cette famille dans la division des pulmonés, indiquée dans le discours qui précède le Tableau de la famille des limaçons, et nous avons dû faire un sous-ordre de ces mollusques, ainsi que nous allons le voir, sous le nom de *Pulmonés géhydrophiles.*

Nous avons divisé l'ordre des pulmonés de Mr Cuvier, les adélobranches ou pulmobranches de Mrs Duméril et de Blainville, en trois sous-ordres : les géophiles, les géhydrophiles et les hygrophiles, d'après la considération de la manière de vivre, qu'ils affectent plus spécialement, les uns étant vraiment des pulmonés terrestres, les autres étant presque amphibies, et les derniers seulement fluviatiles. Nous avons tout récemment présenté le Tableau des deux familles qui composent le premier de ces sous-ordres, la famille des limaces et celle des limaçons. Aujourd'hui nous rassemblons les genres et les espèces qui doivent former la famille des auricules, *auriculæ*, qui compose à elle seule le sous-ordre des géhydrophiles. Nous offrirons plus tard le Tableau des genres et des espèces du dernier de ces sous-ordres, celui des hygrophiles : chacun d'eux est d'ailleurs distingué par des caractères zoologiques très prononcés.

Avant Linné un petit nombre d'espèces de la famille des auricules étoit connu par les figures de Lister, Petiver, Buonanni, Gualtieri, etc. Linné les rassembla presque toutes dans son genre *Voluta,* excepté deux d'entre elles, qu'il plaça, l'une dans celui du *Trochus,* le *trochus dolabratus,* l'autre dans celui de l'*Helix,* l'*helix Scarabæus.* Quant aux espèces placées, par ce père de la science, dans les volutes, ce sont les voluta *Auris Midæ, Auris Judæ, tornatilis, solidula, Coffæa* du *Systema naturæ.*

Le premier genre connu et distinct de cette famille, fondé sur les caractères des animaux, est celui du *carychium*, établi par Muller, pour une coquille presque microscopique, assez commune dans toute l'Europe sous les feuilles mortes et humides; genre qui a été augmenté de peu d'espèces, et auquel Draparnaud réunit une coquille marine, son *Auricula Myosotis*, depuis long-temps déja décrite et figurée par les auteurs anglois.

Klein est le premier qui ait formé un genre pour l'*Auris Midæ* et les espèces analogues; c'est le quatorzième de sa cinquième classe, celle des *cono-cochlis* ou *cochlis conica*. Mais cet auteur place dans le sixième genre, *Angystoma*, de sa deuxième classe, l'*helix Scarabæus* et notre *Auricula plicata*. Martini, dans sa grande Conchyliologie, tome II, a conservé en genre, et sous le même nom, les *Aures Midæ* de Klein. Il ajoute quelques espèces à celles du *Systema naturæ*, savoir les *bulimus variegatus, monile, coniformis, ovulus*, de Bruguière; plus une autre coquille du *Museum Chaisianum*, dont les derniers naturalistes n'ont point parlé.

Bruguière n'imita point Klein et Martini, et crut devoir laisser toutes les coquilles connues avant lui et que nous venons de citer, dans son genre Bulime.

Adanson venoit alors de faire connoître son Piétin, dont il faisoit un genre à part; Bruguière le place également parmi les bulimes.

Les auteurs anglois de leur côté ont fait connoître quelques petites volutes, des hélices ou des turbos qui appartiennent à la famille dont nous nous occupons, et qui n'ont pas été observés par les auteurs françois, quoique la plupart se trouvent aussi sur nos côtes. Humphrey dans son *Museum Calonnianum*, publié en 1797, appelle *Otis* le genre des *Aures Midæ* de Klein et de Martini.

Mr de Lamarck dans sa première classification des mollusques, publiée dans les *Actes de la Société d'histoire naturelle de Paris*, en 1795 ou 1796, a définitivement placé ce groupe dans le système, comme genre distinct, sous le nom d'*Auricule*, et a formé avec le *Trochus dolabratus* de Linné le genre *Pyramidelle*. Mais il paroît d'après la description des espèces fossiles du genre Auricule, insérée dans les *Annales du Muséum*, tome VIII, que Mr de Lamarck n'a pas cru devoir conserver ce dernier genre, et qu'il en a réuni les espèces au premier.

Dans l'*Extrait de son Cours*, cet illustre savant indique deux nouveaux genres, le genre *Tornatelle*, formé pour les *bulimus variegatus* et *solidulus* de Bruguière, déja nommé par Montfort Actéon, et le genre *Conovule* ou *Mélampe* de Montfort, qui comprend aussi quelques bulimes que Bruguière donne pour fluviátiles.

Montfort, que nous venons de nommer, fait aussi un genre à part de l'*helix Scarabæus* de Linné, sous le nom de *Scarabe*.

Mr Ocken enfin, l'un des derniers auteurs systématiques, fait avec les *Aures Midæ* de Klein et Martini son genre *Marsyas*, et conserve le genre *Carychium* de Muller; mais il place ces deux genres dans deux groupes différents.

Telle est l'histoire succincte des mollusques de la famille qui nous occupe quant à leur classification. Les caractères remarquables que présentent leurs coquilles ont fait sentir à tous les naturalistes, excepté Bruguière, la nécessité de les séparer. Mr Cuvier les place tous dans les pulmonés aquatiques, excepté le *carychium* dont il ne parle pas, et le scarabe de Montfort qu'il mentionne après le genre *Pupa*.

Aucun naturaliste n'a jusqu'ici examiné les auricules dans l'ensemble de leur rapport, et personne, à l'exception de Muller, pour le genre *Carychium*, n'a pu consulter pour l'établissement des coupes dans cette famille les caractères des animaux. A la vérité ceux des espèces marquantes, *Auricula Midæ, Judæ, Scarabæus*, sont restés inconnus jusqu'à présent, et nous serions encore dans l'impossibilité d'en ébaucher le tableau, si nous n'avions pu, comme nous l'avons annoncé depuis long-temps, observer celui de cette dernière espèce. Nous ferons remarquer que Mr de Lamarck, guidé par l'analogie des coquilles, a réuni au genre Auricule plusieurs espèces que la connoissance de leurs animaux nous a fait laisser parmi les limaçons.

Mr de Blainville dans un tableau sommaire de la classification qu'il a adoptée, et qu'il a bien voulu nous communiquer dans le temps, ayant senti comme nous la nécessité de séparer ces mollusques, indique une coupe dans laquelle ils doivent entrer.

Nous allons confirmer la nécessité de cette séparation par l'exposé des caractères de l'animal de l'*helix Scarabæus*. Le genre *Carychium* de Muller, la description de l'*Auricula Myosotis* de Draparnaud, celle du piétin d'Adanson, et quelques indications peu détaillées pour d'autres espèces, forment l'ensemble des faits sur lesquels repose l'établissement du sous-ordre que nous avons proposé.

Nous devons l'animal de l'*helix Scarabæus* à l'obligeance de Mr Gaudicho, l'un des naturalistes de l'expédition de M^r le capitaine Freycinet. Nous nous faisons un devoir de lui en témoigner ici notre reconnoissance. Nous avons annoncé, depuis quelque temps déja, la description de ce mollusque et le tableau des géhydrophiles dans le discours qui précède celui de la famille des limaçons; nous espérons que cette publication nous procurera comme pour cette dernière famille, des renseignements importants qui nous mettront à même d'arrêter, dans notre travail définitif, les coupes que nous proposons aujourd'hui, et d'augmenter l'histoire des auricules des détails intéressants sur leurs mœurs et leurs habitudes, qui sont très imparfaitement connues.

La famille des auricules offre cette particularité remarquable que, dans le nombre des mollusques qui la composent, les uns sont incontestablement terrestres comme les carychies et l'hélice Scarabée trouvée par Mr Gaudicho sur les montagnes des îles Mariannes, d'autres sont marins comme les tornatelles de Mr de Lamarck, l'*Auricula Myosotis* de Draparnaud, et le piétin d'Adanson; tandis qu'il en est enfin qui sont fluviatiles, tels que le *bulimus Dombeianus* de Bruguière, et, dit-on aussi, les autres conovules de Mr de Lamarck.

Mais tous ces mollusques paroissent être de véritables pulmonés qui respirent l'air en nature comme les mollusques terrestres; les espèces marines elles-mêmes se tiennent presque constamment hors de la ligne des basses eaux, et comme elles se trouvent souvent à une assez grande distance du rivage, on en a cru plusieurs terrestres: de ce nombre est l'*Auricula Myosotis* de Draparnaud. Les tornatelles dont on ne connoît pas bien la manière de vivre, ni même les animaux, pourroient seules faire exception. Notre plan n'embrassant point les espèces marines, nous n'en parlerions pas dans ce Tableau, si nous ne croyons utile pour la géologie de signaler les rapports que ces mollusques ont entre eux. D'ailleurs, dans l'incertitude qui règne encore sur l'habitation de plusieurs espèces, il étoit nécessaire d'appeler sur toutes celles de cette famille l'attention des observateurs, afin de pouvoir, lorsque nous publierons leur histoire dans notre grand ouvrage, présenter avec certitude l'ensemble de celles qui doivent en faire partie par leur genre de vie sur la terre ou dans l'eau douce.

La présence du collier qui caractérise la famille des limaçons et celle des auricules,

suffit pour séparer celle-ci des pulmonés hygrophiles. Cet organe qui donne à la cavité
pulmonaire une autre construction, et sur lequel, lorsqu'il existe, sont situés les orifices
pour la respiration et l'anus, manque entièrement dans ceux-ci. Cette distinction facile à
saisir ne peut laisser aucun doute, et commande la séparation que nous proposons,
comme aussi la différence des tentacules oculifères chez les limaçons suffit pour les distinguer des auricules, qui, comme les limnéens, ont les yeux placés sur la tête près de
la base des tentacules, au nombre de deux seulement et contractiles; en sorte que c'est
un sous-ordre intermédiaire par son organisation comme par ses habitudes.

N

TABLEAU SYSTÉMATIQUE

DE LA FAMILLE

DES AURICULES, *AURICULÆ.*

PULMONÉS SANS OPERCULE.

DEUXIÈME SOUS-ORDRE.

GÉHYDROPHILES.

FAMILLE UNIQUE.

Les Auricules, *Auriculæ.*

Mollusques trachélipodes, Lamarck; *Colimacés, Lymnéens et Plicacés.* Pulmonés terrestres *et* Pulmonés aquatiques, Cuvier. *Cœlopnoa seu Cilopnoa,* Schweigger. *Pulmobranchia,* Goldfuss.

Caractères. *Forme générale* et *couverture :* comme chez les limaçons hélicoïdes.

Tentacules : deux cylindriformes, quelquefois renflés au sommet, non oculifères, généralement contractiles.

Yeux : non pédunculés, placés à la base ou près de la base des tentacules.

Cavité pulmonaire : comme chez les limaçons.

Organes de la génération : séparés ou réunis, sur le même individu.

Terrestres, fluviatiles ou marins.

Test : cochliforme, assez variable; ovale, elliptique ou turriculé. *Cône spiral :* incomplet. *Spire :* souvent enveloppante, tours assez nombreux, formant généralement un sommet peu saillant. *Ouverture :* latérale par rapport à l'axe du cône, le plus souvent étroite, longue et dentée; péristome non réfléchi, mais tranchant, quoiqu'un peu évasé quelquefois. *Columelle :* généralement torse, solide et garnie de lames saillantes, obliques et tournant avec elle.

TABLEAU SYNOPTIQUE

DE LA FAMILLE DES AURICULES, *AURICULÆ.*

Tentacules rétractiles, cylindriques, arrondis, mais non renflés au sommet.

Yeux situés derrière les tentacules près de leur base, sur la tête.

> **PREMIER GENRE.**
> CARYCHIE, *Carychium;*
> MULLER.
> Terrestre.

Tentacules contractiles, déprimés, conico-triangulaires; oculés à leur base interne, un peu en dessous.

Lèvres buccales larges et arrondies.

Orifice respiratoire et anus à l'angle extérieur de l'ouverture.

Organes de la génération séparés.

Orifice de l'organe mâle à droite en arrière et en dessous de la lèvre, près du pied.

Orifice de l'organe femelle, près de la séparation du tortillon, communiquant par un sillon ?

> **SECOND GENRE.**
> SCARABE, *Scarabus;*
> MONTFORT.
> Terrestre.

Tentacules contractiles, courts, cylindriques, en forme de gland au sommet; yeux situés à la base interne des tentacules, un peu en arrière.

Mufle proboscidiforme (d'après l'*Auricula Myosotis*, DRAPARN.)

> **TROISIÈME GENRE.**
> AURICULE, *Auricula;*
> LAMARCK.
> Aquatique.

GENRES INCERTAINS.
Animaux inconnus.

> **QUATRIÈME GENRE.**
> PYRAMIDELLE, *Pyramidella;*
> LAMARCK.
>
> **CINQUIÈME GENRE.**
> TORNATELLE, *Tornatella;*
> LAMARCK.
> Marin.

Tentacules filiformes, implantés verticalement sur la tête en divergeant, yeux ovales, situés à la base des tentacules intérieurement.

Pied elliptique, composé de deux talons, pour la progression, situés à chacune de ses extrémités, et séparés par un sillon profond.

> **SIXIÈME GENRE.**
> PIETIN, *Pedipes;* ADANSON.
> Marin.

Observations. Vraisemblablement les Pyramidelles devront être réunies aux Auricules, ainsi que Mr de Lamarck paroît l'avoir décidé. Quant aux Tornatelles, il y a moins de probabilités en s'arrêtant aux caractères de leur test, quoique cependant elles aient des rapports marqués avec les unes et les autres.

À la suite du Tableau des espèces de ces six genres, nous mentionnons quelques autres coquilles qui ne paroissent pas se rapporter à aucun d'eux, et qui cependant, selon toutes les apparences, font partie de la même famille.

PREMIER GENRE. CARYCHIE, *CARYCHIUM*, MULLER; *Idem*, OCKEN, LEACH, STUDER; *Helix*, GMELIN; *Turbo*, DILLWYN, MATON, MONTAGU; *Bulimus*, BRUGUIÈRE; *Auricula*, LAMARCK, DRAPARNAUD; *Odostomia*, FLEMMING.

ANIMAL. *Couverture, collier et orifice respiratoire :* comme dans l'hélice.

Tentacules : rétractiles, gros, cylindriques et obtus.

Yeux : situés derrière les tentacules, près de leur base, sur la tête.

Organes de la génération......?

TEST : cochliforme, alongé, oblong ou cylindrique, volute croissant assez lentement, quatre à six tours à la spire. *Cône spiral :* incomplet. *Ouverture :* droite, courte, avec ou sans dents.

Observations. Ce genre a été oublié par la plupart des auteurs systématiques modernes, tels que Mrs de Lamarck, Cuvier, Schweigger et Goldfuss.

α) Bouche sans dents.

N° 1. *CARYCHIUM LINEATUM*, nobis.

Auricula lineata, DRAPARNAUD, *Hist.*, p. 57, tab. 3, fig. 20, 21.

Carychium cochlea, STUDER, *Catal.*

An turbo fuscus, BOYS et WALKER, *Test. min. rar.*, pag. 12, tab. 2, fig. 42? Id. MATON et RACKETT ?

Habit. La France, la Suisse; l'Angleterre? sous les mousses des rochers. Les tentacules dans cette espèce sont longs et subulés, placés sur le sommet de la tête, très rapprochés à leur base et divergents. Derrière eux se remarquent deux grandes taches, noires, courbes et dentées en de-

dans; derrière ces taches sont les yeux : le mufle est presque proboscidiforme. Enfin la coquille est très alongée, composée de tours de spire pressés, égalisés, étroits, et la bouche n'a pas de dents. Ces différences distinguent remarquablement cette espèce, qui est tout-à-fait anomale dans le genre.

β) Bouche dentée.

N° 2. *C. MINIMUM*, MULLER, *Verm. hist.*, p. 125, n° 321.

Helix carychium, GMELIN, *Syst. nat.*; idem, ALTEN.

Bulimus minimus, BRUGUIÈRE, *Enc. mét.*, 21.

Turbo carychium, MONTAGU, MATON, DILLW.

Auricula minima, DRAPARNAUD, *Hist.*, p. 57, pl. III, fig. 18, 19.

Odostomia carychium, FLEMMING, *Edimb. Encyclop.*

Habit. Le Danemarck, l'Allemagne, la Suisse, la France; sous les feuilles humides, etc.

N° 3. *C. CORTICARIA*, SAY, *Nichols. Encycl. Amer.*, tom. II, art. *Conchol.*, pl. IV, fig. 5 *a, c.* Odostomia corticaria.

Idem, *Journ. nat. Sc. of Philadel.* Pupa corticaria.

Habit. Les États-Unis. *Comm.* SAY.

DEUXIÈME GENRE. SCARABE, *SCARABUS*, MONTFORT, LEACH; *Helix*, LINNÉ, GMELIN, CUVIER, SCHWEIGGER, DILLWYN; *Bulimus*, BRUGUIÈRE; *Auricula*, LAMARCK; *Strigula*, PERRY.

ANIMAL. Voyez les caractères dans le Tableau synoptique des genres.

TEST : cochliforme, ovale pointu, comprimé dans le sens de sa longueur, et parallèlement au plan de l'ouverture, de manière à former deux arêtes latérales. *Spire :* enveloppante, de huit à neuf tours contigus, le dernier formant les deux tiers du test; sutures recouvertes, peu distinctes.

Ouverture : longue, arquée, étroite, garnie de dents ou de lames sur chaque lèvre. *Péristome :* continu, épaissi, élargi, mais tranchant; le bord intérieur replié vers la base de la columelle, celle-ci garnie de lames élevées tournant avec elle; fossette ombilicale sinueuse plus ou moins perforée, quelquefois ombiliquée.

Nº 1. *SCARABUS IMBRIUM*, Montfort, 2,
    pag. 307.
Cochlea imbrium, Rumphius.
Helix Scarabæus, Linné, *Syst. nat.*, XII,
    pag. 1241.
Helix Pythia, Muller, *Verm. hist.*. pag. 88.
Bulimus Scarabæus, Bruguière, 74.
α) Major, variegata.
      Bruguière, var. B.
        Chemnitz, IX, tab. 136, fig. 1249, 1250.
β) Brunneus, unicolor.
γ) Minor, variegata.
Habit. Cette espéce est commune à l'île d'Am-
boine, et voici ce que Rumphius, qui l'a
observée sur les lieux, dit de son genre
d'habitation :
« On trouve le *cochlea imbrium* au bord de la
« mer, sous l'herbe, les feuillages et les
« morceaux de bois pourri ; tout près de la
« mer, et aussi dans les terres ; il y en a
« même sur les montagnes non fréquen-
« tées par les hommes. »
On sait que les habitants de cette île croyoient
que ces coquillages tomboient du ciel lorsqu'il pleuvoit, vraisemblablement parcequ'ils se montrent en quantité après la
pluie comme tous les limaçons, qui aiment
l'humidité. Rumphius dit qu'on pensoit
qu'ils étoient portés par les vents sur les
montagnes. Au reste, il n'y a plus d'indécision sur cette espéce comme étant terrestre, puisque Mʳ Gaudicho l'a trouvée
vivante sur les montagnes des îles Mariannes.

Fossile, dans le Plaisantin en Italie ; peut-être
des mêmes couches que la *Bulla helicoides*
de Brocchi ? Muséum d'histoire naturelle
de Paris.

Nº 2. *SC. PLICATUS*, nobis.
Lister, *Synops.*, tab. 577, fig. 32.
Klein, *Ostrac,* pag. 12, 9, 6, nº 3, tab. 1,
    fig. 24. Copie de Lister.
Favanne, *Conchyl.,* tab. 65, fig. D 4. Copie
    de Lister.
Chemnitz, IX, tab. 136, fig. 1251 à 1253.
Bruguière, Bulimus Scarabæus, var. A.
Habit. Le Bengale, d'où cette espéce, très
distincte de la précédente, a été envoyée
au Muséum par Mʳˢ Duvaucel et Diart.

† Nº 3. *SC. PETIVERIANUS*, nobis.
Petiver, *Gazophyl.*, decas. 1, tab. 4, fig. 10.
    1ᵉʳ *Catal.*, nº 289 ; 2ᵉ *Catal.,* nº 286.
Habit. Le Bengale, Petiver. Bruguière, à
l'art. du *Bulimus Scarabæus*, dit que la
figure citée appartient à une espéce distincte, conique, profondément ombiliquée, qu'il a eu occasion de voir une fois,
sans en prendre la description.

ESPÈCES INCERTAINES.

† Nº 1. *STRIGULA ORNATA*, Perry, Conchol., pl. XV, nº 1.

† Nº 2. *STRIGULA FUSIFORMIS,* id. nº 2.

† Nº 3. *STRIGULA MACULATA,* id. nº 3.
    (Du cabinet de l'auteur.)

† Nº 4. *STRIGULA PURPUREA,* id. nº 4.
Les espèces précédentes de Perry sont si mal
figurées, que nous ne pouvons y reconnoître le véritable *Scarabœus*, dont elles
sont très rapprochées ; peut-être forment-
elles réellement, en partie, des espéces distinctes. Nous les signalons ici pour obtenir
à leur sujet des renseignements des naturalistes.

† Nº 5. *BUONANNI, Recreat.,* Class. 3, pag.
    119, fig. 44. *Turbo.*
Cette figure nous laisse quelques doutes, et
pourroit bien appartenir à une coquille
différente des espéces connues.

† Nº 6. *FAVANNE, Conchyl.,* pl. LXV, fig. D 2.
La Gueule de Loutre.
Habit.? Ancienne collection de Mʳ de Favanne.

ESPÈCES FOSSILES.

N° 7. *SC. MYOTIS*, Brocchi, *Conch. subapennina*, p. 641, tab. 15, fig. 9. Voluta Myotis. Defrance , *Dictionnaire d'Histoire natu-*

relle de Déterville. Auricula marginata. *Habit.* Fossile dans *le Valle di Andona*. Collection du Muséum ?

TROISIÈME GENRE. AURICULE , *AURICULA* , Lamarck , Cuvier , Leach , Schweigger , Goldfuss; *Auriculus*, Montfort. Genre *Conovule*, Lamarck , Goldfuss; ou *Mélampe*, Montfort, Cuvier, Schweigger ; *Voluta*, Linné, Gmelin, Dillwyn ; *Aures Midæ*, Klein , Martini; *Bulimus*, Bruguière ; *Marsyas*, Ocken.

Animal. Voyez le Tableau synoptique, où les caractères du genre sont indiqués d'après ceux de l'*Auricula Myosotis* de Draparnaud.

Test : cochliforme, ovale plus ou moins pointu et alongé, rarement cylindrique ou coniforme. *Spire :* souvent enveloppante, de cinq à six tours contigus, quelquefois peu distincts, le dernier formant presque tout le test. *Ouverture :* alongée en forme d'oreille, souvent très étroite. *Péristome :* épaissi, bord extérieur simple ou denté. *Columelle :* torse, solide, communément sans indice de fente ombilicale, garnie d'une à trois côtes saillantes, tournant avec elle dans l'intérieur.

Premier groupe. LES AURICULES, *Auriculæ.*

Genres, *Auricule*, Lamarck, Montfort, Cuvier, Leach; *Marsyas*, Ocken.

N° 1. *AURICULA MIDÆ*, Linné, *Syst. nat.*, XII, pag. 1186. *Voluta Auris Midæ.* Id., Born, Dillwyn, etc. Bulla Auris Midæ, Linné, *Mus. Lud. Ulr.*, p. 589, n° 226. Helix Auris Midæ, Muller, *Verm. hist.*, n° 311. Martini, *Conch.*, tom. II, tab. 43, fig. 436-438. Bulimus Auris Midæ, Bruguière, n 7 6. Auriculus Judæ, Montfort, *Conchyl.*, 2, pag. 311. Auricula Midæ, Lamarck, Montfort, Leach. Marsyas Auris Midæ, Ocken, *Lehrb.*, 2, p. 305. *Habit.* Selon Rumphius elle aime les terrains bourbeux. Il ajoute qu'elle habite les marais salins de l'île de Céram, l'une des Mo-

luques. Davila dit qu'on la trouve aux Indes orientales. On ne connoît point son animal; on la croit terrestre : nous la présumons au moins amphibie, c'est-à-dire pouvant vivre hors de l'eau, comme les espèces du groupe suivant.

N° 2. *A. SIMII*, nobis, pl.   , fig. *Habit.....?* Collections de Mrs de la Touche et Richard : grande et belle espèce assez voisine de l'*Auris Midæ*, mais bien distincte.

N° 3. *A. JUDÆ*, Linné, *Syst. nat.*, XII, p. 1187. *Voluta Auris Judæ.* Bulla Auris Judæ, Linné, *Mus. Lud. Ulr.*, p. 590, n° 227. Helix Auris Judæ, Muller, n° 310. Bulimus Auris Judæ, Bruguière, n° 78. Martini, *Conchyl.*, tom. II, tab. 44, fig. 449 à 951. Voluta Auris Midæ, Dillwyn, *Descript. Cat.*, pag. 500. Lister, *Synops.*, tab. 32, fig. 30. Schröter, *Flussconchyl.*, tab. 9, fig. 10. Id., *Einleit.*, tom. I, fig. 9. *Habit.* Les terrains marécageux dans l'Inde. Malacca selon Humphrey.

N° 4. *A. PONDEROSA*, nobis. Buonanni, *Recreat. suppl.*, fig. 3, et *Mus. Kircher.*, fig. 412. *Habit.?* Nous croyons cette espèce confondue à tort avec la précédente. L'ouverture n'excède pas la moitié de la longueur du test, qui est beaucoup plus épais que ceux des précédentes.

N° 5. *AURICELLA*, nobis.

Bulimus auricula, Bruguière, *Encycl. Méth.*, n° 75.

Lister, *Synops.*, tab. 577, fig. 326.

Gualtieri, *Test.*, tab. 55, fig. F.

α) Minor.

Habit. ? α) La baie des Chiens marins, Nouvelle-Hollande; *Comm.* Gaudicho. Cette variété ne diffère que par la taille.

N° 6. *DOMINICENSIS*, nobis.

Habit. L'île de Saint-Domingue, d'où nous l'avons reçue comme étant terrestre. Cette espèce a beaucoup de rapports avec la précédente, mais elle est plus petite et plus large à proportion. Elle est mince et sans apparence du réseau grenu très fin, que forment les stries longitudinales et transversales sur la précédente. Nous la croyons fluviatile.

N° 7. *A. DOMBEIANA*, Bruguière, *Bulimus Dombeianus*, n° 66.

Lamarck, *Encyclop. Méthod.*, pl. CCCCLIX, fig. 7. *Conovulus Bulimoïdes.*

Habit. Le Pérou. Cette espèce est fluviatile, selon le témoignage positif de Dombey; elle en a en effet tous les caractères.

N° 8. *A. MYOSOTIS*, Draparnaud, *Hist.*, p. 56, pl. III, fig. 16, 17.

Voluta denticula, Montagu, *Test. Brit.*, p. 234, tab. 20, fig. 5.

Id., Maton et Rackett, *Linn. Trans.*, 8, p. 130.

Pulteney, *Dorset Catal.*, tab. 18, fig. 1.

Dillwyn, *Descript. Catal.*, p. 506.

α) Labro externo interne denticulato.

β) Fasciata, *an Spec. dist. ?*

γ) Cancellata, *an Spec. dist. ?*

*) Fossile. Marcel de Serres. Note sur le gissement de quelques coquilles. *Bullet. des Sc.*, 1814, p. 17, pl. I, fig. 9.

Habit. Les étangs saumâtres de la Méditerranée et de l'Océan, mais sortant de l'eau. α) Les environs de la Rochelle, *Comm.* d'Orbigny. β) γ) Notre collection. *) Fossile dans une marne bleuâtre à cinq ou six pieds de profondeur, près de Boisvieil, département des Bouches-du-Rhône, Marcel de Serres. Cette curieuse coquille varie par la grosseur, la force et le nombre des dents. Draparnaud dit les tentacules du mollusque qui l'habite, rétractiles, ce qui est pour le moins très douteux; son mufle, proboscidiforme, montre antérieurement deux tubercules assez marqués.

N° 9. *A. BIDENTATA*, Montagu, *Test. Brit.*, *supp.*, p. 100, tab. 30, fig. 2.

Voluta bidentata. Id., Dillwyn, *Descript. Catal.*, p. 507.

Habit. Les côtes d'Angleterre, *Comm.* D. Goodall. Cette espèce a beaucoup de rapports avec la précédente.

† N° 10. *A. ALBA*, voluta alba, Walker, *Test. min. rar.*, fig. 61.

Adams, *Microsc.*, p. 639, tab. 14, fig. 27.

Montagu, *Test. Brit.*, p. 235.

Maton et Rackett, *Linn. Trans.*, p. 130.

Dillwyn, *Descript. Cat.*, p. 508.

Habit. Les rivages de Sandwich et de l'île Sheppey, en Angleterre.

N° 11. *A. ORNATA*, nobis.

Habit. ? Muséum, n° 303. Espèce bien distincte, plus grosse que les deux précédentes, elliptique, ornée de jolies bandes brunes; ouverture moitié de la longueur totale.

ESPÈCE INCERTAINE.

† N° 12. *A. LIVIDA*, Linné, *Syst. nat.*, XII. p. 1187.

Voluta livida, Gmelin, p. 3438.

Id., Dillwyn, *Descript. Cat.*, p. 505.

Gualtieri, tab, 25, fig. B.

Habit. L'Afrique, Linné.

ESPÈCES FOSSILES.

N° 13. *A. OVATA*, Lamarck, *Ann. Mus.*, tom. IV, p. 435, n° 2; et tom. VIII, pl. LX, fig. 8.

Defrance, *Dict. de Déterv.* Auricule ovale, tom. III, p. 134.

Habit. Grignon; Aufreville, près Mantes. Cette curieuse coquille semble être une mignature des grandes espèces de ce groupe.

N° 14. *A. EDENTULA*, nobis.

Habit. Valognes. Diffère un peu des espèces de ce groupe, par l'absence de plis columellaires et l'épaisseur du bord extérieur qui est bordé ; cependant elle a les caractères d'ensemble qui la rapprochent de la précédente, et ne permettent pas de la placer ailleurs.

† N° 15. *A. PISUM*, *Voluta Pisum*, Brocchi, *Conch. subapp.*, p. 642, tab. 15, fig. 10.

Auricula Pisum, Defrance, *Dict. de Déterv.*, tom. III, p. 134.

Habit. Saint-Just, près Volterra, en Italie. Brocchi n'ayant pas vu cette coquille entière, il se pourroit qu'elle appartînt au groupe suivant, ou peut-être au genre *Scarabus ?*

N° 16. *A. CRASSA*, Defrance, *Manuscrit.*

Habit. Orglande, près Valognes; *Comm.* de Gerville.

† N° 17. *A. CONOIDEA* , Brocchi, *Conch. subapp.*, tom. II, p. 660, tab. 16, fig. 2. Turbo conoideus.

Habit. Saint-Just, près Volterra. Cette coquille se rapproche beaucoup de la précédente pour la forme; elle est de la grosseur de la suivante.

N° 18. *A. HORDEOLA*, Lamarck, *Ann. Mus.*, tom. IV, sp. n° 5.

Habit. Grignon, Bordeaux. La variété β) indiquée par Mr de Lamarck ressemble parfaitement à l'extérieur, et au premier coup d'œil à l'*helix lubrica;* elle me paroît constituer une espèce très différente.

Les trois espèces précédentes se rapprochent par leur forme des *Auricula Myosotis* et *bibentata.*

N° 19. *A. MILIOLA*, Lamarck, *Ann. Mus.*, tom. IV, sp. n° 4.

Defrance, *Dictionn. de Déterv.*, tom. III, p. 134.

Habit. Pontchartrain, près de Versailles. Cabinet de Mr Defrance.

N° 20. *A. SIMULATA* , Brander , *fossilia Hanton.* Bulla simulata, n° 61, pl. IV.

Sowerby, *Min. Conch.*, n° XXIX, tom. II, p. 144, tab. 163, fig. 5 à 8.

Habit. L'Hampshire, en Angleterre; le dépôt marin de l'île de Wight, *Comm.* Sowerby. Cette jolie coquille se rapproche de la forme des Tornatelles; la réunion du bord extérieur de l'ouverture à la columelle est notablement sinuée.

Deuxième groupe. LES CONOVULES, *Conovulæ*, Lamarck.

Genre *Conovulus*, Lamarck, Goldfuss; *Melampus*, Montfort, Cuvier, Schweigger.

Observations. Les espèces de ce groupe ne me paroissent pas pouvoir être séparées de celles du précédent, du moins quant à leurs coquilles.

N° 21. *AURICULA* (*CONOV.*) *OVULA*, Bruguière, *Bulimus ovulus*, n° 71.

Mclampa ovulum, Schweigger, *Handb.*, etc. p. 739.

Martini, *Conchyl.*, tom. II, p. 127, tab. 43, fig. 446.

Voluta, n° 108, Schröter, *Einleit.*, I, p. 273.

Voluta pusilla, Gmelin, *Syst. nat.*, p. 3436.

Id., Dillwyn, *Descript. Cat.*, p. 507, n° 20.

Voluta triplicata, Donowan, *Brit. Shells*, IV, tab. 138.

Id., Montagu, *Test. Brit.*, supp., p. 99.

Id., Dillwyn, *Descript. Cat.*, p. 507, n° 19.

Favanne, *Conchyl.*, pl. LXV, fig. H 4.
Habit. Les Antilles, particulièrement la Guadeloupe, où Bruguière la dit fluviatile, ce
dont nous doutons. Guernesey, selon Montagu.

N° 22. *A. MONILE*, Bruguière, *Encycl. Méth.*,
n° 70. *Bulimus monile.*
Melampa monile, Schweigg., *Handb.*, pag.
739.
Conovulus monile, Goldfuss, *Handbuch*, etc.
p. 657.
Lister, *Synops.*, tab. 834, fig. 60, 61.
Martini, *Conchyl.*, 2, tab. 43, fig. 444.
Voluta flava, Gmelin, *Syst. nat.*, p. 3436.
Id., Dillwyn, *Descript. Catal.*, p. 506.
Voluta, n° 106, Schröter, *Einleit.*, I, pag.
272.
Favanne, *Conchyl.*, pl. LXV, fig. H 1 et H 5.
Jeune.
Habit. Les Antilles. Bruguière dit qu'on la
croit fluviatile.

N° 23. *A. CONIFORMIS*, Bruguière, n° 72.
Bul. coniformis.
Melampa minuta, Schweigger, *Handbuch*,
p. 739.
Voluta coffea, Linné, *Syst. nat.*, XII, p. 1187?
Bulla coffea, id., édit. 10, p. 729.
Voluta minuta, Gmelin, *Syst. nat.*, pag.
3436.
Id., Dillwyn, *Descrip. Cat.*, p. 506.
Martini, *Conchyl.*, 2, tab 43, fig. 445.
Melampus coniformis, Montfort, *Conchyl.*,
tom. II, p. 319.
Conovulus coniformis, Lamarck, *Encyclop.
Méth.*, pl. 459, fig. 2.
Favanne, *Conchyl.*, pl. LXV, fig. H 6 et H 8.
Jeune.
Habit. L'Amérique, Bruguière. Il la croit
fluviatile.

N° 24. *A. (CONOV.) FABULA*, nobis.
Habit. L'Ile de France. Muséum, n° 303 *bis.*
Très jolie petite coquille qui se rapproche
des suivantes par la bordure interne et
saillante, en côte longitudinale, du bord
extérieur de son ouverture.

troisième groupe. LES CASSIDULES, *Cassidulæ.*

N° 25. *A. AURICULA (CASSIDULA) FE-
LIS*, Lamarck, *Encycl. Méth.*, pl. 460,
fig. 5.
Lister, *Synops.*, tab. 834, fig. 59.
Favanne, *Conchyl.*, pl. LXV, fig. H 7.
Voluta coffea Linnei, Chemnitz, tom. II,
p. 45, tab. 121, fig. 1043, 1044.
Bulimus Auris Felis, Bruguière, *Encyclop.
Méth.*, n° 77.
Voluta coffea, Dillwyn, *Descript. Catal.*
p. 505.
Habit. Cette espèce, selon Chemnitz, vit dans
les mers des grandes Indes. Il dit qu'on l'a
aussi trouvée dans les mers du Sud pen-
dant les voyages de Cook ; Lister la dit des
Barbades. Mais il est évident que rien n'est
certain à ce sujet, et qu'il faut attendre de
nouveaux renseignements pour se fixer.
Olivier en a rapporté un exemplaire de la
Perse, qui est au Muséum.

N° 26. *A. NUCLEUS*, Gmelin, *Syst. nat.*, p.
3651. *Helix nucleus.*
Martyn, *Univers. Conch.*, tom. II, tab. 67,
fig. extér.
α) Knorr, *Vernug.*, tom. VI, tab. 17, fig. 9.
Habit. Otaïti, Martyn.
On ne connoît point les animaux des deux
espèces de ce groupe, qui ont une forme
si remarquable. Tout porte cependant à
croire qu'elles sont du même genre que
celles des groupes précédents.

ESPÈCES QUI NOUS SONT INCONNUES,

Mais qui nous paroissent se rapporter au Genre Auricule.

† N° 1. *TURBO PALLIDUS*, Montagu, *Test.
Brit.*, p. 325.—*Supp.*; tab. 21, fig. 4.
Voluta ambigua, Maton et Rackett, *Linn.*

Trans., pag. 132. Id., Dillwyn, pag. 510.
Habit. Les côtes du Devonshire, dans la baie
de Salcomb ; Montagu.

† N° 2. *TURBO UNIDENTATUS,* Montagu,
Test. Brit., p. 324.
Voluta unidentata, Maton et Rackett, *Linn.
Trans.,* VIII, p. 131. Id., Dillwyn, *Descr.
Cat.,* p. 508.
Habit. Les côtes du Devonshire, Montagu.

† N° 3. *TURBO INTERSTINCTUS,* Montagu, *Test. Brit.,* p. 324, tab. 12, fig. 10.
Adams, *Linn. Trans.,* III, p. 66, tab. 13, fig. 23, 24 ?
Voluta interstincta, Maton et Rackett, *Linn. Trans.,* VIII, p. 131. Id., Dillwyn, *Descript. Cat.,* p. 509.

Habit. La baie de Bigberry dans le Devonshire, Montagu.

† N° 4. *TURBO INSCULPTUS,* Montagu, *Test. Brit. Supp.,* p. 129.
Voluta insculpta, Dillwyn, *Descript. Cat.,* p. 509.
Habit. Les côtes du Devonshire, Montagu.

† N° 5. *TURBO PLICATUS,* Montagu, *Test. Brit.,* p. 325, tab. 21, fig. 2.
Voluta plicata, Maton et Rackett, *Linn. Trans.,* VIII, p. 131. Id., Dillwyn, p. 509.
Habit. Les côtes du Devonshire, Montagu.

QUATRIÈME GENRE. **PYRAMIDELLE**, *PYRAMIDELLA*, Lamarck; idem, Montfort, Cuvier, Schweigger, Goldfuss; *Trochus*, Linné, Gmelin, Dillwyn; *Helix*, Muller; *Bulime*, Bruguière.

Animal. Inconnu.
Test : turriculé, conique; tours de spire nombreux, égalisés. *Ouverture :* courte. *Péristome :* non marginé, à bords tranchants, l'extérieur souvent denté à chaque époque d'accroissement du test. *Cône spiral :* incomplet. *Columelle :* solide ou creuse, garnie le plus souvent de lames spirales tournant avec elle.

* *Columelle ombiliquée.*

N° 1. *PYRAMIDELLA DOLABRATA,* Lam.
Trochus dolabratus, Linné, *Syst. nat.,* XII, p. 1231.
Id., Gmelin, Dillwyn, etc.
Id., Chemnitz, *Conch.,* V, p. 73, tab. 167, fig. 1603, 1604.
Helix dolabrata, Muller, p. 121.
Bulimus dolabratus, Bruguière, n° 99, var. α).
α) Major et latior.
β) Gracilis.
γ) Minor.
*) Fossilis, Walch, *Naturf.,* vol. I, p. 204, pl. III, fig. 3.
Habit. L'Afrique. Terrestre selon Linné ?

N° 2. *P. TEREBELLA,* Muller, *Helix terebella,* p. 123.
Gualtieri, *Test.,* tab. 4, fig. M.
Bulimus terebellum. Bruguière, n° 98.
Trochus terebellus, Dillwyn, *Descript. Cat.,* p. 810.
Habit. ?

** *Columelle solide.*

N° 3. *P. FASCIATA,* nobis.
Habit. ? Muséum, n° 313.

N° 4. *P. PUNCTATA,* nobis.
Buonanni, *Recreat.* et *Mus. Kirch.,* cl. 3, fig. 42.
Lister, *Synops.,* tab. 844, fig. 72 *b.*
Bulimus dolabratus. β) Bruguière, n° 98.
Id., Dillwyn, *Descript. Cat.,* p. 811.
α) Chemnitz, *Conch.,* tom. IV, p. 329, tab. 157, fig. 1493, 1494? *an Spec. dist. ?*
Habit. ? Notre collection.

N° 5. *P. MACULOSA,* Lamarck, *Encyclop. Méth.,* pl. 452, fig. 1.
Habit. L'Ile de France; le cap de Bonne-Espérance ?

N° 6. *P. PALANGULA,* nobis.
Habit. ? Muséum, n° 314.

N° 7. *P. AURIS CATI,* Chemnitz, *Conch.,* XI, p. 20, tab. 177, fig. 1711, 1712.
Voluta Auris Cati. Id., Dillwyn, p. 503.
Pyramidella plicata, Lamarck, *Encyclop. Méth.,* pl. 452, fig. 3.
Lister, *Synops.,* tab. 577, fig. 3 *a; an Spec. dist. ?*
Schröter, *Einleit.,* I, p. 280. Voluta 144, d'après Lister.
Habit. L'Ile de France.

ESPÈCE INCERTAINE.

† *PETIVER, Gazophyl.,* dec. 7, tab. 63, fig. 12.

ESPÈCES FOSSILES.

N° 8. *P. MITRULA,* nobis.
> *Habit.* Léognan, Mérignac, dans les envi-
> rons de Bordeaux ; *Comm.* DARGELAS.

† N° 9. *P. SPIRATA,* BROCCHI, *Conch. subapp.,*
> tom. II, p. 644, tab. 15, fig. 12 ; voluta.
> *Habit.* L'Italie. Elle a des rapports de forme
> avec la précédente, mais une seule dent
> à la columelle, et d'ailleurs la spire bien
> plus courte.

N° 10. *P. TEREBELLATA,* LAMARCK, *Ann.*
> *Mus.,* tom. IV, p. 436, n° 7 ; et tom. VIII,
> pl. LX, fig. 10. Auricula.
> Auricula terebellata, DEFRANCE, *Dict. de*
> *Déterv.,* tom. III, p. 134.
> Turbo terebellatus, BROCCHI, *Conch. subapp.,*
> tom. II, p. 383.
> α) Major.
> *Habit.* Grignon, Dax, Bordeaux, l'Italie ; α)

Bordeaux. Cette coquille paroît si voisine
de la *P. palangula,* qu'on la prendroit pour
son analogue fossile ; elle en diffère cependant réellement.

† N° 11. *P. GRACILIS,* BROCCHI, *Conch. sub-*
> *app.,* tom. II, p. 382, tab. 6, fig. 6 ; turbo.
> *Habit.* Saint-Just, près Volterra, BROCCHI.

N° 12. *P. ACICULA,* LAMARCK ; auricula, *Ann.*
> *Mus.,* tom. IV, p. 436, n° 6 ; et tom. VIII,
> pl. LX, fig. 9.
> *Habit.* Grignon. Le genre de cette coquille
> peut laisser quelques doutes.

N° 13. *P. ELONGATA,* DEFRANCE, *Manu-*
> *script. Auricula elongata.*
> *Habit.* Grignon. Beaucoup de rapport avec
> la précédente. Cabinet de Mr Defrance.

CINQUIÈME GENRE. TORNATELLE, *TORNATELLA,* LAMARCK, CUVIER, SCHWEIGGER, GOLDFUSS ; *Voluta,* LINNÉ, GMELIN, DILLWYN, *Bulimus,* BRUGUIÈRE ; *Actéon,* MONTFORT.

ANIMAL. Inconnu.

TEST : ovale ou elliptique, spire enveloppante, sommet peu proéminent. *Ouverture :* latérale, longue, étroite, base évasée, subcanaliculée, bord extérieur tranchant, communément sans dentelures internes. *Columelle :* torse, plus ou moins épaisse et arquée, quelquefois bifide, ou munie de lames obliques et tournant avec elle.

N° 1. *TORNATELLA FASCIATA,* LAM.,
> *Encycl. Méth.,* pl. 452, fig. 3.
> Voluta tornatilis, LINNÉ, *Syst. nat.,* XII,
> p. 1187.
> Id., GMELIN, p. 3437. Id., MONTAGU,
> MATON et RACKETT, etc.
> Id., DILLWYN, *Descript. Cat.,* p. 503.
> Voluta bifasciata, GMELIN, p. 3436.

Turbo ovalis, DA COSTA, *Brit. Conch.,* tab. 8, fig. 2.
Bulimus tornatilis, BRUGUIÈRE, n° 69.
MARTINI, *Conch.,* 2, tab. 43, fig. 442 et 443.
Acteon tornatilis, MONTFORT, *Conchyl.,* 2, p. 315.
α) Unifasciata.
β) Trifasciata.
Habit. La Méditerranée, l'Océan. Nous avons reçu cette jolie coquille de l'Angleterre. *Comm.* GOODALL, BEAN : de nos côtes, *Comm.* D'ORBIGNY, de GERVILLE. α)β) *Comm.* D'ORBIGNY. L'animal n'est cependant pas connu. Nous espérons qu'enfin quelqu'un l'observera avec soin et le décrira, ce qui fixera les incertitudes sur ce genre. D'après les observations que M^r d'Orbigny a bien

voulu nous communiquer, il paroît qu'il vit en pleine mer, se trouvant fréquemment dans l'estomac de l'*asterias arantiaca*. Il y a apparence que les Tornatelles devront se placer parmi les pectinibranches, ou peut-être avec les tectibranches ?

N° 2. *T. FRANCII*, nobis.
   Hab.? Cabinet de Mʳ Defrance. Plus grande que la précédente dont elle a la forme de la columelle; de larges côtes plates, séparées par des stries écartées.

N °3. *T. FLAMMEA*, LAMARCK, *Encycl. Méth.*, pl. 452, fig. 1; et pl. 459, fig. 3.
   LISTER, *Synops.*, tab. 814, fig. 24.
   MARTINI, *Conchyl.*, 2, tab. 43, fig. 439.
   Voluta flammea, GMELIN, *Syst. nat.*, p. 3435.
   Id., DILLWYN, *Descript. Cat.*, p. 504.
   Bulimus variegatus, BRUGUIÈRE, *Encyclop. Méth.*, n° 67.
   Habit.?

N° 4. *T. SOLIDULA*, LINNÉ, *Syst. nat.*, X.
   Bulla solidula?
   Ejud. edit. XII. *Voluta solidula.* Id., DILLWYN, p. 504.

Voluta solidula, GMELIN, p. 3437.
Helix nævia, id., p. 3656.
CHEMNITZ, *Conchyl.*, X, tab. 149, fig. 1405.
Bulimus solidulus, BRUGUIÈRE, *Encyclop. Méth.*, n° 68.
   Habit. Les Indes orientales, CHEMNITZ. La Chine, HUMPHREY.

N° 5. *T. PUNCTATA*, MARTINI, *Conchyl.*, 2, tab. 43, fig. 440 et 441. *Auricula punctata.*
Voluta sulcata, GMELIN, *Syst. nat.*, p. 3436.
Bulimus solidulus, BRUGUIÈRE.
Voluta solidula, DILLWYN.
   Habit.? Cette espéce nous paroît distincte de la précédente?

N° 6. *T. NITIDULA*, LAMARCK, *Encycl. Méth.*, pl. 452, fig. 2.
   Habit. L'Île de France.

N° 7. *T. BULLAOIDES*, MONTAGU, *Test. Brit. Suppl.*, p. 102, tab. 30, fig. 4. *Voluta.*
   Habit. L'Angleterre? Cette jolie espéce se rapproche de celles du genre précédent, avec lesquelles il faudra peut-être la réunir. Elle paroît rare.

ESPÈCES FOSSILES.

N° 8. *T. SULCATA*, LAMARCK, *Ann. Mus.*, vol. IV, p. 434, n° 1; et vol. VIII, pl. 60, fig. 7. Auricula.
Auricula sulcata, DEFRANCE, *Dict. de Déterv.*, tom. III, p. 133.
   Habit. Grignon, Chaumont, etc., aux environs de Paris; en Champagne; à Dax, *Comm.* GRATELOUP; Bordeaux.

N° 9. *T. INFLATA*, DEFRANCE, *Manusc.*
   α) Voluta tornatilis, BROCCHI, *Conch. subapp.*, tom. II, p. 322 et p. 643, tab. 15, fig. 14.
   Habit. Avec la précédente: nous l'avons particulièrement de la Champagne et de Dax; elle avoit été confondue avec la précédente. Nous rapportons avec doute à cette espéce celle décrite et figurée par Brocchi sous le nom de *Voluta tornatilis:* ni l'une

ni l'autre ne convient parfaitement à l'espéce vivante connue sous ce nom, qui est à la vérité striée sur toute la spire comme l'*inflata*, mais qui en diffère par la taille et la forme, tandis que celle de Brocchi a le milieu de la spire lisse comme dans la suivante, dont elle s'éloigne pour la forme.

N° 10. *T. SEMISTRIATA*, DEFRANCE, *Manuscript.*
   Habit. Bordeaux, *Comm.* DARGELAS.

N° 11. *T. PUNCTULATA*, nobis.
   Habit. Dax, *Comm.* GRATELOUP; Bordeaux, *Comm.* DARGELAS. Plus ovale que la précédente; lisse, trois lignes de points écartés, bruns et carrés.

SIXIÈME GENRE. **PIÉTIN**, *PEDIPES*, ADANSON; *Helix*, GMELIN, DILLWYN; *Bulimus*, BRUGUIÈRE.

ANIMAL. Voyez le Tableau synoptique, et pour les détails, ADANSON, *voyage au Sénégal*.

TEST : globulaire ou ovale pointu ; spire un peu enveloppante, sommet souvent peu saillant, dernier tour formant presque toute la coquille ; bouche arrondie ou ellipsoïde ; columelle solide, munie de deux lames saillantes ; une troisième fort élevée sur la convexité de l'avant-dernier tour sert à séparer, dans la rétraction de l'animal, les deux talons de son pied. Côté extérieur sans rebord, tranchant et muni quelquefois de côtes internes.

N° 1. *PEDIPES AFRA*, ADANSON, *voyage au Sénégal*, p. 11, pl. I, fig. 4.

Helix afra, GMELIN, *Syst. nat.*, p. 3651.

Id., DILLWYN, *Descript. Cat.*, p. 886.

Bulimus pedipes, BRUGUIÈRE, *Encycl. méth.*, n° 73.

SCHRÖTER, *Einleit.*, 2, pag. 251. Helix, n° 263.

FAVANNE, *Conchyl.*, pl. LXV, fig. D 3 ?

Habit. Les rochers battus des vagues, dans l'île de Gorée au Sénégal.

N° 2. *P. MIRABILIS*, MEGERLE, *der Geselsch. naturf. Berl. Mag.*, 1816, p. 8, tab. 11, fig. 13, *a, b*.

Habit. La Guadeloupe.

N° 3. *P. OVULUS*, nobis.

Habit. ? Notre collection, celle du Muséum, n° 322. Elle est plus alongée que l'*afra*, lisse et polie, et n'a pas de côte interne sur le bord extérieur de l'ouverture.

N° 4. *P. AFFINIS*, nobis.

Habit. L'Ile de France. Muséum, n° 323. Coquille très voisine de la précédente pour la taille et la forme, mais striée et munie d'une côte bien marquée sur le bord externe de l'ouverture.

NOTE

SUR L'AURICULA RINGENS DE M^r DE LAMARCK,

ET SUR LES ESPÈCES ANALOGUES.

N° 1. *AURICULA RINGENS*, LAMARCK.

Marginella auriculata, MÉNARD DE LA GROIE, *Ann. Mus.*, tom. XVII, p. 331. *Extr. Journ. de Phys.*, tom. LXXIII, p. 202.

*) Fossilis, LAMARCK, *Ann. Mus.*, tom. IV, p. 435, n° 5 ; et tom. VIII, pl. LX, fig. 11. Auricula ringens.

α) Voluta buccinea, BROCCHI, *Conch. subapp.*, tom. II, p. 319, tab. 4, fig. 9. MÉNARD DE LA GROIE, *ut suprà*.

β) Auricula turgida, SOWERBY, *Miner. Conch.*, n° 29, tom. II, p. 143, tab. 163, fig. 4.

Habit. Le golfe de Tarente, où elle a été découverte par Mr Ménard de la Groie. Fossile à Grignon, en Champagne ; à Hauteville, *Comm.* de GERVILLE ; à Bordeaux, *Comm.* DARGELAS ; à Dax, *Comm.* GRATE-LOUP ; en Touraine, DEFRANCE. α) L'Italie, dans le Plaisantin, *Comm.* MÉNARD ; β) dans l'argile bleue de Highgate, SOWERBY.

Mr de Lamarck, en faisant le premier connoître cette singulière petite coquille à l'état fossile, la signala comme étant très voisine, par ses rapports, de l'Auricule Piétin (*Bulimus Pedipes*, BRUGUIÈRE, n° 73). Quelques années après Mr Ménard de la Groie ayant découvert son analogue vivant dans le golfe de Tarente, le décrivit comme étant une Marginelle. Enfin, Mr Brocchi en a fait une Volute. Ces variations montrent la difficulté d'assigner la véritable place de cette coquille. La troncature de sa columelle, l'épaisseur et le rebordement du côté externe de son ouverture, enfin la forme de ses dents, ne permettent pas de la considérer comme un Piétin. Elle ressemble davantage à certaines Nasses; et quoique les dents de son ouverture puissent faire croire qu'elle appartient à la famille des Auricules, nous présumons qu'elle ne doit pas en faire partie. L'observation de son animal décidera la question; et c'est pour inviter les naturalistes qui visiteront les bords de la Méditerranée, à le décrire et à observer ses habitudes, que nous nous arrêtons plus spécialement sur cette coquille.

N° 2. *AURICULA INCRASSATA*, Sowerby, *Miner. Conch.*, n° 29, tom. II, p. 143, tab. 163, fig. 1 à 3.

Habit. L'Angleterre. Beaucoup plus grande que la précédente.

RÉCAPITULATION DES ESPÈCES mentionnées dans le Tableau de la famille des Auricules.

GENRE Ier. *CARYCHIUM*, MULLER . . . 3
GENRE IIe. *SCARABUS*, MONTFORT . . . 3
GENRE IIIe. *AURICULA*, LAMARCK 17
GENRE IVe. *PYRAMIDELLA*, LAMARCK . 7
GENRE V^e. *TORNATELLA*, LAMARCK. . 7
GENRE VIe. *PEDIPES*, ADANSON 4
——
41

ESPÈCES FOSSILES.

SCARABUS. 1
AURICULA. 8
PYRAMIDELLA. 6
TORNATELLA 4
AURICULA RINGENS, LAMARCK 1
      INCRASSATA, SOWERBY . 1
——
21

ESPÈCES INCERTAINES.

SCARABUS. . . . . , ... 6
AURICULA 6
PYRAMIDELLA. 1
——
13

ESPÈCES CERTAINES. 41
    FOSSILES. 21
    INCERTAINES ? . . . . , . . . 13
Total général 75
——

Nombre des espèces qui n'ont été ni figurées ni décrites.

AURICULA 6
PYRAMIDELLA. 4
TORNATELLA 3
PEDIPES 2
——
15

LISTE DES ESPÈCES, marquées d'une croix (†), que nous n'avons point vues, et sur lesquelles nous attendons des renseignements des naturalistes.

SCARABUS PETIVERIANUS, nobis.
    STRIGULA ORNATA, PERRY.
     FUSIFORMIS, PERRY.
     PURPUREA, PERRY.
    BUONANNI, *Recreat.*, fig. 44.
    FAVANNE, *Conchyl.*, pl. LXV, fig. D 2.
AURICULA LIVIDA; *Voluta livida*, LINNÉ.
    PISUM; BROCCHI, *Voluta*.
    CONOIDEA; id., id.

TURBO PALLIDULUS, MONTAGU.
    UNIDENTATUS, id.
    INTERSTINCTUS, id.
    INSCULPTUS, id.
    PLICATUS, id.
PYRAMIDELLA; PETIVER, *Gazoph.*, tab. 63, fig. 12.
    SPIRATA, BROCCHI.
    GRACILIS, id.

TABLE DES MATIÈRES.

FIN DE LA TABLE.